“十三五”国家重点出版物出版规划项目

海洋机器人科学与技术丛书

封锡盛　李　硕　主编

多自主水下机器人协同控制

李一平　许真珍　著

科　学　出　版　社

龍　門　書　局

北　京

内 容 简 介

本书对多自主水下机器人协同探测过程中涉及的主要控制技术和方法进行系统论述，主要内容包括单体和群体体系结构、队形控制方法、编队搜索策略、任务分配方法、避碰策略、协作导航方法等，通过协同控制仿真实例和湖上试验实例，对相关方法的应用进行介绍。

本书可供从事多水下机器人系统理论和应用研究的专业人员参考，也适用于机器人技术、模式识别与智能系统、船舶与海洋工程等相关专业的师生以及对机器人技术感兴趣的各类人员学习参考。

图书在版编目(CIP)数据

多自主水下机器人协同控制 / 李一平，许真珍著. —北京：龙门书局，2020.11

（海洋机器人科学与技术丛书/封锡盛，李硕主编）

“十三五”国家重点出版物出版规划项目　国家出版基金项目

ISBN 978-7-5088-5821-0

Ⅰ. ①多…　Ⅱ. ①李…　②许…　Ⅲ. ①水下作业机器人－协调控制　Ⅳ. ①TP242.2

中国版本图书馆 CIP 数据核字(2020)第 207246 号

责任编辑：王喜军　张培静　张　震 / 责任校对：樊雅琼

责任印制：师艳茹 / 封面设计：无极书装

科学出版社
龍門書局 出版

北京东黄城根北街 16 号

邮政编码：100717

http://www.sciencep.com

中国科学院印刷厂　印刷

科学出版社发行　各地新华书店经销

*

2020 年 11 月第　一　版　开本：720×1000　1/16

2022 年 4 月第二次印刷　印张：12　插页：2

字数：240 000

定价：108.00 元

（如有印装质量问题，我社负责调换）

丛书前言一

浩瀚的海洋蕴藏着人类社会发展所需的各种资源，向海洋拓展是我们的必然选择。海洋作为地球上最大的生态系统不仅调节着全球气候变化，而且为人类提供蛋白质、水和能源等生产资料支撑全球的经济发展。我们曾经认为海洋在维持地球生态系统平衡方面具备无限的潜力，能够修复人类发展对环境造成的伤害。但是，近年来的研究表明，人类社会的生产和生活会造成海洋健康状况的退化。因此，我们需要更多地了解和认识海洋，评估海洋的健康状况，避免对海洋的再生能力造成破坏性影响。

我国既是幅员辽阔的陆地国家，也是广袤的海洋国家，大陆海岸线约 1.8 万千米，内海和边海水域面积约 470 万平方千米。深邃宽阔的海域内潜含着的丰富资源为中华民族的生存和发展提供了必要的物质基础。我国的洪涝、干旱、台风等灾害天气的发生与海洋密切相关，海洋与我国的生存和发展密不可分。党的十八大报告明确提出："提高海洋资源开发能力，发展海洋经济，保护海洋生态环境，坚决维护国家海洋权益，建设海洋强国。"①党的十九大报告明确提出："坚持陆海统筹，加快建设海洋强国。"②认识海洋、开发海洋需要包括海洋机器人在内的各种高新技术和装备，海洋机器人一直为世界各海洋强国所关注。

关于机器人，蒋新松院士有一段精彩的诠释：机器人不是人，是机器，它能代替人完成很多需要人类完成的工作。机器人是拟人的机械电子装置，具有机器和拟人的双重属性。海洋机器人是机器人的分支，它还多了一重海洋属性，是人类进入海洋空间的替身。

海洋机器人可定义为在水面和水下移动，具有视觉等感知系统，通过遥控或自主操作方式，使用机械手或其他工具，代替或辅助人去完成某些水面和水下作业的装置。海洋机器人分为水面和水下两大类，在机器人学领域属于服务机器人中的特种机器人类别。根据作业载体上有无操作人员可分为载人和无人两大类，其中无人类又包含遥控、自主和混合三种作业模式，对应的水下机器人分别称为无人遥控水下机器人、无人自主水下机器人和无人混合水下机器人。

---

① 胡锦涛在中国共产党第十八次全国代表大会上的报告. 人民网，http://cpc.people.com.cn/n/2012/1118/c64094-19612151.html

② 习近平在中国共产党第十九次全国代表大会上的报告. 人民网，http://cpc.people.com.cn/n1/2017/1028/c64094-29613660.html

无人水下机器人也称无人潜水器，相应有无人遥控潜水器、无人自主潜水器和无人混合潜水器。通常在不产生混淆的情况下省略“无人”二字，如无人遥控潜水器可以称为遥控水下机器人或遥控潜水器等。

世界海洋机器人发展的历史大约有 70 年,经历了从载人到无人,从直接操作、遥控、自主到混合的主要阶段。加拿大国际潜艇工程公司创始人麦克法兰，将水下机器人的发展历史总结为四次革命：第一次革命出现在 20 世纪 60 年代，以潜水员潜水和载人潜水器的应用为主要标志；第二次革命出现在 70 年代，以遥控水下机器人迅速发展成为一个产业为标志；第三次革命发生在 90 年代，以自主水下机器人走向成熟为标志；第四次革命发生在 21 世纪，进入了各种类型水下机器人混合的发展阶段。

我国海洋机器人发展的历程也大致如此，但是我国的科研人员走过上述历程只用了一半多一点的时间。20 世纪 70 年代，中国船舶重工集团公司第七〇一研究所研制了用于打捞水下沉物的“鱼鹰”号载人潜水器，这是我国载人潜水器的开端。1986 年，中国科学院沈阳自动化研究所和上海交通大学合作，研制成功我国第一台遥控水下机器人“海人一号”。90 年代我国开始研制自主水下机器人，“探索者”、CR-01、CR-02、“智水”系列等先后完成研制任务。目前，上海交通大学研制的“海马”号遥控水下机器人工作水深已经达到 4500 米，中国科学院沈阳自动化研究所联合中国科学院海洋研究所共同研制的深海科考型 ROV 系统最大下潜深度达到 5611 米。近年来，我国海洋机器人更是经历了跨越式的发展。其中，“海翼”号深海滑翔机完成深海观测；有标志意义的“蛟龙”号载人潜水器将进入业务化运行；“海斗”号混合型水下机器人已经多次成功到达万米水深；“十三五”国家重点研发计划中全海深载人潜水器及全海深无人潜水器已陆续立项研制。海洋机器人的蓬勃发展正推动中国海洋研究进入“万米时代”。

水下机器人的作业模式各有长短。遥控模式需要操作者与水下载体之间存在脐带电缆，电缆可以源源不断地提供能源动力，但也限制了遥控水下机器人的活动范围；由计算机操作的自主水下机器人代替人工操作的遥控水下机器人虽然解决了作业范围受限的缺陷，但是计算机的自主感知和决策能力还无法与人相比。在这种情形下，综合了遥控和自主两种作业模式的混合型水下机器人应运而生。另外，水面机器人的引入还促成了水面与水下混合作业的新模式，水面机器人成为沟通水下机器人与空中、地面机器人的通信中继，操作者可以在更远的地方对水下机器人实施监控。

与水下机器人和潜水器对应的英文分别为 underwater robot 和 underwater vehicle，前者强调仿人行为，后者意在水下运载或潜水，分别视为“人”和“器”，海洋机器人是在海洋环境中运载功能与仿人功能的结合体。应用需求的多样性使得运载与仿人功能的体现程度不尽相同，由此产生了各种功能型的海洋机器人，如观察型、作业型、巡航型和海底型等。如今，在海洋机器人领域 robot 和 vehicle 两词的内涵逐渐趋同。

信息技术、人工智能技术特别是其分支机器智能技术的快速发展，正在推动海洋机器人以新技术革命的形式进入“智能海洋机器人”时代。严格地说，前述自主水下机器人的“自主”行为已具备某种智能的基本内涵。但是，其“自主”行为泛化能力非常低，属弱智能；新一代人工智能相关技术，如互联网、物联网、云计算、大数据、深度学习、迁移学习、边缘计算、自主计算和水下传感网等技术将大幅度提升海洋机器人的智能化水平。而且，新理念、新材料、新部件、新动力源、新工艺、新型仪器仪表和传感器还会使智能海洋机器人以各种形态呈现，如海陆空一体化、全海深、超长航程、超高速度、核动力、跨介质、集群作业等。

海洋机器人的理念正在使大型有人平台向大型无人平台转化，推动少人化和无人化的浪潮滚滚向前，无人商船、无人游艇、无人渔船、无人潜艇、无人战舰以及与此关联的无人码头、无人港口、无人商船队的出现已不是遥远的神话，有些已经成为现实。无人化的势头将冲破现有行业、领域和部门的界限，其影响深远。需要说明的是，这里“无人”的含义是人干预的程度、时机和方式与有人模式不同。无人系统绝非无人监管、独立自由运行的系统，仍是有人监管或操控的系统。

研发海洋机器人装备属于工程科学范畴。由于技术体系的复杂性、海洋环境的不确定性和用户需求的多样性，目前海洋机器人装备尚未被打造成大规模的产业和产业链，也还没有形成规范的通用设计程序。科研人员在海洋机器人相关研究开发中主要采用先验模型法和试错法，通过多次试验和改进才能达到预期设计目标。因此，研究经验就显得尤为重要。总结经验、利于来者是本丛书作者的共同愿望，他们都是在海洋机器人领域拥有长时间研究工作经历的专家，他们奉献的知识和经验成为本丛书的一个特色。

海洋机器人涉及的学科领域很宽，内容十分丰富，我国学者和工程师已经撰写了大量的著作，但是仍不能覆盖全部领域。“海洋机器人科学与技术丛书”集合了我国海洋机器人领域的有关研究团队，阐述我国在海洋机器人基础理论、工程技术和应用技术方面取得的最新研究成果，是对现有著作的系统补充。

“海洋机器人科学与技术丛书”内容主要涵盖基础理论研究、工程设计、产品开发和应用等，囊括多种类型的海洋机器人，如水面、水下、浮游以及用于深水、极地等特殊环境的各类机器人，涉及机械、液压、控制、导航、电气、动力、能源、流体动力学、声学工程、材料和部件等多学科，对于正在发展的新技术以及有关海洋机器人的伦理道德社会属性等内容也有专门阐述。

海洋是生命的摇篮、资源的宝库、风雨的温床、贸易的通道以及国防的屏障，海洋机器人是摇篮中的新生命、资源开发者、新领域开拓者、奥秘探索者和国门守卫者。为它“著书立传”，让它为我们实现海洋强国梦的夙愿服务，意义重大。

本丛书全体作者奉献了他们的学识和经验，编委会成员为本丛书出版做了组织和审校工作，在此一并表示深深的谢意。

本丛书的作者承担着多项重大的科研任务和繁重的教学任务，精力和学识所限，书中难免会存在疏漏之处，敬请广大读者批评指正。

中国工程院院士　封锡盛

2018 年 6 月 28 日

丛书前言二

改革开放以来，我国海洋机器人事业发展迅速，在国家有关部门的支持下，一批标志性的平台诞生，取得了一系列具有世界级水平的科研成果，海洋机器人已经在海洋经济、海洋资源开发和利用、海洋科学研究和国家安全等方面发挥重要作用。众多科研机构和高等院校从不同层面及角度共同参与该领域，其研究成果推动了海洋机器人的健康、可持续发展。我们注意到一批相关企业正迅速成长，这意味着我国的海洋机器人产业正在形成，与此同时一批记载这些研究成果的中文著作诞生，呈现了一派繁荣景象。

在此背景下"海洋机器人科学与技术丛书"出版，共有数十分册，是目前本领域中规模最大的一套丛书。这套丛书是对现有海洋机器人著作的补充，基本覆盖海洋机器人科学、技术与应用工程的各个领域。

"海洋机器人科学与技术丛书"内容包括海洋机器人的科学原理、研究方法、系统技术、工程实践和应用技术，涵盖水面、水下、遥控、自主和混合等类型海洋机器人及由它们构成的复杂系统，反映了本领域的最新技术成果。中国科学院沈阳自动化研究所、哈尔滨工程大学、中国科学院声学研究所、中国科学院深海科学与工程研究所、浙江大学、华侨大学、东华理工大学等十余家科研机构和高等院校的教学与科研人员参加了丛书的撰写，他们理论水平高且科研经验丰富，还有一批有影响力的学者组成了编辑委员会负责书稿审校。相信丛书出版后将对本领域的教师、科研人员、工程师、管理人员、学生和爱好者有所裨益，为海洋机器人知识的传播和传承贡献一份力量。

本丛书得到 2018 年度国家出版基金的资助，丛书编辑委员会和全体作者对此表示衷心的感谢。

"海洋机器人科学与技术丛书"编辑委员会

2018 年 6 月 27 日

前　言

进入 21 世纪，水下机器人技术在世界范围内得到了快速发展。自主水下机器人由于其固有的特点，受到了国内外研究机构和产业界的重视。海洋工程和海洋科学需求不断增长，人们对自主水下机器人提出了更高的要求。在水下搜索和探测、海底资源勘查、海洋观测等领域，自主水下机器人系统逐渐显示出其优势，其研究也已成为水下机器人领域研究的热点。

多自主水下机器人协作海底探测和海洋观测是水下机器人发展的必然趋势，其基本思想是让多个具有相对简单功能的水下机器人组成一个团队，团队中成员根据其自身的能力和特点承担相应的角色和任务,并通过成员之间的协调与合作，高效地完成任务。因此，研究和设计高效的协作控制方法，是实现多自主水下机器人协作的关键。

多自主水下机器人的控制技术涉及体系结构、通信、感知、建模、规划、导航、运动控制等多个方面，涉及电子、计算机、传感器、控制、通信、人工智能等多个技术领域，是多学科交叉技术。多自主水下机器人系统依据其应用领域的不同，可采用不同的协同控制方法。在多自主水下机器人系统研究中，海底探测这一应用背景所涉及的内容最为广泛，覆盖了其他应用背景的主要技术内容。

在过去的十几年中，作者所在的研究团队围绕多自主水下机器人协同探测过程中涉及的主要控制技术和方法进行了理论方法研究、仿真实验和外场试验，本书是作者团队研究工作的总结和展示。书中涉及的机器人模型、仿真实验及外场试验载体，均源自实际的自主水下机器人，其相关的研究工作具有真实工程背景和实际应用价值。

截至目前，还未有一本系统描述多自主水下机器人协作控制系统的书出版，希望本书的内容可以填补这方面的空白。本书的主要内容包括单体和群体体系结构、队形控制方法、编队搜索策略、任务分配方法、避碰策略、协作导航方法、协同控制仿真实例和湖上试验实例。

本书由李一平、许真珍撰写，全书由李一平统稿。本书包含了 2005～2014 年参与相关研究工作的十余名博士和硕士研究生的工作，他们是许真珍、侯瑞丽、林昌龙、康小东、徐红丽、任申真、冀大雄、秦宇翔、董西荣、阎述学等，在此对他们做出的贡献表示衷心的感谢！特别感谢封锡盛院士对本研究方向的布局和指导！

本书的研究工作得到中国科学院创新基金、国家 863 计划(2006AA04Z262，2011AA09A105)、国家自然科学基金(60775061，60805050)等的资助，在此一并表示感谢!

多自主水下机器人系统可以应用于多种水下任务场景，由于任务的目标和条件不尽相同，采用的协作机制和控制方法也不尽相同。本书的研究内容主要针对多自主水下机器人海底搜索和探测使命，对海洋环境观测等其他任务也具有一定的借鉴作用。未来针对多自主水下机器人协调合作的控制策略和方法仍需要长期开展深入系统的研究。

由于作者知识水平有限，书中难免存在不妥之处，恳请广大读者批评指正。

作　者

2019 年 11 月 18 日

目　录

1 绪论

1.1 多 AUV 系统概述

自主水下机器人(autonomous underwater vehicle，AUV)是一种自带能源、具有一定智能、能够实现自主航行的水下机器人，是人类开发和利用海洋的重要手段之一。由多个 AUV 构成的系统,称之为多自主水下机器人系统(多 AUV 系统)。通常，多 AUV 系统中的单体是模块化设计的，可以携带各种不同类型的传感器，具有导航、探测、识别等功能。多 AUV 系统具有空间分布、功能分布、时间分布的特点[1]，可以扩展感知范围，提高工作效率，实现单体 AUV 无法或难以完成的复杂任务，其研究受到了世界各国研究人员的重视。

多 AUV 系统在诸多领域有着广阔的应用前景，可以进行海洋观测，水下失事飞机或舰船残骸的搜索，深海矿产资源(如锰结核、热液、可燃冰等)的探测，也可以与其他水下平台组网进行海洋环境立体调查。

多 AUV 系统是水下机器人技术、海洋技术和多机器人学发展到一定阶段的产物，与陆上[2-5]和空中[6]多机器人系统相比有其特殊性，存在水下通信、探测、导航等技术的固有难点。如何在复杂多变的海洋环境中，实现多个 AUV 的协调与合作已经成为当前水下机器人领域的一个热点课题。

在 AUV 系统的诸多关键技术中，“自主行为”能力是其技术发展的重点，包括自主感知、自主决策、自主作业，在上述每一个方面，AUV 间的协作与控制是研究的重点。

由于应用背景的不同，多 AUV 间的协同控制所涉及的内容也不尽相同。例如，当多 AUV 系统用于海底探测(搜索)时，其目标是通过编队航行实现探测区域的全覆盖，这就要求 AUV 除具备高精度的航行控制能力外，AUV 之间还需要借助水声信道进行信息交互，实现协调与控制，保证多个 AUV 按一定的队形航行来进行海底探测，这种协作关系也称为“紧密”协作。当多 AUV 系统用于海洋观测，如温跃层跟踪、热液源头搜索时，多个 AUV 按一定的规则航行，AUV 之间没有严格的队形保持要求，只是在特定的条件下进行信息交互，我们把这种协作关系称为“松散”协作。很显然，多 AUV 海底探测（搜索）使命涉及多 AUV 系统的多项关键技术，是多 AUV 协同控制研究的核心，对多 AUV 系统关键技术的研究具有重要意义。

本书主要针对多 AUV 系统水下搜索这一使命中的控制问题展开，主要包括体系结构、队形控制、搜索策略、任务分配、避碰、协作导航、视景仿真等，从实际工程应用的角度，探讨多 AUV 系统的协同控制问题。

1.1.1 多 AUV 系统的结构

多 AUV 系统可以从以下几个方面进行划分。

1. 根据系统中单体 AUV 功能结构划分

根据系统中单体 AUV 功能结构的异同，多 AUV 系统分为同构系统和异构系统。

1）同构系统

同构系统中每个 AUV 的功能和结构相同，这种系统的典型特征是每台 AUV 的自身能力有限，然而当大量此类 AUV 聚集到一起时，通过局部的相互作用会产生完整的、有意义的整体行为。

2）异构系统

异构系统中每个 AUV 的功能和结构不尽相同，这种系统通常由有限数量（几台到几十台）的能执行几个特定任务的异构 AUV 组成，单体 AUV 能够依靠自身的能力完成某项工作，而 AUV 群体能完成单体 AUV 无法完成的复杂工作，关键问题是如何实现它们之间有意识的合作。

2. 根据系统网络结构划分

根据系统的网络结构，多 AUV 系统可分为并列网络系统和主从网络系统。在网络中 AUV 被认为是一个可移动的网络节点。

1）并列网络系统

并列网络系统中每个成员智能化程度相差不大。这种网络的导航系统需要各成员的相互依赖、相互补充，或者每个成员都有独立的导航系统。典型的例子是由多个水下滑翔机组成的自适应海洋采样网络。

2）主从网络系统

主从网络系统由少量主 AUV 和多个从 AUV 组成，主 AUV 智能化程度较高，从 AUV 智能化程度较低，趋向于单一功能。主 AUV 对其他从 AUV 进行导航和控制。然而，随着从 AUV 数量的增加，少量主 AUV 的负荷将越来越重，因此，逐级进行主从型扩展是大型水下网络的发展趋势。典型的例子是具有少量领航 AUV 和大量从 AUV 的编队系统。

根据上述多 AUV 系统的结构划分，本书的描述对象属于主从网络结构的异构多 AUV 系统。

1.1.2 多 AUV 系统的特点

多 AUV 系统能够在复杂多变的海洋环境中，通过 AUV 之间的协调与合作，实现单体 AUV 难以完成的水下作业任务。多 AUV 系统与单体 AUV 相比较，具有以下特点。

(1) 降低成本。建造多个功能简单的小型 AUV 比建造一台功能齐全的复杂 AUV 更容易、成本更低，而且作业时某个 AUV 损坏，损失也较小。AUV 模块化的设计和生产将会大大降低未来多 AUV 系统实际应用的成本。

(2) 扩大能力。由于某些任务本身的复杂性，单个 AUV 难以完成，而多 AUV 系统可以通过共享资源(信息、知识等)弥补单体 AUV 能力的不足，扩大完成任务的能力范围。例如对水下分布式传感网络来说，对指定区域的监测，必须由分布在不同位置的多个 AUV 来共同完成。

(3) 提高效率。多 AUV 系统具有高度并行性，在作业效率上具有绝对优势。多 AUV 系统可以快速完成大范围搜索任务，形成覆盖面积较大的实时探测区域，节省作业时间。

(4) 提高探测概率。多 AUV 数据的共享可以为人们提供整个问题更完备的全局视图。多角度、多方位、多传感器信息的综合将大大提高探测到目标的概率。

(5) 提高容错能力。多 AUV 系统所具有的天然冗余性，为整个系统提供了较强的容错能力。任何节点功能损坏，都可采取适当的控制策略使得剩余 AUV 重新组织，继续完成预定任务。

(6) 可重构。群体中每台 AUV 的功能结构可以根据使命需求灵活配置，异构的 AUV 团队可以组成一个功能强大且全面的系统。系统的网络拓扑结构也可随着使命的执行过程进行动态调整。

1.1.3 多 AUV 系统的应用前景

多 AUV 系统有着广阔的应用前景，将在以下几个方面发挥越来越重要的作用。

(1) 海洋环境立体调查。多 AUV 可以在长期无人值守的情况下自主进行海洋调查工作，通过搭载不同功能的传感器，研究海洋各区域的温度、盐度、生物分布等参数随时间、空间的变化规律，对海洋进行全面、立体、连续的调查，通过多个 AUV 之间的协作能够拓宽调查区域、缩短调查周期。

(2)探测海底矿产资源。探测处于复杂海底地形区域的矿产资源，如热液烟囱、锰结核、可燃冰等。从大范围粗略搜索到具体目标的精确定位，再至取样作业的完成，单体 AUV 可能要花费大量的时间，而多 AUV 系统使工作分阶段进行，每台 AUV 的功能更具针对性，提高了作业效率。

(3)勘查海底地质地貌。在地震、火山多发区和板块活动活跃区等可能对潜水员人身安全造成危险的地区，利用多 AUV 系统进行勘查，通过声学、光学等手段可以长期获得地质地貌变化资料，这些资料的积累对研究整个海底乃至整个地球都具有较深远的意义。

(4)水下目标搜索。多 AUV 系统可以应用于水下考古、搜索失事飞机或舰船残骸、反水雷、监视和跟踪水下运动目标等使命。海底地形复杂，能见度差，借助多 AUV 系统对水下古代遗址、沉船等进行考察，可为考古人员提供宝贵资料。多 AUV 系统进行水下目标搜索，系统成员分工明确，能够完成探测、识别等复杂使命。

(5)水下信息网络。多个 AUV 组成水下信息网络，与水上信息网络相结合，形成从水下到水面、从陆地到天空的全方位立体化信息网络，水下和水上的连接依靠水面机器人或浮标作为中继节点来实现。水下信息网络能够长期在复杂环境中完成海洋观测、数据采集、环境监测等使命。

1.2 多水下机器人系统国内外研究现状

多水下机器人系统的研究始于 20 世纪 80 年代，随着多智能体技术的发展和海洋调查、海底勘探等使命需求的增长越来越受到重视，国内外相关的研究计划也逐步开展起来。在一些发达国家，多水下机器人系统在民用和军事领域都得到了越来越广泛的应用，相应的研究计划正在如火如荼地进行，并且已经开发出一些能够投入实际应用的多水下机器人系统。

这里说的水下机器人包括 AUV、水下滑翔机以及混合式 AUV(混合式水下滑翔机)。国外将水下滑翔机也称为 AUV，见诸报道的多水下机器人系统以多水下滑翔机系统为主。目前在自主海洋采样网络中，多水下滑翔机已成为重要的组成部分。

1.2.1 多水下机器人系统国外研究现状

1996 年，美国在新泽西海湾开始布设大陆架观测系统，该系统可以在长期无人值守的情况下自主进行海洋调查工作，如图 1.1 所示，经过 4 年的运行试验，充分证明了多水下滑翔机作为其中关键的部分在沿岸水域快速生态评估、物理/化学要素分析等方面发挥了不可替代的作用[7]。

由美国海洋研究局资助的自主海洋采样网络(autonomous ocean sampling network，AOSN)利用多个水下滑翔机搭载不同类型的传感器，能够在同一时刻测量不同区域或不同深度的海洋参数。AOSN-II 项目的一个突出特点是采用一组滑翔机器人组成水下自适应采样网络，如图 1.2 所示，从而更好地提高观察和预测海洋的能力。控制策略充分利用海流预测进行布局结构调整，合理布置海洋探测传感器，使得网络中的每个成员在资料最为重要的区域进行信息收集。2003 年，在蒙特利尔海湾进行的为期一个月的试验中共使用了 5 种类型的水下滑翔机，用于深度、盐度、温度、硝酸盐、叶绿素等数据收集和数据传输[8]。

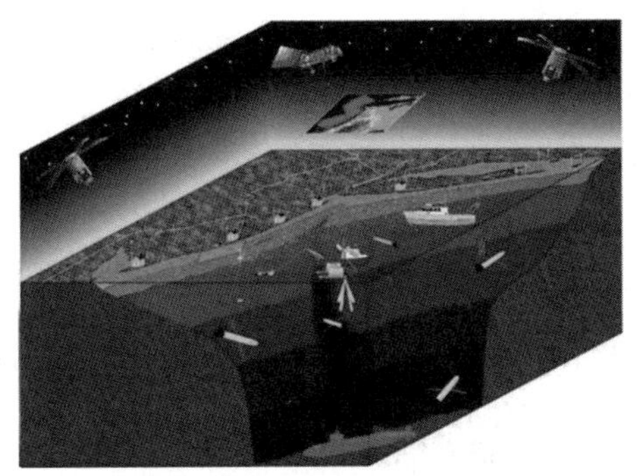

图 1.1 新泽西大陆架观测系统[7]

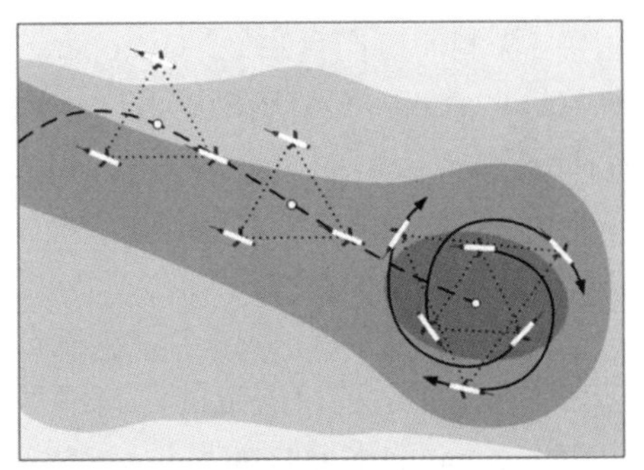

图 1.2 多个水下滑翔机进行“自适应采样”[8]

葡萄牙波尔图大学于 2002 年 12 月开展“沿海水域密集取样综合系统原型”(prototype of an integrated system for coastal waters intensive sampling，PISCIS)项目，用多个 AUV 组成了模块化、技术先进但成本低廉的海洋资料数据收集系统[9]，如图 1.3(a)所示。整个系统包括两个 AUV、一个声学定位系统、一个停泊站和一个标准的传感包。该系统可以执行多项调查任务，像海洋学调查、测海学研究、水下考古学及排水监测等。

英国 Nekton 研究机构开发的水下多智能体平台(underwater multi-agent platform，UMAP)[10,11]由四个小型、廉价、易于操作的 Ranger AUV 和软件组成，如图 1.3(b)所示，在该平台上可以开展分布式搜索算法、编队控制、海洋学调查等相关研究。目前，UMAP 已被用于测试美国 Sandia 国家实验室开发的多智能体合作热流柱定位算法，以及用来绘制美国北卡罗来纳州海岸线上纽波特河口湾一带的盐度移动情况。这些使命证明使用多 AUV 系统，可以快速完成诸如热流柱源定位这样的复杂任务，还可以完成不同时间和空间的海域采样工作。

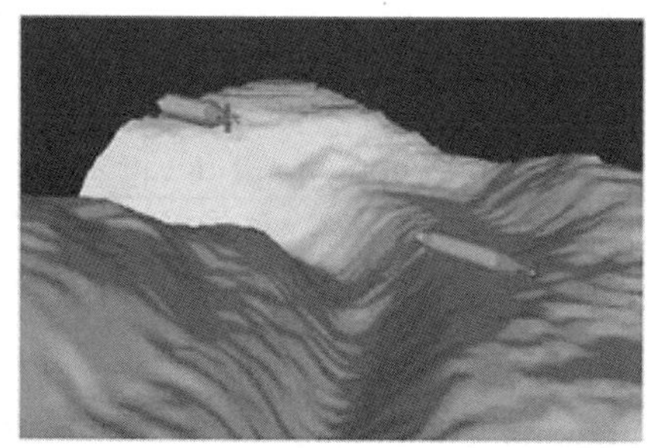

(a) PISCIS项目中多AUV并行作业[9]　　(b) UMAP中的Ranger AUV[10]

图 1.3　国外多 AUV 系统研究项目

Bluefin 机器人技术公司联合多家公司、大学和政府实验室进行了“分布式侦察与探测的协作自主性”(cooperative autonomy for distributed reconnaissance and exploration，CADRE)研究[12]，发展 CADRE 系统是为了实现海军无人潜水器(UUV)总体规划[the navy unmanned undersea vehicle(UUV) master plan]提出的水下考察、测量和水下辅助通信/导航能力。该研究以多 AUV 协作探雷使命为背景，系统由三种不同类型的 AUV 组成，分别担任导航、探测和识别水雷任务。

2003 年，美国海军在“伊拉克自由”行动[13]中使用 REMUS AUV 执行对通往乌姆盖斯尔港口航道的调查清理任务，通过 16h 连续的水下作业，共搜索了 250 万 m^2 的水域。如果没有这些无人水下机器人的帮助，这次行动将需要 21 天持续不断的潜水作业。

1.2.2　多 AUV 系统国内研究现状

国内在多 AUV 系统研究领域起步较晚，仅有少数单位开展了相应研究工作，且多数研究仍然停留在理论和仿真研究阶段，或是关键技术验证研究阶段，距离多 AUV 系统的实际应用仍然有一定距离。

哈尔滨工程大学针对海洋环境下多水下机器人全局路径规划及避碰策略进行了研究[14,15]，初步开发了能够进行多智能体协调路径规划的仿真环境，并组建了多 AUV 实物系统，于 2003 年在渤海进行了双机器人编队航行试验[16]。但是能够实用化的体系结构和控制策略还需要进行更加深入的研究和探索。

在多机器鱼研究方向，北京航空航天大学机器人研究所、中国科学院沈阳自动化研究所复杂系统与智能科学实验室均进行了相关研究。北京航空航天大学机器人研究所研制了一套具有高效、高机动性的微小型多机器鱼平台[17]，进行了多机器鱼协调控制方面的探索性研究，提出了运用网格算法进行机器鱼的定位控制，并完成了多机器鱼协调过孔和多机器鱼合作顶球实验(图 1.4)。

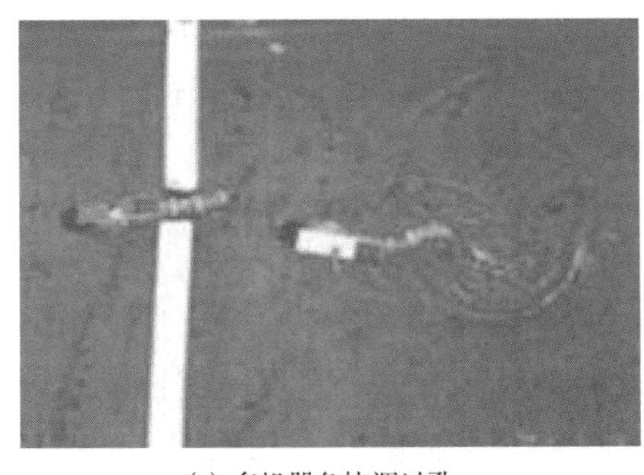

(a) 多机器鱼协调过孔

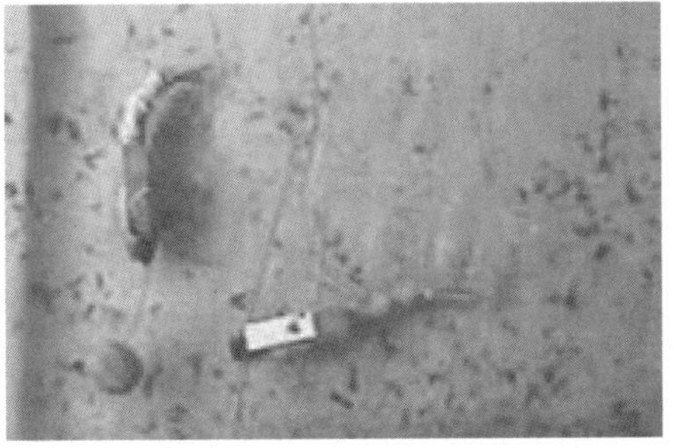

(b) 多机器鱼合作顶球

图 1.4　多机器鱼实验[17]

中国科学院沈阳自动化研究所开展了多 AUV 关键技术的相关研究。研究者设计并构建了一个基于局域网的多 AUV 视景仿真平台，在该仿真平台的基础上，针对多 AUV 系统实际应用中涉及的关键技术进行了深入研究[18-23]，本书阐述了其中部分关键技术的研究成果。

1.3　多 AUV 系统的主要挑战

1.3.1　弱通信条件

由于电磁波在海水中的衰减很大,因此水声通信是目前水下通信的主要方式。水声信道是一个十分复杂的时变、空变、频变的信道，其主要特征表现为传播损失、多径效应和频散效应[24]。传播损失是水声信道传播特性的重要参量之一，信号在水声信道中传播时，随传播距离和信号频率的增加，传播损失也增大，它对水声通信系统的传播距离、信噪比、信号频率和系统带宽等都有很大的影响；多径传播主要是由声线弯曲和界面反射造成的，多径传播会导致码间干扰，严重影响数据传输速率；多普勒频率扩散主要是由于海洋介质的不均性造成的。因此，水声通信的主要特征有以下几点。

(1) 延迟大。由于声波在水中的传播速度远远低于光速，大约为 1500m/s，因此会产生较大的传输时延，难以实现 AUV 之间的实时通信，这是一个本质上难以克服的问题。此外，除水声信道造成的数据传输延迟外，水声通信机还有一定的数据接收延迟，接收延迟通常需要花费几秒至几十秒不等的时间。

(2) 误码率高。声波在水中的散射、传输损耗以及回波干扰等，使得水声通信的质量受到影响，误码率高。

(3) 数据传输率低。水声信道的复杂条件影响数据传输率，一般情况下仅为每秒钟几千到几万比特。

(4)通信距离受限。声波传输距离会受到载波频率和发射功率的限制，一般情况下，通信距离为几千米到几十千米。

1.3.2 探测传感器局限性

用于水下目标探测的传感器主要是成像声呐，成像声呐作为一种水下成像设备，受水下复杂条件、载体运动稳定性等的影响，与光学图像相比，声呐图像分辨率低、干扰强。现有的成像声呐设备已经能够以较高的可靠性自动探测和分类具有某种特定特征的目标，然而，可靠性是以较高的探测虚警率为代价的。虚警率是一个包含若干参数(如底质类型、信噪比等)的函数，并且虚警的数目往往远多于真实的目标数目。所以，这些疑似目标需要被重新识别，最终区分是真实目标还是虚警。此外，成像声呐的分辨率是探测距离的函数，当距离足够近时具有较高的分辨率，然而，待搜索区域范围较大，使得搜索路线之间的距离不能太近，因此，图像分辨率较低也降低了探测的准确度，必须重新对疑似目标进行近距离高分辨率地识别。

由于探测传感器的局限性，对目标的探测和识别很难由单一设备完成。通常搜索使命分为探测、分类、识别几个阶段，探测是粗网格观测，分类是细网格观测，识别是近距离观测[25]，本书简化为粗网格探测和近距离识别两个阶段。粗网格探测是解决目标有和无的问题，通常使用侧扫声呐和前视声呐完成，前视声呐能够填补侧扫声呐的盲区。近距离识别的主要作用是对疑似目标进行近距离识别，判断是否为真实目标以及目标的类型，可通过很多因素(如相对尺寸、声影区几何特征等)进行判断，识别设备通常选用前视声呐和摄像机。

由于本书研究的 AUV 存在体积、能源、计算和航速等的限制，因此，如果将探测和识别设备同时安装在一个 AUV 上，不但增加了载体的造价，还将增加控制系统的设计复杂度和能源的消耗，一旦损坏，损失也较大，并且每个 AUV 探测到疑似目标后立即转入靠近目标进行识别，识别完后还要回到之前的中断点继续沿预定探测线路进行探测，这将毫无疑问地增加探测时间和回转次数。由以上分析可以得出，将探测设备和识别设备分别安装在不同的 AUV 上，使其分工合作进行目标的探测和识别是十分必要的。

1.3.3 导航传感器局限性

由于水下无法接收全球定位系统(global positioning system，GPS)信号，导航一直是 AUV 的关键技术之一。传统基于外在声学设备(如长基线)的导航方法，限制了多 AUV 系统的工作范围，烦琐的安装测试基阵的过程也降低了系统的工作效率。

基于惯性测量单元和多普勒计程仪的组合导航是目前精度较高的水下导航方法，然而所需的导航传感器价格较高，如果为多AUV系统中每一台AUV配备高精度导航设备，则整个系统的造价将十分高昂，难以实际应用。而低精度导航传感器如多普勒计程仪(Doppler velocity log，DVL)、涡轮计程仪、磁罗盘等，虽然价格便宜，但是误差较大，难以满足AUV群体搜索和定位目标的任务需求。

对多AUV系统而言，理想的配置是1～2个AUV配备高精度导航传感器，其他的AUV只配备普通的导航传感器。

1.4　多AUV系统的水下多目标搜索使命

水下多目标搜索使命可以简单描述为：在一个作业区中布置着数量、位置和特性不明的多个目标，需要多AUV系统以一定的收敛条件(如搜索时间最短)搜索出区域中目标的数量及每个目标的位置、类型等信息，提交最终目标列表。

由探测传感器局限性可知，面向多目标搜索的多AUV系统中包括负责探测的AUV和负责识别的AUV，因此多目标搜索可分为同步搜索和异步搜索两种模式。同步搜索模式是指探测AUV和识别AUV同批入水，探测AUV一旦探测到疑似目标便及时调度识别AUV对疑似目标进行识别和分类。异步搜索模式是指探测AUV和识别AUV分不同批次入水，当探测AUV完成全部区域的探测任务后，根据所有疑似目标的位置集中规划各识别AUV的轨迹。

同步搜索模式的优点是一次入水即可完成全部作业任务，缺点是识别AUV需要全程跟踪，而且需要对多种类型AUV进行实时控制，增加了通信负担和控制复杂度，比较适用于搜索区域狭长且时间紧迫的应用需求。异步搜索模式的优点是识别AUV以最短的路径完成任务，节约了能源，而且通信和控制负担较小，缺点是需要多批次入水，完成全部任务所花时间较长，比较适用于搜索区域面积大且对时限要求低的应用背景。当然如果搜索区域面积过大时，还应该将搜索区域分割成若干子区域，逐个子区域进行搜索。

多AUV系统涉及机器人、控制、计算机等诸多学科，利用多AUV系统完成多目标搜索使命存在诸多技术难点，除单体AUV涉及的能源、传感器开发等技术外，多AUV系统还要面对很多新的问题，例如多AUV系统的体系结构、面向多目标搜索的搜索策略、群体导航方法、水下多平台感知融合技术、多AUV协调避碰方法、水下通信技术等。本书将结合多目标搜索面临的挑战以及多AUV系统的搜索模式，对体系结构、队形控制、任务分配、协作导航等关键技术进行深入研究。

参考文献

[1] 许真珍, 封锡盛. 多 UUV 协作系统的研究现状与发展[J]. 机器人, 2007, 29(2): 186-192.

[2] 谭民, 范永, 徐国华. 机器人群体协作与控制的研究[J]. 机器人, 2001, 23(2): 178-182.

[3] Burgard W, Moors M, Stachniss C, et al. Coordinated multi-robot exploration[J]. IEEE Transactions on Robotics, 2005, 21(3): 376-386.

[4] 宋梅萍, 顾国昌, 张汝波. 多移动机器人协作任务的分布式控制系统[J]. 机器人, 2003, 25(5): 456-460.

[5] Richer T J, Corbett D R. A self-organizing territorial approach to multi-robot search and surveillance[C]. Australian Joint Conference on Artificial Intelligence, 2002: 724.

[6] Lemaire T, Alami R, Lacroix S. A distributed tasks allocation scheme in multi-UAV context[C]. IEEE International Conference on Robotics and Automation, 2004: 3622-3627.

[7] Glenn S M, Schofield O M E. The New Jersey shelf observing system[C]. Oceans, 2002: 1680-1687.

[8] Hanrahan C. Monterey Bay 2003 experiment[EB/OL]. [2019-08-01]. http://www.mbari.org/aosn/.

[9] Sousa J B, Pereira F L, Souto P F, et al. Distributed sensor and vehicle networked systems for environmental applications[C]. Environment 2010: Situation and Perspectives for the European Union, 2003: 1-6.

[10] Byrne R H, Savage E L, Hurtado J E, et al. Algorithms and analysis for underwater vehicle plume tracing[R]. Sandia National Laboratories, 2003.

[11] Schulz B, Hobson B, Kemp M, et al. Field results of multi-UUV missions using Ranger micro-UUVs[C]. Oceans, 2003: 956-961.

[12] Willcox S, Streitlien K, Vaganay J, et al. CADRE: cooperative autonomy for distributed reconnaissance and exploration[Z]. Cambridge, MA: Bluefin Robotics Corporation, 2002.

[13] Ryan P J. Operation Iraqi freedom: mine countermeasure a success[EB/OL]. [2019-08-01]. http://www.underwater.com.

[14] 仲宇, 顾国昌, 张汝波. 一种新的水下机器人集群路径规划方法[J]. 哈尔滨工程大学学报, 2003, 24(2): 166-169.

[15] 尚游, 徐玉如. 多水下机器人的协调规划策略研究[J]. 哈尔滨工程大学学报, 1999, 20(4): 8-13.

[16] 由光鑫. 多水下机器人分布式智能控制技术研究[D]. 哈尔滨: 哈尔滨工程大学, 2006.

[17] 梁建宏, 王田苗, 魏洪兴, 等. 水下仿生机器鱼的研究进展 IV——多仿生机器鱼协调控制研究[J]. 机器人, 2002, 24(5): 413-417.

[18] 徐红丽, 许真珍, 封锡盛. 基于局域网的多水下机器人仿真系统设计与实现[J]. 机器人, 2005, 27(5): 423-425.

[19] 许真珍, 徐红丽, 封锡盛. 基于 C/S 模式的多水下机器人仿真平台网络通信研究[J]. 微电子学与计算机, 2006, 23(5): 97-101.

[20] 许真珍, 李一平, 封锡盛. 一种面向异构多 UUV 协作任务的分层式控制系统[J]. 机器人, 2008, 30(2): 155-159, 164.

[21] Xu Z Z, Feng X S, Li Y P. Cooperation model design based on object-oriented Petri Net for multiple heterogeneous UUVs system[C]. World Congress on Intelligent Control and Automation, 2008: 5710-5715.

[22] Xu Z Z, Li Y P, Feng X S. Constrained multi-objective task assignment for UUVs using multiple ant colonies system[C]. ISECS International Colloquium on Computing, Communication, Control, and Management, 2008: 462-466, 164.

[23] 侯瑞丽, 李一平. 基于跟随领航者法的多 UUV 队形控制方法研究[J]. 仪器仪表学报, 2007, 28(8): 636-639.

[24] 涂峰, 黄瑞光. 水声信道的建模与仿真研究[J]. 微计算机信息, 2003, 19(5): 76-77.

[25] Smith S M, An E, Christensen R, et al. Results of an experiment using AUVs for shallow-water mine reconnaissance[C]. International Society for Optics and Photonics, 1999: 162-172.

2 多 AUV 系统体系结构

2.1 多 AUV 系统体系结构概述

多 AUV 系统体系结构包括两个层面：一是面向 AUV 协调合作的群体体系结构，二是面向 AUV 内部组织的个体体系结构。多 AUV 系统群体体系结构提供协作成员活动和交互框架，主要研究 AUV 群体在使命分解、分配、规划、决策及执行等过程中的运行机制和角色分配，决定成员之间的信息关系和控制关系，是多 AUV 系统实现协作行为的基础，决定了多 AUV 系统的协作能力。AUV 个体体系结构是 AUV 进行使命管理、信息处理和系统控制的总体结构，是将 AUV 各子系统集成为一体的逻辑框架，它定义了 AUV 各子系统的功能及其相互关系，决定着 AUV 的自主能力和智能水平。

2.1.1 AUV 群体体系结构概述

多机器人系统的群体体系结构可以分为集中式（centralized）和分散式（decentralized）两种。分散式结构又可以进一步划分为分层式（hierarchical）和分布式（distributed）结构[1]。各种群体体系结构如图 2.1 所示。

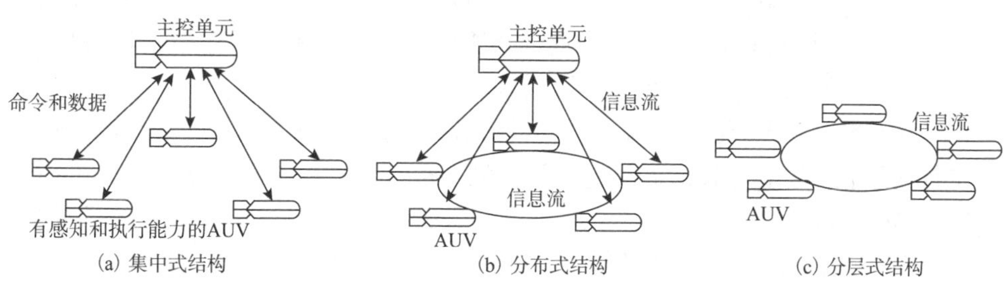

(a) 集中式结构 (b) 分布式结构 (c) 分层式结构

图 2.1 多机器人系统群体体系结构[1]

集中式结构通常有一个主控单元掌握全部环境信息及各受控机器人的信息，运用规划算法和优化算法，主控单元对任务进行分解和分配，向各受控机器人发布命令，并组织多个受控机器人共同完成任务，即控制流由主控单元流向各受控机器人，信息流由各受控机器人流向主控单元。分布式结构中没有主控单元，各机器人之间的关系是平等的，各机器人均能够通过通信等手段与其他机器人进行信息交流，自主地进行决策，每个机器人都具有高度自治能力，能够处理信息、规划决策和执行自己的任务。分层式结构是介于集中式结构和分布式结构之间的一种结构，它与分布式结构的不同之处在于存在局部集中，该结构能够平衡集中式结构和分布式结构的优点和不足。各种群体体系结构的优缺点对比见表 2.1 所示。

表 2.1　多机器人系统群体体系结构优缺点对比

<table>
<tr><th colspan="2">群体体系结构</th><th>优点</th><th>缺点</th></tr>
<tr><td colspan="2">集中式结构</td><td>①理论背景清晰，实现起来较为直观
②协调性好，冲突容易解决</td><td>①容错性差
②灵活性差
③适应性差
④存在通信瓶颈问题</td></tr>
<tr><td rowspan="2">分散式结构</td><td>分布式结构</td><td>①增加了灵活性、适应性
②解决了控制的瓶颈问题
③适用于协调性要求不高或个体数量较多的大规模系统，在多传感器网络方面应用广泛
④设备冗余，可靠性好</td><td>①由于每个机器人的运作受限于局部和不完整的信息，很难实现全局一致的行为
②很难或者无法保证全局目标的优化</td></tr>
<tr><td>分层式结构</td><td colspan="2">平衡了集中式和分布式结构的优点和不足，每个机器人都是具有规划能力的 Agent，存在主控单元的局部集中</td></tr>
</table>

采用集中式群体体系结构的研究有：北京航空航天大学机器人研究所研制的微小型多机器鱼平台，采用基于全局视觉的集中控制结构，实现了双鱼过孔和双鱼顶球使命[2]，该控制结构需要采用外部图像采集和识别设备，并通过无线电实现对各机器鱼的控制，难以在实际工程中应用。Healey 教授等针对浅水扫雷问题设计了一个多水下机器人系统，运用 supervisor 机器人处在雷区之外集中控制所有 swimmer 机器人工作，保证了较高的水雷清除率，但该系统最大的缺陷是一旦监控机器人被破坏，所有其他机器人将处于失控状态[3]。

采用分布式群体体系结构的研究有：Laengle 等采用分布式的控制机制来代替中央控制结构，提出了 Karlsruher 多智能体机器人体系结构（Karlsruher multi agent robot architecture，KAMARA）来处理通信与各子系统之间的协调协作、任务分配、优化和避免死锁等问题，从而保证大规模复杂控制系统所需的模块性、容错性、完整性和可扩展性[4]。赫尔辛基技术大学自动化技术实验室采用微型水下机器人 SUBMAR 组成的多水下机器人系统，是典型的分布式组织形式，机器人的部分行为是随机产生的，更适用于流动液体物理/化学指标监测使命[5]。

采用分层式群体体系结构的研究有：Bluefin 机器人技术公司的 CADRE 研究中采用分层式控制结构[6]，共有 C/NA、SCM 和 RI 三类水下机器人组成机器人群体，其中主 C/NA 负责为 SCM、RI 机器人分配任务和监控整个群体的状态，该结构很好地融合了集中式和分布式体系结构的优点。在 MARTHA 计划中，Alami 等针对由一个中心站和一组自主移动机器人组成的系统，研究了如何组织协调一群机器人共同进行工作的问题，并提出了计划合并机制来实现多机器人之间的合作[7]，中心站负责规划机器人的任务和运行路线并将其发送给机器人，机器人从中心站接受命令，进行路线规划、轨迹生成，并针对此规划同其他机器人进行协调，在执行规划时监控紧急情况，向中心站报告无法恢复的失败动作。

总之，多 AUV 系统群体体系结构的选择会受到诸多因素影响，例如，AUV 个体体系结构、使命需求以及工作环境的状况等，因此应该综合分析这些因素，确定系统的规模及 AUV 之间恰当的相互关系，从而选择合适的群体体系结构，充分发挥其优越性。多 AUV 系统可以看作一个多 Agent 系统，因此可以考虑采用多 Agent 系统的相关理论进行研究。

多 Agent 系统适用于解决具有以下特性的问题：分布式结构的对象、复杂的计算、柔性的相互作用关系和动态变化的环境[8]。多 Agent 系统研究的重点在于结合实际应用系统，对于其协作环境、协作模型和协作机制进行深入分析与设计，建立具有协作特性的多 Agent 应用系统[9]。多 AUV 系统正是动态海洋环境下的异构系统，数据及信息来源呈物理分布，且具有复杂的、不确定的控制关系，因此，适合从多 Agent 系统角度对其群体体系结构进行研究。

以上介绍的多机器人系统的群体体系结构没有考虑系统异构性，不能表达群体成员的功能角色和协作关系，无法适应多重的使命需求。本书将结合多 AUV 系统的异构特性，研究适合异构 AUV 群体、适应多重使命需求的群体体系结构。

2.1.2 AUV 个体体系结构概述

为了提高机器人的自治程度和智能水平，机器人个体体系结构的研究层出不穷，研究者大约提出了几十种个体体系结构，其中比较具有代表性的是慎思体系结构、行为反应体系结构和混合体系结构，分别简要介绍如下。

(1) 慎思体系结构[10-12]以符号表达和知识搜索、逻辑推理为基础，采用自上而下的功能分层方法构建体系结构。它强调建立环境的完整模型，遵循的是一条从感知、建模、动作到规划的串行控制路线，能够提供足够的智能，适用于完成用户明确描述的特定任务，但是鲁棒性差，难以实时处理复杂的动态环境。

(2) 行为反应体系结构[13,14]是一种自下而上的控制结构，它将动作分解成几个相互独立的行为，每个行为由感知模块直接到达执行模块，没有中心控制模块的作用，行为之间没有干扰，行为之间的冲突由抑制作用来解决，整个过程是一个并行处理的过程。行为反应体系结构具有很强的实时性和鲁棒性，能够使机器人在一定程度上适应非结构、不确定和动态的环境。但是当任务复杂、系统的行为数量大大增加时，行为协调便很难掌握，从而导致系统整体行为的不可预测。

(3)针对慎思和行为反应体系结构的不足，一些学者提出将上述两类体系结构结合起来，形成混合体系结构[15-17]，使得水下机器人在实现高级智能活动的同时又能对动态环境快速地响应。具有代表性的混合体系结构把控制系统分成三层，上层是基于符号的建模和规划系统，底层是反应式的行为控制系统，中间层在不同的系统中有不同的定义，比如根据上层任务生成底层行为的行为层。混合体系结构不仅具有解决复杂问题的能力，而且具有实时的响应能力，但是各层之间的结合机制仍是一个有待深入研究的问题。

上述三种个体体系结构在水下机器人领域都有着广泛的应用，但是它们并不是专门针对多机器人系统而设计的。在多 AUV 系统完成群体使命的过程中，需要每个 AUV 在人有限介入或无人介入情况下自主地产生协作，有效完成整个使命，这就要求 AUV 的体系结构应具有如下几方面功能。

(1)通信功能：多 AUV 系统相当于一个水下移动网络，AUV 通过相互通信产生协作，通信的内容可以是请求、应答、任务、目标、控制信息等。

(2)规划推理功能：在作业过程中人的介入极其有限，AUV 必须通过自主协作完成作业使命，AUV 的自主能力很大程度上取决于其体系结构的规划推理能力。

(3)适应动态环境功能：为了保障多 AUV 系统在航行和作业过程中的安全，需要对外界环境变化采取快速反应，具有实时避碰和应急处理能力。

(4)状态评估功能：对系统的运行状态进行实时评估，并根据状态评估信息进行相应的规划。

(5)学习功能：参与集群作业的 AUV 能够根据环境及其他成员状态的变化，更新自身的知识模型，并在规划时做出适当的决策。

(6)行为执行功能：具有作业行为执行功能，实现 AUV 的运动控制(航向控制、深/高度控制、速度控制等)和机载设备控制(控制 AUV 机载设备开关状态)。

(7)状态感知功能：获取和处理大量的传感器数据，为 AUV 提供自身状态信息及外界环境状态信息。

为了更好地发挥多机器人系统的协作能力，研究者也开发了一些能够面向机器人群体协作的个体体系结构，文献[1]中总结了一些适合于多机器人系统的个体体系结构，分别有：Parker 提出的基于行为的分布式结构 ALLIANCE[18]，机器人能够根据任务需要、其他机器人的行为、当前的环境状况以及自己的内部状态等自主选择自己的行为；Müller 提出的面向多机器人协作系统的分层式控制体系结构[19]，分为协作规划层、协调规划层及行为控制层，协作规划层负责任务的承接、分解和分配，协调规划层解决机器人之间协作关系确定后具体的运动控制问题，行为控制层对紧急情况迅速做出反应，并执行协调规划层产生的运动控制命令；赵忆文提出基于行为的混合分层体系结构[20]，该结构分为行为模块层、行为管理层和行为综合层；面向多机器人系统任务级协作的混合分层体系结构分为系统监控层、协作规划层和行为控制层三个层次，系统监控层主要实现人对系统的实时监控功能，协作规划层完成任务的分解和分配，实现机器人之间的任务级协作，行为控制层主要采用基于行为的方法实现具体的运动规划。

此外，Rooney 等根据社会智能假说于 1999 年提出的社会机器人体系结构是一种基于 Agent 面向群体协作的个体体系结构[21]，该结构由物理层、反应层、慎思层和社会层构成，如图 2.2 所示。其特色之处在于基于信念-愿望-意图（belief-desire-intension，BDI）模型的慎思层和基于 Agent 通信语言 Teanga 的社会层，BDI 赋予了机器人心智状态，Teanga 赋予了机器人社会交互能力。社会机器人体系结构采用智能体对机器人建模，更自然、更贴切，能很好地描述智能机器人的智能、行为、信息、控制的时空分布模式。该结构继承了智能体的自主性、反应性、社会性、自发性、自适应性和规划、推理、学习能力等一系列良好的智能特性，对机器人内在的感性和理性、外在的交互性和协作性实现了物理上和逻辑上的统一。但该结构对愿望这一重要心智状态并未得以实现，而且未考虑复杂海洋环境下的特殊性和群体异构问题。刘海波等针对自主水下机器人提出了一种基于 Agent 面向群体合作的 AUV 体系结构（agent-based and team-oriented architecture for AUV，ATA_AUV）[22]，在社会机器人体系结构的基础上，完善了慎思层的心智状态，增加了机器人的主动性。

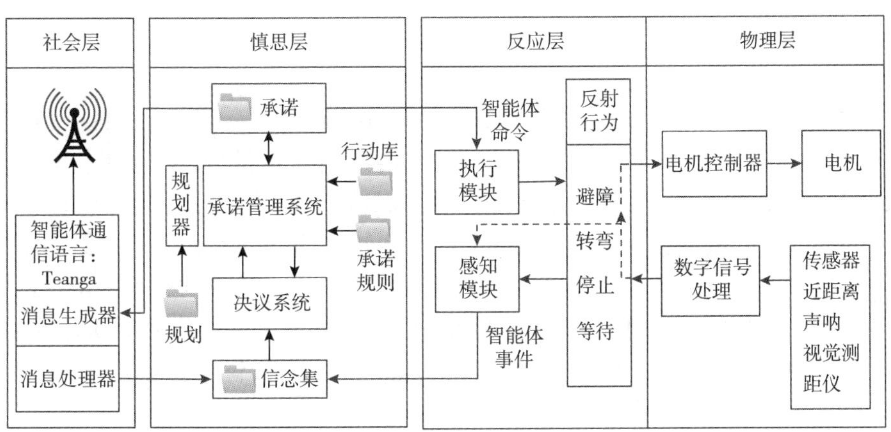

图 2.2　社会机器人体系结构[21]

总之，20 多年来，从人工智能到分布式人工智能，从智能体到多智能体，从单机器人到机器人群体，机器人学正在经历着从个体到群体的发展过程。随着对机器人自主程度和智能水平的要求不断提高，体系结构也随之不断发展，每一类体系结构都满足并反映了特定领域或一定范围内的应用需要。然而能够最大限度地模拟人类的社会智能从而表现机器人的社会行为，必将是未来机器人体系结构发展的目标。将 Agent 理论和思想引入机器人控制系统，能够使机器人具有良好的智能体特性，成为体系结构的发展方向之一。

Agent 是分布式人工智能(distributed artificial intelligence，DAI)的一个基本术语，它是一种抽象实体，能作用于自身和环境，并能对环境做出反应和与其他 Agent 通信[23,24]。Agent 具有知识、目标和能力[25]，知识是指 Agent 关于它所处的世界或它所要求解的问题的描述，Agent 所采取的一切行为都是面向目标的，能力是指 Agent 所具有的推理、决策、规划、控制等能力。Agent 的 BDI 模型定义一组心智模型来描述 Agent 的内部处理状态和建立控制结构，把 Agent 的知识、目标和能力都以形式化方式包含到其心智模型中。Agent 不但能感知它所处的环境，而且能自主实现自己的局部目标，还能自主与其他 Agent 相互作用。

因此，将多 AUV 系统中的每一个 AUV 看作一个 Agent，不仅可以把 AUV 的知识、目标和能力都“封装”到 Agent 中，还可以让 AUV 像人一样具有心智，从而构造出基于 Agent 模型适合于群体协作的 AUV 个体体系结构。然而，社会机器人体系结构和 ATA_AUV 体系结构均没有考虑到 Agent 的思维结构分为社会心智和个体心智两个层次，而是将社会心智和个体心智合并在慎思层实现，不利于群体使命和个体任务的自主规划分解。本书将在社会机器人体系结构的基础上，研究更加符合人类社会协作模式的 AUV 个体体系结构，从而更好地发挥智能体的智能特性。

2.1.3 多 AUV 系统建模方法概述

AUV 是一个典型的混杂动态系统(hybrid dynamical systems，HDS)。考虑到多个 AUV 之间的联系，多 AUV 系统可以抽象成一个离散事件动态系统(discrete event dynamic systems，DEDS)，系统中所有成员并行工作，在不同时间或空间执行不同的任务，通过相互通信与协作完成群体使命，海洋环境的复杂多变也使得使命的执行过程充满了不确定性。因此，如何描述多个 AUV 之间的相互作用和影响，分析 AUV 协作的动态过程和可能的死锁，即通过有效的建模工具对多 AUV 系统的控制逻辑进行建模，对系统能否顺利完成使命显得至关重要。可以采用 DEDS 的建模方法进行建模和分析，如有限自动机、Petri 网等。

Petri 网是异步并发系统建模与分析的一种重要工具，与其他建模方法相比，具有更严格的数学基础和直观易懂的图形表示，能充分描述系统的并发性、异步性、非确定性和并行性等特点[26]。Petri 网用来描述计算机系统事件之间的因果关系，采用可视化图形描述且被形式化的数学方法支持，表达离散事件动态系统的静态结构和动态变化。它是一种结构化的 DEDS 描述工具，可以描述系统异步、同步、并行的逻辑关系，既能够分析系统运行性能，又可以用于检查与防止诸如自动系统的锁死、堆栈溢出、资源冲突等不期望的系统行为性能。可视化的 Petri 网模型能够直接产生 DEDS 监控控制编码，进行系统实时控制。Petri 网可用于 DEDS 的仿真，从而对系统进行分析和评估；可以模块化和层次化地描述复杂的 DEDS；可以通过结构变化描述系统的变化；支持 DEDS 形式化数学描述与分析，如可达树分析；还可以转化为其他的 DEDS 模型，如马尔可夫链等。正是由于上述特点，Petri 网已经成为描述、分析和控制 DEDS 最有效和应用最广泛的方法。

随着 Petri 网应用领域的不断扩大，逐渐衍生出了多种扩展 Petri 网，如赋时 Petri 网、随机 Petri 网、着色 Petri 网、面向对象 Petri 网、模糊 Petri 网、混合 Petri 网、变结构 Petri 网等，使得 Petri 网的建模能力大大增强。

Petri 网在多机器人系统建模中有着广泛的应用，主要涉及制造系统、多机器人网络遥操作系统和多移动机器人系统等多个领域。

Petri 网在制造系统建模方面的研究有：Adamou 等利用面向对象 Petri 网对柔性制造单元与系统进行了建模与控制[27]；Jiang 等提出了一种随机面向对象 Petri 网对制造系统进行了建模，为系统中对象的 Petri 网模型增加了随机变迁和库所，对系统可靠性进行了研究[28]。

Petri 网在多机器人网络遥操作系统建模方面的研究有：Yan 等利用 Petri 网设计了多机器人网络遥操作系统的任务规划器，为多个操作者协调操作多个机器人提供决策[29]；Elhajj 等将 Petri 网模型与基于事件的规划控制理论相结合，有效描述了并发复杂的网络遥操作系统[30]。

Petri 网在多移动机器人系统建模方面的研究有：Rongier 等利用随机 Petri 网对多智能体机器人系统进行了分析和预测[31]，系统由一组同构机器人组成，负责将散落在各处且位置未知的目标收集起来，放置到一个基站内；Lee 等采用基于 Petri 网的方法协调控制多个同构机器人，建模分为多机器人全局控制规划、单机器人控制逻辑和故障恢复两个阶段，最后对两个机器人搜索同一个目标进行了仿真验证[32]；Ma 等基于面向对象 Petri 网构建了多个同构机器人多智能体模型，并通过两个机器人追捕一个动态目标的仿真实验验证了模型的有效性[33]；孟伟等提出了一种基于 Petri 网模型的多个移动机器人协作控制方法，主要包括负责任务分配和再规划的高层控制模块（high level control model，HLCM）和实现单个机器人控制逻辑的低层控制模块（low level control model，LLCM），并利用可达树对 Petri 网模型中的死锁进行检测，给出了消除死锁的方法[34]；钟碧良等基于 Petri 网研究了足球机器人的角色转换机制[35]。

总之，Petri 网在多机器人系统建模中有着广泛的应用，然而在多移动机器人系统建模方面的研究往往局限于小规模同构多机器人系统的建模，并且在异构多 AUV 系统建模方面尚未见报道。本书将 Petri 网理论引入多 AUV 系统的建模研究，针对多 AUV 系统的异构性、复杂性、并发性等特点，采用面向对象 Petri 网方法进行多 AUV 系统的建模。

2.2 基于多智能体角色联盟的 AUV 群体体系结构

多 AUV 系统中的每个 AUV 智能体可以具有不同的特性功能，在完成群体目标的过程中扮演不同的角色。本节基于多智能体系统理论，引入角色和角色联盟概念，分析 AUV 智能体与角色的关系，建立基于多智能体角色联盟的 AUV 群体体系结构。角色联盟表达多 AUV 系统中的角色以及角色之间的关系，系统中的 AUV 智能体则通过承担角色联盟中的角色发挥其功能。该结构能够对异构多 AUV 系统的整体社会结构、内部交互模型以及各个角色功能进行描述，适应多重使命需求。

基于多智能体角色联盟的群体体系结构还包含 AUV 个体体系结构设计和角色联盟建模两个主要问题。针对 AUV 个体体系结构，在社会机器人体系结构的研究基础上，本章提出了一种基于智能体思维结构的 AUV 个体体系结构，将 AUV 智能体的社会心智和个体心智分在两个层次实现，并分别用 BDI 模型进行描述。基于该结构的 AUV，能够利用个体心智完成自身任务，也能够利用社会心智实现与其他 Agent 的协作。针对角色联盟建模问题，基于面向对象 Petri 网理论实现，将对象与系统中的角色相对应，易于理解和分析，提高了可维护性。

2.2.1 AUV 智能体与角色的关系

人类社会中的交互作用必然发生在具有一定社会关系的个体之间，而决定其社会关系的基本要素是其所承担的特定角色[36]，社会中的交互行为都是通过角色进行的，如教师与学生之间的授课与听课行为、买方与卖方之间的买卖行为等。角色作为构成各种结构形式的社会群体的基础，是与个体的社会地位、身份相一致的一套职责、权利和行为模式，是对处在某种特定社会地位的个体的行为期待，个体通过其所承担的角色与其他个体相关，实施社会交互活动[37,38]。

多 AUV 系统可以看作一个水下多智能体社会，由多种具有不同功能的 AUV 组成。因此，可以通过角色概念来理解 AUV 智能体的行为，将 AUV 视为系统中承担着某个或某些角色的自主行为实体，一个 AUV 与其他 AUV 通过所承担的角色相关，按照角色所规定的行为模式，执行社会交互活动。而且，AUV 对环境的感知、理解并作用于环境的过程，都是通过其所承担的角色有目的地进行。角色和角色之间的关系形成了 AUV 群体的组织结构。AUV 智能体与角色的关系主要体现在以下两个方面：

(1) 角色并不是具体地执行活动的实体，而是仅仅定义了执行实体共性的特征，是智能体的抽象描述，AUV 智能体才是系统中进行感知和动作的实体，角色的执行必须通过它所绑定的 AUV 智能体的基本动作来实现。角色不能够推理或决策，而是承担它的智能体进行推理或决策；它也没有行为能力，而是承担它的 AUV 智能体产生行为。也就是说，角色本身不具有思维和行为能力，需要依靠 AUV 智能体通过扮演社会中的各个角色，以符合角色的思维方式和行为模式进行交互并发挥作用。

(2) 一个角色可以被一个或多个 AUV 所承担，一个 AUV 也可以承担一个或多个角色。但是，一个 AUV 在承担不同角色时的行为模式和交互方式必然不同，是角色限定了个体的行为模式和交互方式。反过来，个体的行为能力通过其所承担的角色体现出来，例如，一旦某个 AUV 承担了探测角色，将完成探测目标的职责，并与其他相关的角色交互，发挥其作用。即使是不同的 AUV，只要承担的是同一个角色，其思维和行为就相同；反之，即使是同一个 AUV，若承担的角色不同，则其思维和行为就不同。

总之，AUV 智能体通过承担多智能体社会中的某个(或某些)角色与其他 AUV 智能体交互作用，从而与环境进行交互实现其功能，智能体的社会性体现在承担角色的过程之中。

2.2.2 ARAMM 功能结构

本书研究的多 AUV 系统是在复杂实时动态环境下的异构系统，由多种不同功能的 AUV 组成，每个 AUV 都可以看作一个具有个性化心智的智能体。本节在多智能体理论的基础上，引入角色和角色联盟概念，提出基于多智能体角色联盟的 AUV 群体体系结构(architecture based on role alliance of multi-agent for multi-AUV，ARAMM)，如图 2.3 所示。

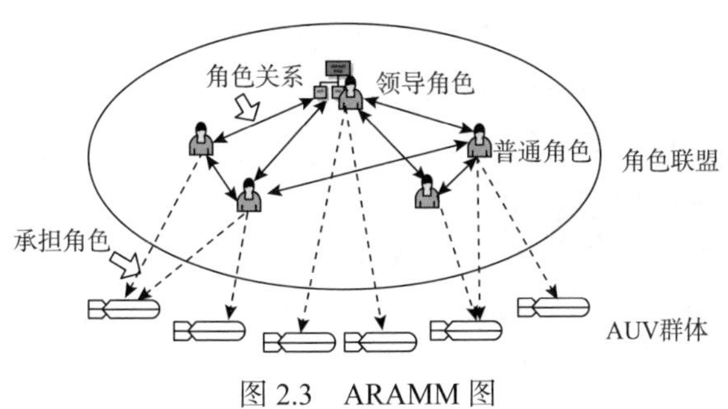

图 2.3 ARAMM 图

ARAMM 中多 AUV 的群体体系结构是基于角色联盟的，角色联盟表达了多 AUV 系统中的角色以及角色之间的关系，系统中的 AUV 智能体则通过承担角色联盟中的角色发挥其功能。ARAMM 涉及的相关定义如下。

定义 2.1　角色

角色是智能体行为的抽象，为了更加全面、准确地反映角色概念本身所内含的各种意义，将角色定义为如下七元组[39,40]：

$$\text{Role} = (\text{Id}, \text{Obligation}, \text{Right}, \text{Qualification}, \text{Rule}, \text{Relationship}, \text{Knowledge})$$

式中，Id 表示区别角色的唯一标识符；Obligation 表示角色必须履行的职责，是该角色在多智能体社会中应承担的各项任务；Right 表示角色执行任务时能够行使的权利，包括可以使用的资源等；Qualification 表示该角色履行职责前需要具备的前提条件，例如该角色的执行实体需要具备的能力等；Rule 表示角色在行使权利和履行义务时必须遵守的各项规则；Relationship 表示该角色与其他角色所具有的各种关系的集合；Knowledge 表示每个角色所必不可少的一套完备的知识系统，以帮助其实现角色功能。

例如，探测角色必须履行其探测目标的义务，享有使用相应传感器的权利，且在履行义务和行使权利时，必须遵守各种规划和控制规则，并且具备履行义务的知识系统，与其具有各种关系的其他角色发生交互。

定义 2.2　角色关系

角色关系直接影响着角色之间的交互效果，假设角色集合用 RO 表示，角色集合中的每个角色表示为 RO_i ，$\text{RO}_i \in \text{RO}$ ，将角色 RO_i 和角色 RO_j 之间的关系记为 RE_{ij} ，AUV 群体中所有角色关系的集合记为 RE，则 $\text{RE}_{ij} \in \text{RE}$ ，并且 $\text{RE} \subseteq \text{RO} \times \text{RO}$ 。

定义 2.3　角色联盟

角色联盟是对多智能体组织结构的抽象描述，多智能体组织结构的共同特点是：智能体要在组织中承担一定的角色，并以一定的角色关系联系在一起。因此，多智能体角色联盟的一般结构模型可以用角色和角色关系来描述：

$$\text{Alliance}=(\text{RO}, \text{RE})$$

式中，RO 包含系统中所有可以被智能体承担的角色；RE 是角色之间的二元关系集合，将联盟中所有角色联系起来。

定义 2.4　多 AUV 系统

多 AUV 系统可以描述为多个 AUV 智能体为了实现群体目标，通过扮演水下多智能体社会中的角色相互连接而构成的系统。基于多智能体角色联盟的一般模型，将多 AUV 系统用一个二元组来描述：

$$\text{MUUV}=(\text{Alliance}, \text{AUV})$$

式中，Alliance 即角色联盟，包括实现社会中各种功能所需的所有角色以及角色之间存在的各种关系；$AUV=\{AUV_1, AUV_2, \cdots, AUV_N\}$ 表示通过承担社会中的角色而组成多 AUV 系统的所有 AUV 的集合，N 表示系统中 AUV 的数量。

角色联盟研究的是多 AUV 系统的抽象模型，主要是对多 AUV 系统的整体社会结构、内部交互模型以及各个角色功能的描述，包括以下两层含义：

(1)组织结构。角色联盟的所有角色中有一个是领导角色，其他角色都称为普通角色，领导角色在系统中发挥核心作用，负责协调整个系统的运作，通常对群体的使命要求、成员组成以及资源环境等具有较为全面的了解，能够进行使命分解和角色分配。普通角色服从领导角色的分配，并向领导角色汇报工作状态。

(2)专业分工。多 AUV 系统的群体使命比较复杂，需要具有不同功能的异构 AUV 协作完成，角色联盟中的各个角色分别实现不同的功能，并通过各种角色关系相互联系在一起，实现多个角色的分工与合作。

从 ARAMM 中可以看出，多 AUV 系统中的所有 AUV 在物理上是完全分布的，一个 AUV 智能体可以承担角色联盟中的一个或多个角色，但某一时刻只可能承担其中的一个角色。因而 AUV 智能体不仅要具有承担角色时的思维和行为能力，而且还要具有对于角色的认知能力，以及对承担某个角色进行选择和转换的能力。每个 AUV 都以角色联盟中某个角色的身份发挥功能，是使角色得以发生实际行为的载体，且任意两个 AUV 智能体之间均可以以角色的身份进行信息交互。

综上所述，ARAMM 具有对复杂系统的自然描述能力，能够对复杂的异构多 AUV 系统的组织过程进行分析和描述，多 AUV 系统组织过程示意图如图 2.4 所示。首先根据多 AUV 系统的使命需求进行角色联盟的定义，包括对系统中各个角色功能以及角色关系进行描述，再根据角色定义确定能够承担角色的 AUV 智能体，并进行初始角色分配，使命执行过程中，各 AUV 依据自身个体体系结构进行规划和决策，在需要时进行角色转换，这样就形成了一个可以胜任不同使命需求的多 AUV 系统，能够方便有效地架构分布的、开放的、动态的复杂多 AUV 系统。

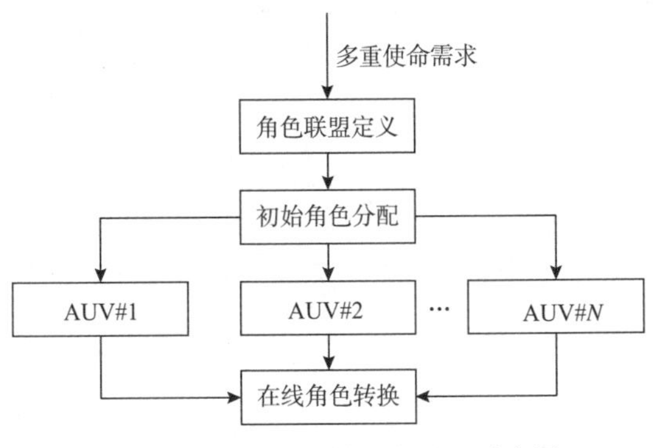

图 2.4　多 AUV 系统组织过程示意图

ARAMM 中还涉及以下两个主要问题：

(1)AUV 个体体系结构的设计问题。AUV 个体体系结构研究的是 AUV 智能体的内部控制结构，是对承担角色的智能体的思维和行为的产生过程进行描述。本章将在 2.3 节对 AUV 个体体系结构进行研究。

(2)角色联盟的建模问题。需要利用有效的建模工具对角色联盟进行建模，并针对多目标搜索使命研究角色联盟的具体实现，承担角色的 AUV 将依据角色联盟模型中相应角色的控制结构与其他 AUV 协作，本章将在 2.4 节对角色联盟的建模问题进行研究。

2.2.3 面向多目标搜索的角色定义

ARAMM 中角色的定义是多 AUV 系统完成使命的基础，根据上一节中角色定义的形式化表示，本节给出面向水下多目标搜索使命的角色定义。多 AUV 系统集群搜索中涉及两个角色：探测角色和识别角色。此外，鉴于 AUV 群体导航的特殊性，本书设计了协作导航方法(见第 7 章)，因此还存在一个导航角色。各角色的定义如表 2.2 所示。

表 2.2 角色定义一览表

属性	导航角色定义	探测角色定义	识别角色定义
Id	1	2	3
Obligation	①离线规划群体使命 ②提供精确导航信息 ③在线监控群体状态	粗略探测提交疑似目标列表	精确识别提交真实目标列表
Right	①可使用基本设备：避碰声呐、高度计等 ②可使用导航设备：GPS、惯性测量单元、DVL ③可使用通信设备：水声通信机	①可使用基本设备：避碰声呐、高度计等 ②可使用导航设备：DVL、TCM2 ③可使用通信设备：水声通信机 ④可使用探测设备：侧扫声呐、前视声呐	①可使用基本设备：避碰声呐、高度计等 ②可使用导航设备：DVL、TCM2 ③可使用通信设备：水声通信机 ④可使用探测设备：前视声呐、摄像机
Qualification	①具备导航能力 ②具备监控能力	具备探测能力	具备识别能力
Rule	导航相关的规划规则和协作规则	探测相关的规划规则和协作规则	识别相关的规划规则和协作规则
Relationship	①作为领导角色，负责监控其他角色 ②与探测角色和识别角色存在协作关系	①作为普通角色服从导航角色的分配 ②与导航角色和识别角色存在协作关系	①作为普通角色服从导航角色的分配 ②与导航角色和探测角色存在协作关系
Knowledge	导航相关的知识体系	探测相关的知识体系	识别相关的知识体系

由表 2.2 可以看出，三种角色的各个属性具有不同的定义，本系统设计导航角色为领导角色，探测角色和识别角色为普通角色，即导航角色要负责群体的离线使命规划和在线状态监控，探测角色和识别角色服从导航角色的分配，三种角色各司其职，通过相互协作完成总体搜索使命。

系统中的 AUV 智能体一旦承担了相应的角色，就将继承该角色的相关属性，使用该角色允许访问的传感器设备，利用该角色具有的知识，并按照该角色必须遵循的规则进行相应的规划推理和行为，同时和相关角色的 AUV 智能体进行交互，最终完成该角色的职责。

2.2.4 ARAMM 优势分析

多AUV系统协作完成水下多目标搜索使命是一个复杂的过程,采用ARAMM具有如下优势:

(1) 协调性。异构多 AUV 系统是一个分工明确、配合紧密的作业团队，为了完成一个共同的总目标，需要有较高的协调性，还要求尽量减少冲突的发生，并在发生冲突时能快速地进行消解。ARAMM 中承担领导角色的 AUV 负责使命的离线规划和任务分配，在规划阶段已充分考虑避免冲突，并且在使命执行阶段监控整个系统的运行状态，对其他成员局部控制无法解决的冲突提供决策。

(2) 自主性。异构多 AUV 系统相当于一个水下机器人社会，要求无须外界干预，能自主产生面向群体使命的智能行为。ARAMM 中每个 AUV 都能结合自身、环境及其他 AUV 的状态，凭借规划推理能力自主决策如何完成角色赋予的职责，并在需要时与承担其他角色的 AUV 进行协调，同时监控自身状态，并向承担领导角色的 AUV 报告无法解决的故障或冲突。

(3) 反应性。动态未知的水下环境要求系统能快速响应环境、任务及成员状态的变化。ARAMM 中每个 AUV 均能够对环境中的紧急情况做出应急反应，并支持学习能力，能够根据环境及其他成员状态的变化，更新自身的知识模型，并在规划时做出适当决策。

(4) 容错性。海洋环境复杂多变，难以保障系统中所有成员的安全，因此作为一个水下传感器网络，需要在部分节点损坏或发生通信障碍时，仍能通过自重构继续执行使命。ARAMM 中某个 AUV 的故障不会造成整个系统的瘫痪，承担领导角色的 AUV 能够监测系统成员的故障，进行统一协调，保证最大限度地完成使命，领导角色往往不止一个 AUV 承担，保证了领导 AUV 损坏时的容错性。

(5) 开放性。多 AUV 群体体系结构应该是一个开放的结构，具有较好的可扩展能力，能够适应不同的使命需求和系统组成。ARAMM 针对不同的使命需求，只需要定义角色联盟中不同的角色功能和角色关系，并确定能够承担角色的 AUV 即可，具有很好的可扩展性。

(6)通信负载。水声通信带宽窄、误码率高，多 AUV 群体体系结构要能够保证系统成员之间较低的通信负载，避免通信瓶颈。ARAMM 中领导角色仅在系统发生死锁等紧急情况下才对群体行为加以干预，避免了集中式控制中主控单元和其他机器人之间的通信瓶颈问题。各角色之间只在需要协作时才通信，不存在分布式控制中 AUV 之间频繁而大量的信息共享通信，保证了较少的通信数据量。

由此可见，ARAMM 结合了集中式和分布式结构的优点，具备较好的自主性、反应性、协调性和容错性，同时相比分层式结构更具开放性，能够表达异构 AUV 群体中成员的功能角色和协作关系，适应多重的使命需求。

2.3 基于智能体思维结构的 AUV 个体体系结构

由 ARAMM 体系结构可知，每个 AUV 智能体都具有思维和行为能力，即在思维层进行自主规划与决策，并通过行为层执行规划结果。Agent 的思维结构还可以划分为社会心智层和个体心智层，社会心智层负责维护与协作任务相关的思维属性，并与其他 Agent 建立协作关系，个体心智层负责维护与自身任务相关的思维属性[41]，Agent 思维结构如图 2.5 所示。本节将基于智能体思维结构建立 AUV 的个体体系结构。

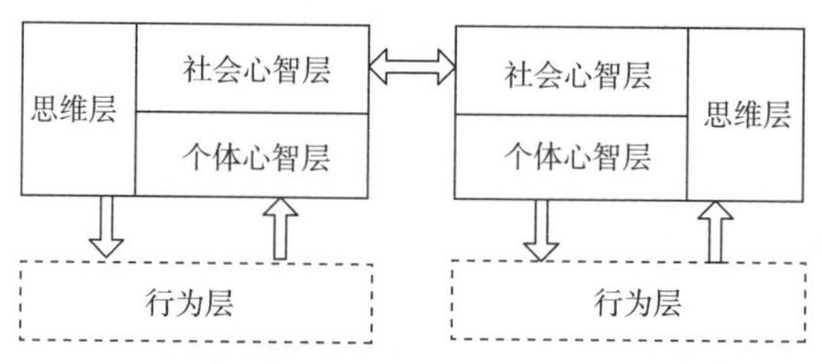

图 2.5 Agent 思维结构

2.3.1 AMSAU 功能结构

基于智能体思维结构的 AUV 个体体系结构(architecture based on mental structure of agent for AUV，AMSAU)分为协作层、任务层和行为层，其中协作层和任务层构成思维层，如图 2.6 所示。

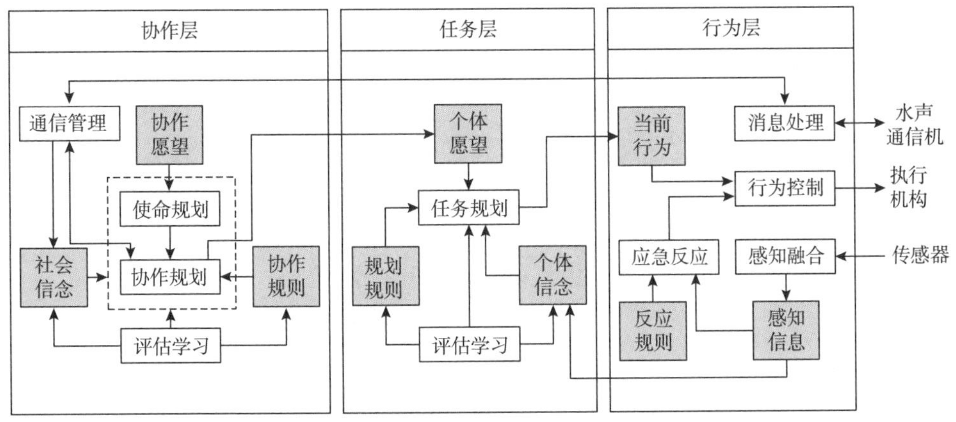

图 2.6　基于智能体思维结构的 AUV 个体体系结构

该体系结构的主要特点是借鉴了智能体的思维结构，将智能体的社会心智和个体心智分别映射到 AUV 体系结构的协作层和任务层实现：在协作层实现与协作任务相关的社会心智的记忆和推理，与其他 AUV 建立协作关系；在任务层实现与自身任务相关的个体心智的记忆和推理，根据环境变化实时调整自身行为。尽管有的个体心智涉及其他 AUV，但在上升到协作层之前对其他 AUV 没有作用。

智能体 BDI 模型中的信念指 Agent 对其所处环境的认识，愿望指 Agent 希望达到的状态，通常指人们交给 Agent 的任务，而意图描述了 Agent 为达到愿望而计划采取的动作步骤，意图在 Agent 的动作过程中可能会由于环境的改变而需要决定新的动作步骤[19]。BDI 模型是一种语形和语意良好、理论较为完善的模型，它不仅能完成知识表示与推理，也描绘了影响 Agent 行为的心智状态，并刻画了 Agent 的各种心智成分及其相互约束关系[42]。AMSAU 在协作层和任务层均引入了 Agent 的 BDI 模型进行描述，各层次的功能结构分别介绍如下。

1. 协作层

协作层的主要功能是根据 AUV 群体的使命要求、AUV 当前任务执行情况以及来自其他 AUV 的通信信息进行使命规划和协作规划，生成当前的作业任务，下达给任务层，或者生成协作请求通过水声通信发送给其他机器人。其中，协作愿望定义了 AUV 群体要协作完成的使命；社会信念包括全局环境和描述 AUV 协作关系中其他成员信息的熟人模型；协作规则描述了 AUV 与其他成员的协作关系和交互规则。协作愿望激发使命规划和协作规划产生意图，即 Agent 为达到愿望而将要执行的当前任务或协作请求。

通信管理将协作规划产生的通信信息发送出去，并从行为层消息处理模块接收来自其他 AUV 的协调信息，负责协调信息的存储、分类管理等工作；使命规划根据协作愿望和社会信念进行全局路径规划，结合全局路径信息和当前任务执行情况进行使命规划，生成新的作业任务；协作规划根据通信管理收到的来自其他 AUV 的协调信息，结合协作规则、社会信念中的熟人模型以及使命规划产生的当前任务，决定是否切换成新的任务作为任务层的个体愿望，或者根据任务需要生成新的协作请求交给通信管理模块发送给其他 AUV；评估学习用于评估 AUV 群体的运行状态，其输出将作为使命规划和协作规划的依据，并且根据环境和其他 AUV 状态的变化，实时更新协作规则和社会信念。

2. 任务层

任务层的主要功能是根据 AUV 的自身状态、环境状态、当前任务要求以及当前行为执行情况进行任务规划，生成新的作业行为下达给行为层，同时监控和评估 AUV 作业行为的执行状态，必要时重新进行任务规划。其中，个体愿望表示 AUV 自身当前要完成的任务；个体信念包括局部环境和描述 AUV 自身信息的自身模型；规划规则描述了 AUV 进行任务规划的准则。个体愿望激发任务规划产生意图，即 Agent 为达到愿望而将要执行的当前行为。

任务规划根据个体愿望和个体信念进行局部路径规划，结合局部路径信息和当前行为执行状态进行在线任务规划生成新的作业行为；评估学习用于评估 AUV 运动状态、设备状态、环境状态以及当前行为的执行状态，其输出将作为任务规划重新选取行为的依据，并且根据环境、自身状态以及当前任务的完成情况，实时更新规划规则和个体信念。

3. 行为层

行为层是与 AUV 机载硬件交互的连续控制系统，其功能是将当前行为分解为实时控制信号，控制 AUV 完成作业使命，实现从行为到动作的连续映射，同时获取传感器数据和水声通信机信息，为上层提供 AUV 内部状态、环境状态数据以及来自其他 AUV 的协调信息。其中，当前行为定义了 AUV 当前要执行的行为；感知信息记录了 AUV 从传感器获取的各种数据，可用于更新上层的信念；反应规则定义了 AUV 进行应急反应的规则。

应急反应结合反应规则，对 AUV 的紧急状况采取应急措施，例如避碰、抛载上浮等，确保 AUV 的航行和作业安全；行为控制结合任务层输出的当前行为以及应急反应模块输出的应急行为，实时调用各种基本运动控制算法生成控制码，驱动 AUV 执行机构工作，并控制机载设备的开关；感知融合采集传感器的信息，对不同传感器信息进行融合，为思维层的决策提供载体状态、环境状态等实时数据；消息处理对协作层产生的通信信息加上校验码后从水声通信机发送出去，并且对从水声通信机接收到的信息进行校验，将校验结果反馈给协作层的通信管理。

2.3.2 面向多目标搜索的使命、任务和行为定义

多 AUV 系统的使命是指由用户为该航次所指定的工作内容、工作目标、航行约束等已知事项。每个使命均可分解为一系列的任务，任务是指每个 AUV 在一段时间内为完成一个子目标所做的一系列工作的总称。任务最终被分解为一系列行为，行为是 AUV 所能自主实现的最基本运动和机载设备控制动作，是完成使命和任务的最小基本行为单元。面向水下多目标搜索应用背景的使命、任务和行为定义如表 2.3 所示。

表 2.3 面向多目标搜索的使命、任务和行为定义

类型	定义
使命	M_1：同步搜索。M_2：异步搜索
任务	T_1：布放。T_2：航行。T_3：GPS 校正。T_4：巡航。T_5：识别。T_6：返航。T_7：回收。T_8：队形控制
行为	B_1：下潜。B_2：定向航行。B_3：悬停定位。B_4：位置闭环。B_5：轨迹跟踪。B_6：机载设备开关。B_7：上浮

2.3.3 AMSAU 优势分析

与以往基于智能体的体系结构相比，AMSAU 具有以下优势：

(1) 层次关系清晰。协作层和任务层构成 AUV 智能体的思维层，分别描述了 AUV 智能体的社会心智和个体心智，便于 AUV 群体使命和自身任务的自主规划分解，行为层负责行为执行和 AUV 的实时控制，各层次的功能划分和定义清晰明确。

(2) 便于软件实现。将 AUV 智能体的信念、愿望和意图均映射为 AUV 体系结构中的各个模块，更加贴近实际 AUV 系统，易于理解和软件编程，而且便于在现有 AUV 控制系统软件基础上进行扩展和集成，快速构造面向群体协作的 AUV 控制系统软件。

(3) 适应水声特点。该体系结构考虑了水声通信误码率高的特点，在行为层设计了专门的校验措施，从而为决策层的规划提供诸如通信信息出错等反馈信息。

(4) 信息交换简化。AUV 各层次及各模块之间的信息交换以共享内存和消息传递两种方式实现，避免它们之间发生混乱和冲突，保证体系结构的信息交换通畅。各个功能模块通过实时操作系统中的多个进程进行管理，保证了各功能模块的工作周期以及它们之间信息交换的时序关系。

(5) 符合人类社会协作模式。系统中每个成员通过个体心智都能明确并胜任自身任务，需要协调时才通过社会心智与其他成员沟通，更加符合人类社会的协作模式，能够更逼真地模拟人类的社会智能从而表现机器人的社会行为，最终保证多 AUV 系统全局使命的质量和进度。

通过上述分析可以得出，基于智能体思维特性的 AUV 体系结构具有完善的功能和良好的性能，能够满足面向群体协作的 AUV 作业需求。

2.4 基于面向对象 Petri 网的角色联盟

角色联盟建模是 AUV 群体体系结构的主要问题之一，角色联盟是多 AUV 系统的协作模型，不仅要描述每个角色自身的模型，还要表达不同角色之间的相互作用和影响，分析 AUV 协作的动态过程和可能的死锁，对系统顺利完成使命至关重要。随着系统中角色种类的增多以及角色关系的复杂化，建模的难点还在于避免模型的急剧膨胀，降低空间复杂度。Wang 与 Lee 等将面向对象建模技术(object-oriented modeling，OOM)与着色 Petri 网(colored Petri net，CPN)相结合，提出了面向对象 Petri 网(object-oriented Petri net，OPN)[43-46]。OPN 既具有对象的模块化、可重复使用性的特点，又继承了 Petri 网结构化描述复杂逻辑关系的能力。本节将基于面向对象 Petri 网建立角色联盟模型，并结合多目标搜索使命对角色联盟进行具体设计和性能分析，最后指出基于 OPN 的角色联盟具有的优势。

2.4.1 基于 OPN 的角色联盟

基于 OPN 的角色联盟将对象与系统中的角色相对应，从而方便有效地进行系统建模。将各个角色用不同的对象加以封装和描述，并通过色彩(对象的属性)区分承担角色的不同个体，多个不同对象间的信息传递关系网就构成了整个系统的协作模型，基于 OPN 的角色联盟示意图如图 2.7 所示。

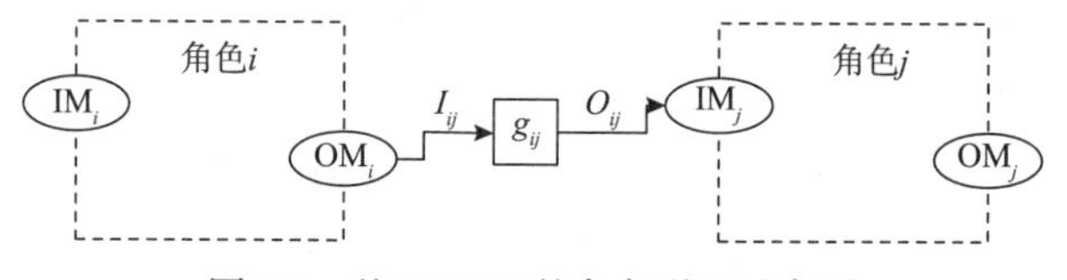

图 2.7 基于 OPN 的角色联盟示意图

定义 2.5 角色联盟的 OPN

角色联盟的 OPN 被定义为一个二元组：

$$\text{Alliance}=(\text{RO}, \text{RE})$$

式中，$\text{RO}=\{\text{RO}_i | i=1,2,\cdots,I\}$，表示角色的集合，$I$ 表示系统中角色的数目；$\text{RE}=\{\text{RE}_{ij} | i,j=1,2,\cdots,I, i\neq j\}$，表示角色间信息传递关联关系的集合。

定义 2.6　角色的 OPN

RO_i 为系统中角色 i 的 OPN 模型，定义为一个七元组：

$$\mathrm{RO}_i = (\mathrm{SP}_i, \mathrm{AT}_i, \mathrm{IM}_i, \mathrm{OM}_i, I_i, O_i, C_i)$$

式中，i 表示系统的第 i 个角色；SP_i 表示 RO_i 的状态库所(state place)有限集合；AT_i 表示 RO_i 的活动变迁(activity transition)有限集合；IM_i 表示 RO_i 的输入信息库所有限集合；OM_i 表示 RO_i 的输出信息库所有限集合；I_i 表示从库所 P 到变迁 T 的输入映射(函数)，即 $C(P)\times C(T)\rightarrow N$（非负整数），对应着从 P 到 T 的彩色有向弧，这里 $P=\mathrm{SP}_i\cup\mathrm{IM}_i$，$T=\mathrm{AT}_i$，$\boldsymbol{I}(P,T)$ 为矩阵；O_i 表示从变迁 T 到库所 P 的输出映射(函数)，即 $C(T)\times C(P)\rightarrow N$（非负整数），对应着从 T 到 P 的彩色有向弧，这里 $P=\mathrm{SP}_i\cup\mathrm{OM}_i$，$T=\mathrm{AT}_i$，$\boldsymbol{O}(P,T)$ 为矩阵；C_i 表示 RO_i 的库所或变迁的色彩集合。

上述角色 RO_i 的 OPN 实际上就是 CPN，因此，其激发规则与 CPN 完全相同。不同的是在 OPN 中，将库所划分为状态、输入信息及输出信息库所，且用活动变迁取代了 CPN 中的变迁。OPN 内部的状态库所与活动变迁描述了 OPN 所建模的角色的动态属性(角色的活动引起的内部状态的变化)，而输入/输出信息库所接收来自其他角色的信息/向其他角色发送信息(也就是托肯)。

定义 2.7　角色关系

发送信息的角色 RO_i 和接收信息的角色 RO_j ($i\neq j$)之间的关系 RE_{ij} 正规地表示为

$$\mathrm{RE}_{ij} = (\mathrm{OM}_i, g_{ij}, \mathrm{IM}_j, C(\mathrm{OM}_i), C(\mathrm{IM}_j), C(g_{ij}), I_{ij}, O_{ij})$$

式中，OM_i 表示角色 RO_i 输出信息库所的有限集合；IM_j 表示角色 RO_j 输入信息库所的有限集合；g_{ij} 表示 RO_i 至 RO_j 的信息传递的门的有限集合；$C(\mathrm{OM}_i)$ 表示 RO_i 的输出信息库所的色彩集合；$C(\mathrm{IM}_j)$ 表示 RO_j 的输入信息库所的色彩集合；$C(G_{ij})$ 表示 g_{ij} 的色彩集合；$I_{ij}(\mathrm{OM}_i, g_{ij})$ 表示从输出信息库所 OM_i 到门 g_{ij} 的输入映射(函数)，即 $C(\mathrm{OM}_i)\times C(g_{ij})\rightarrow N$（非负整数），对应着从 OM_i 到 g_{ij} 的彩色有向弧；$O_{ij}(\mathrm{IM}_j, g_{ij})$ 表示从门 g_{ij} 到输入信息库所 IM_j 的输出映射(函数)，即 $C(g_{ij})\times C(\mathrm{IM}_j)\rightarrow N$（非负整数），对应着从 g_{ij} 到 IM_j 的彩色有向弧。

上述定义中的门是位于 OPN 之间的一种特殊的变迁，表示不同 OPN 之间信息传递的“事件”。角色关系同样采用 CPN 描述，因此，其激发规则也与 CPN 完全相同。

基于 OPN 的角色联盟描述了多 AUV 系统的控制逻辑，主要包括两个方面：一是角色间协作控制逻辑，即利用面向对象的方法，按照多 AUV 系统的角色类型，将整个系统分成不同的子系统，子系统之间通过消息传递实现相互通信；二是子系统内部控制逻辑，即利用着色 Petri 网方法描述每个子系统内部功能实现。AUV 智能体一旦承担了某个角色，就将以角色联盟中该角色的控制逻辑进行思维推理和行为产生。

2.4.2 面向多目标搜索的 OPN 角色联盟实现

本节面向多目标搜索使命，研究基于 OPN 的角色联盟具体实现，分别建立各角色的 OPN 模型和整个角色联盟的 OPN 模型，并通过可达树方法对模型的性能进行分析。

1. 面向多目标搜索的 OPN 角色联盟设计

面向水下多目标搜索使命的 OPN 角色联盟如图 2.8 所示。其中，导航、探测和识别三种角色分别具有各自不同的对象模型，MP11、MP21、MP31 为输入信息库所，MP12、MP22、MP32 为输出信息库所，G1、G2、G3 为各角色之间的门。下面以同步搜索使命为例，分别建立了各个角色的 OPN 模型，如图 2.9～图 2.11 所示，图中状态库所和活动变迁的含义见表 2.4～表 2.6。

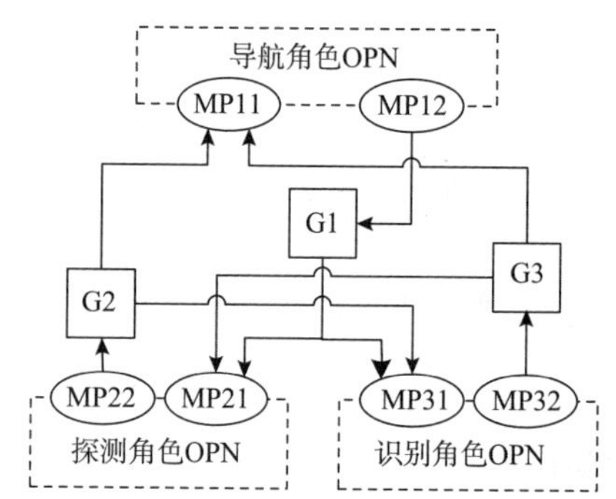

图 2.8 面向水下多目标搜索使命的 OPN 角色联盟

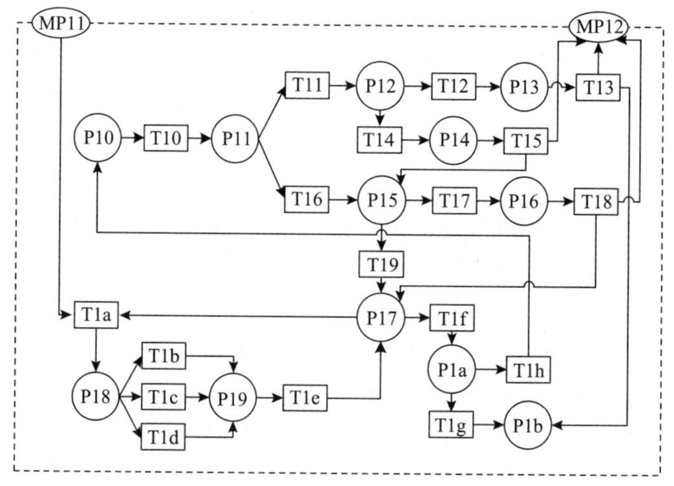

图 2.9 导航角色的 OPN 模型

表 **2.4** 导航角色 **OPN** 模型中状态库所和活动变迁含义

库所/变迁	含义	库所/变迁	含义
P10	等待下一周期协作规划	T13	发送结束使命信息
P11	判断是否与某 SV 联系中断	T14	该类型 SV 仍有剩余
P12	判断该类型 SV 是否还有剩余	T15	发送队形重规划信息
P13	准备发送结束使命信息	T16	与 SV 联系未中断
P14	准备发送队形重规划信息	T17	发送精确导航信息定时信号到达
P15	判断发送精确导航信息定时信号是否到达	T18	发送精确导航信息
P16	准备发送精确导航信息	T19	发送精确导航信息定时信号未到达
P17	判断是否有新的协调信息	T1a	有新的协调信息
P18	判断信息类型	T1b	收到 SV 自身状态信息
P19	记录信息内容并进行数据统计	T1c	收到探测 AUV 发现新目标信息
P1a	判断是否满足能源和探测时间约束	T1d	收到识别 AUV 目标识别结果信息
P1b	结束使命	T1e	信息内容记录并统计完毕
T10	启动新的协作规划	T1f	没有新的协调信息
T11	与某 SV 联系中断	T1g	能源不足或超过设定探测时间
T12	该类型 SV 没有剩余	T1h	能源充足且未超过设定探测时间

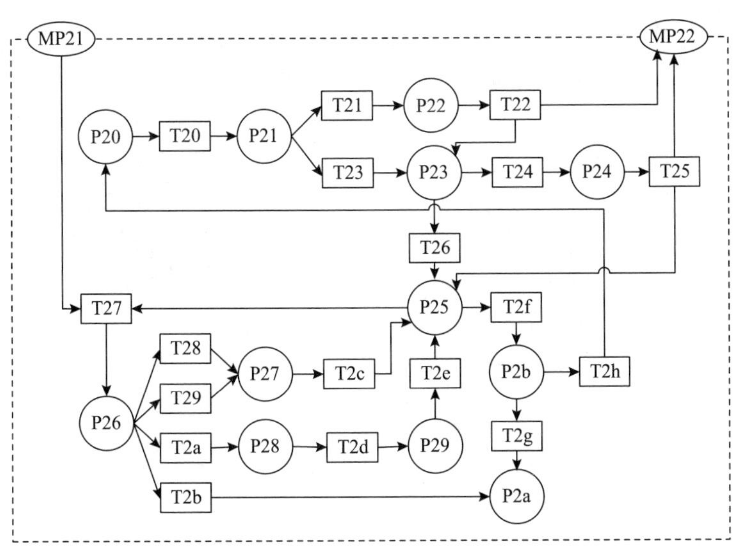

图 2.10 探测角色的 OPN 模型

表 2.5　探测角色 OPN 模型中状态库所和活动变迁含义

库所/变迁	含义	库所/变迁	含义
P20	等待下一周期协作规划	T23	未探测到新目标
P21	判断是否探测到新的目标	T24	发送自身状态信息定时器到达
P22	准备发送发现新目标信息	T25	发送自身状态信息
P23	判断发送自身状态信息定时器是否到达	T26	发送自身状态信息定时器未到达
P24	准备发送自身状态信息	T27	有新的协调信息
P25	判断是否有新的协调信息	T28	收到识别 AUV 识别结果信息
P26	判断信息类型	T29	收到导航 AUV 精确导航信息
P27	记录信息内容	T2a	收到导航 AUV 队形重规划信息
P28	队形重规划	T2b	收到导航 AUV 结束使命信息
P29	切换到队形控制任务	T2c	记录信息内容完毕
P2a	结束使命	T2d	队形重规划完毕
P2b	判断是否满足能源和探测时间约束	T2e	任务切换完毕
T20	启动新的协作规划	T2f	没有新的协调信息
T21	探测到新目标	T2g	能源不足或超过设定探测时间
T22	发送发现新目标信息	T2h	能源充足且未超过设定探测时间

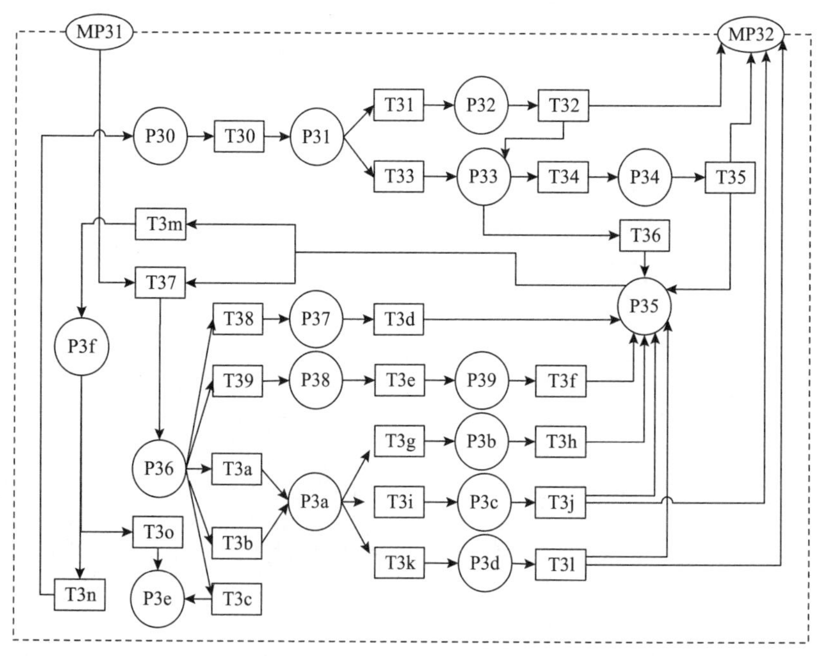

图 2.11　识别角色的 OPN 模型

表 2.6　识别角色 OPN 模型中状态库所和活动变迁含义

库所/变迁	含义	库所/变迁	含义
P30	等待下一周期协作规划	T35	发送自身状态信息
P31	判断是否识别出目标	T36	发送自身状态信息定时器未到达
P32	准备发送目标识别结果信息	T37	有新的协调信息
P33	判断发送自身状态信息定时器是否到达	T38	收到导航 AUV 精确导航信息
P34	准备发送自身状态信息	T39	收到导航 AUV 队形重规划信息
P35	判断是否有新的协调信息	T3a	收到探测 AUV 发现新目标信息
P36	判断信息类型	T3b	收到识别 AUV 目标识别任务委托信息
P37	记录信息内容	T3c	收到导航 AUV 结束使命信息
P38	队形重规划	T3d	记录信息内容完毕
P39	切换到队形控制任务	T3e	队形重规划完毕
P3a	判断是否接受该识别任务	T3f	队形控制任务切换完毕
P3b	切换到目标识别任务	T3g	接受该识别任务
P3c	准备发送识别任务委托信息	T3h	目标识别任务切换完毕
P3d	准备发送识别任务返回信息	T3i	不接受该识别任务且任务来自探测 AUV
P3e	结束使命	T3j	发送识别任务委托信息
P3f	判断是否满足能源和探测时间约束	T3k	不接受该识别任务且任务来自识别 AUV
T30	启动新的协作规划	T3l	发送识别任务返回信息
T31	识别出目标	T3m	没有新的协调信息
T32	发送目标识别结果信息	T3n	能源充足且未超过设定探测时间
T33	未识别出新目标	T3o	能源不足或超过设定探测时间
T34	发送自身状态信息定时器到达		

2. 面向多目标搜索的 OPN 角色联盟分析

本节采用可达树的分析方法，对面向多目标搜索的 OPN 角色联盟的性能进行分析，包括分析模型的活性（liveness）、安全性（safety）、可达性（reachability）、有界性（boundedness）等，使得在运用模型进行控制之前，确定系统的相关性能。角色联盟的特性分析包括各个角色对象模型特性分析和角色间协作模型特性分析两部分。前者研究各个角色子系统内部控制逻辑的相关特性，后者研究整个系统协作控制逻辑的相关特性。

以探测角色的对象模型为例，建立对象模型的可达树对其性能加以分析。从表 2.4 可以看出，探测角色对象模型中共有 12 个状态库所和 18 个活动变迁，相对比较复杂。初始时库所 P20 中有一个托肯，标识为 m=(1,0,0,0,0,0,0,0,0,0,0,0,0)，将这种标识简记为(0)，并将这个状态作为可达树的根，寻找所有使能的变迁，找出这些变迁激发后所达到的新状态，直到出现一个重复的标识或没有变迁使能为止，在重复的标识下用两道横线标出，最终得到探测角色对象模型的可达树如图 2.12 所示。

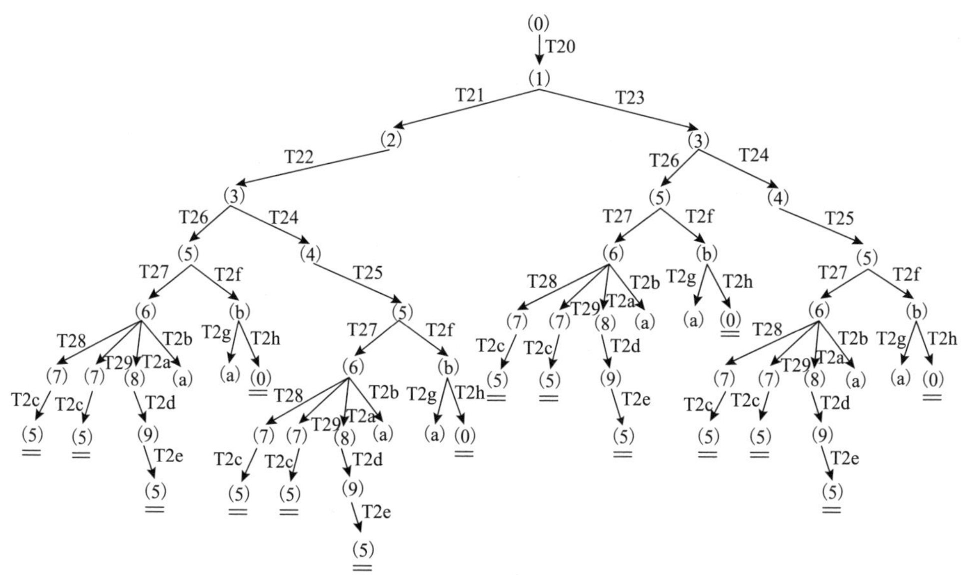

图 2.12　探测角色对象模型的可达树

从探测角色对象模型的可达树可以看出，模型中的所有可能状态从初始状态开始都是可达的，经过一系列变迁，模型可以从初始状态抵达结束状态。此外，所有变迁都在可达树中出现过，因此模型中无死变迁。由于所有的树叶并不都是重复状态，树叶(a)代表结束使命状态，此状态下无任何变迁使能，因此模型具有死标识，产生死标识的原因是能源或时间耗尽，也可能是出现故障而提前结束使命。另外可以看出，模型的每一个状态库所最多只有一个托肯，因此模型是有界的，并且是 1-有界的，因此模型也是安全的。由于状态库所用于描述角色的某一操作，因此库所的安全性能够确保不会重复启动某一正在进行的操作。

用同样的方法分别对导航角色和识别角色的对象模型加以分析，分析结果与探测角色类似，即对象模型是可达的、有界的和安全的，无死变迁，且只有在结束使命时才出现死节点。各个角色对象模型的特性分析表明，所建立的模型是符合角色需求的，各角色子系统内部控制逻辑合理且有效。

角色间协作模型如图 2.8 所示，根据此模型可以验证多 AUV 系统的协作机制。例如当扮演导航角色的 AUV 产生队形重规划协调信息时，将通过其对应的输出信息库所 MP12 将该信息在网络上广播出去，到达扮演探测角色和识别角色的

AUV 对应的输入信息库所 MP21 和 MP31，通过判断输入信息库所的色彩（即协调信息中包含的 AUV 标识）来决定自己是否需要对该消息进行处理，匹配成功的 AUV 从输入信息库所中接收该消息（即转移输入信息库所中的托肯）进行队形重规划操作。由此可以看出，面向水下多目标搜索使命的 OPN 协作模型是合理可行的，能够保证多 AUV 系统有效的协作。

2.4.3 基于 OPN 的角色联盟优势分析

基于 OPN 的协作模型具有以下优点：

（1）降低了系统建模复杂性。利用 OPN 建立多 AUV 系统的角色联盟，将角色用对象进行封装和描述，从而实现整个多 AUV 系统的控制逻辑，而不是像普通 Petri 网建模那样需要对每个 AUV 分别描述，显著降低了系统建模的复杂性，避免了系统状态空间的膨胀。

（2）系统模型易于理解。对象和系统中的角色相对应；对象中的库所与角色的操作状态相对应；对象中的变迁与能够触发并改变库所状态的事件相对应。这使得复杂的异构多 AUV 系统模型更易于理解。

（3）提高了可维护性。对象将角色内部详细的活动及其复杂的逻辑关系包裹起来，当关注整个系统行为时，只要关注对象与外界的信息传递接口以及不同对象接口之间的信息传递就可以了，只有当需要观察对象的行为时，才打开“包裹”，暴露其内部详细活动及其之间复杂的逻辑关系。因此，该模型将对象内部结构与外部通信相脱离，使系统模型具有模块化、可重用和易于维护的特点。

（4）便于系统分析。OPN 提供了很多有效的系统性能分析方法，如可达树（reachability tree）、不变量分析（invariant analysis）、界面等效网（interface equivalent net）等，从而可以在运用模型进行控制之前，确定系统的可达性、有界性、安全性等性能。

2.5 仿真实验

多 AUV 系统将在本章提出的 ARAMM 框架下进行群体协作，系统由导航、探测和识别三种角色构成，每个 AUV 均基于 AMSAU，通过承担相应的角色并按照角色要求进行规划推理和产生行为。AMSAU 中的协作规划模块是产生协作的基础，它将结合熟人模型，依据基于 OPN 的角色联盟中的协作规则进行规划，生成自身执行的当前任务或需要其他 AUV 协调的协作请求。

2.5.1 多 AUV 体系结构仿真

本实验以同步搜索使命为例，假定系统由 2 个导航 AUV、4 个探测 AUV 和 2 个识别 AUV 共 8 个 AUV 组成，通过多 AUV 系统在数字仿真平台上的仿真结果，对 ARAMM 的有效性和正确性进行进一步的验证。

多 AUV 数字仿真平台介绍详见第 8 章。

为简便起见，将导航 AUV、探测 AUV、识别 AUV 分别记为 $N_i(i=1,2)$、$D_j(j=1,2,3,4)$、$I_k(k=1,2)$。

在 ARAMM 下，导航角色作为领导角色，主要负责离线使命分解与分配、在线群体状态监控、导航及冲突消解。扮演导航角色、探测角色和识别角色的 AUV 将按照 2.4 节角色联盟中定义的协作控制逻辑相互通信以完成群体使命。

2.5.2 仿真结果

因限于篇幅，这里仅给出识别 AUV I_1 的自主规划结果，如表 2.7 所示，其中包括使命规划、协作规划和任务规划的结果，任务和行为的定义见 2.3.2 节。

表 2.7 ARAMM 体系结构下 I_1 自主规划仿真结果

使命规划	协作规划	任务规划	
T_4	—	B_5	TRACK(start_lon=lon0,start_lat=lat0,end_lon=lon0, end_lat=lat0+0.01659,velocity=1,mode=DEPTH, depth=50)
—	T_5	B_6	SENSOR_ONOFF(SONAR, ON)
		B_4	GOTO(longitude=lon0+0.000272,latitude=lat0+0.0009,velocity=1, mode=DEPTH,depth=50)
		B_6	SENSOR_ONOFF(CAMERA,ON)
		B_3	HOVER(time=10,mode=DEPTH,depth=50)
		B_6	SENSOR_ONOFF(CAMERA, OFF)
		B_6	SENSOR_ONOFF(SONAR, OFF)
T_8	—	B_4	GOTO(longitude=lon0,latitude=lat0+0.00128,velocity=1, mode=DEPTH,depth=50)
		⋮	⋮
		B_4	GOTO(longitude=lon0,latitude=lat0+0.00186,velocity=1, mode=DEPTH, depth=50)
T_4	—	B_5	TRACK(start_lon=lon0,start_lat=lat0+0.00156,end_lon=lon0, end_lat=lat0+0.01659,velocity=1, mode= DEPTH, depth=50)

D_2 和 I_1 之间的协作过程如图 2.13 (a) 所示。

根据表 2.7 和图 2.13(a)，使命规划首先生成任务 T_4，I_1 执行任务 T_4，即沿着 S 点和 B 点所在的直线航行，I_1 在 A 点收到来自 D_2 的发现新目标协调信息，因此按照协作规则进行协作规划，将当前任务切换为 T_5，即执行目标识别任务，根据疑似目标的位置，自主进行任务规划，完成打开成像声呐 B_6、航行至目标附近 B_4、打开摄像机 B_6、悬停定位 B_3 等一系列行为，从而实现对疑似目标的成像和识别。当识别任务完成后，进行使命规划切换至队形控制任务 T_8，尽可能快地返回原先规划的路线上。I_1 在 B 点跟踪上原有队形，队形控制结束，再通过使命规划切换到 T_4，继续沿规划路线航行。

由此可以看出，在 ARAMM 下，利用基于 OPN 角色联盟定义的协作关系，异构 AUV 之间能够完全自主地产生协作，体现了 ARAMM 的自主性和反应性。I_1 在收到协调信息之前，只在个体心智的驱动下实现自主航行，一旦收到来自 D_2 的协作请求，则启动协作层的社会心智，生成新的任务与 D_2 进行合作。同理，D_2 在发现疑似目标前，只在个体心智的驱动下完成自身巡航探测任务，一旦发现疑似目标，则启动协作层的社会心智，生成与 I_1 的协作请求。

导航 AUV 能够针对系统的突发事件，采取相应的处理措施，保证最大限度地完成使命，体现了 ARAMM 的协调性和容错性。导航 AUV 监控下的多 AUV 协作过程如图 2.13(b)所示。使命执行前，N_1 离线为所有 AUV 规划路线和分配任务。使命执行过程中，探测 AUV 和识别 AUV 会定期向导航 AUV 发送自身状态信息，N_1 通过记录和其他 AUV 的联络次数及收到的状态信息监控整个系统的状态，N_2 可作为 N_1 的备份。在某个时刻，N_1 通过群体状态监控发现 D_2 失去联络，因此 D_2 被认为发生故障并退出系统。为了保证最大限度地完成该区域的搜索，需要对队形进行重规划。N_1 向剩余 AUV 发送队形重规划信息，收到信息的 AUV

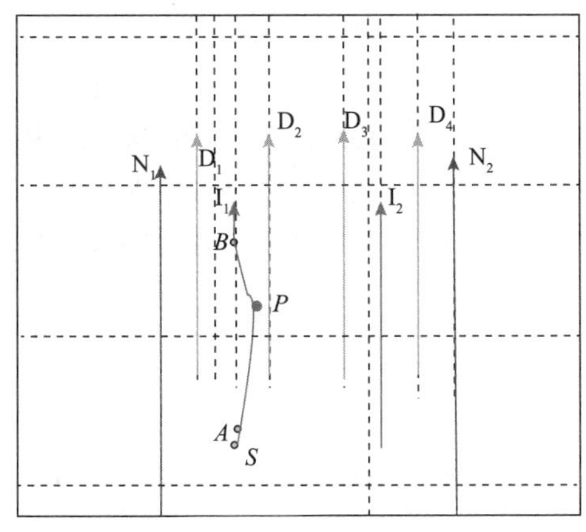

(a) D2和I1之间的协作过程

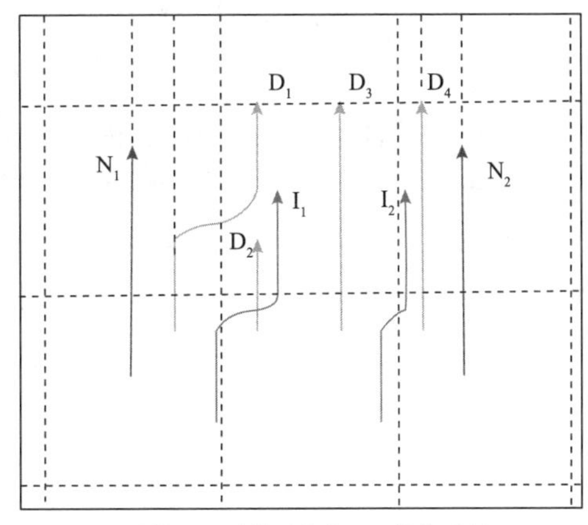

(b) 导航AUV监控下的多AUV协作过程

图 2.13　ARAMM 下异构多 AUV 系统协作过程

将自主进行队形重规划，确定自身的新轨迹，并启动队形控制任务跟踪新的轨迹。详细的队形控制方法将在第 3 章介绍。

上述实验结果表明，基于 ARAMM 框架，异构多 AUV 系统能够实现有效的协作，面向多目标搜索的 OPN 角色联盟设计也是正确合理的。以上是以同步搜索使命为例对体系结构进行了验证，不同的角色定义以及不同的 OPN 内部实现能够满足不同的使命需求，体现了 ARAMM 的开放性。

2.6 本章小结

本章提出了基于多智能体角色联盟的 AUV 群体体系结构(ARAMM)，通过引入角色、角色关系、角色联盟等概念，对异构多 AUV 系统的组织结构进行描述，使其能够适应多重的使命需求，具有很好的可扩展性。本章详细分析了 ARAMM 的功能和优势，并设计了多目标搜索所需的三种角色。针对 ARAMM 中 AUV 个体体系结构设计问题，提出了基于智能体思维结构的 AUV 个体体系结构(AMSAU)。该结构分为协作层、任务层和行为层，本章详细定义了各层次和各功能模块的功能，创新之处在于将 AUV 智能体的思维状态分为个体心智和社会心智两个层次，分别在协作层和任务层引入 Agent 的 BDI 模型进行描述，使其更加符合人类社会思维模式，同时更利于群体使命和自身任务的快速分解。本章给出了面向多目标搜索的使命、任务和行为定义，并分析了 AMSAU 的优势。此外，基于面向对象 Petri 网理论对角色联盟进行了建模，通过将系统中的角色用对象进行封装和描述，构建易于理解、可重用的角色联盟模型。针对多目标搜索使命对基于 OPN 的角色联盟进行了具体设计，可达树分析结果表明各角色对象模型是可达的、有界的和安全的，无死变迁，且只有在结束使命时才出现死节点，角色间的协作控制逻辑是合理可行的，能够满足异构多 AUV 系统协作规划的需求。最后，通过多 AUV 仿真平台对体系结构的有效性和正确性进行了仿真实验，仿真结果表明，在 ARAMM 下，AUV 能够按照自身的角色发挥功能，相互协作共同完成使命。

参 考 文 献

[1] 谭民, 王硕, 曹志强. 多机器人系统[M]. 北京: 清华大学出版社, 2005.

[2] 陈尔奎, 喻俊志. 多仿生机器鱼群体及单体控制体系结构的研究[J]. 中国科学院研究生院学报, 2003, 20(2): 232-237.

[3] Healey A J, Marco D B, McGhee R B. Autonomous underwater vehicle control coordination using a tri-level hybrid software architecture[C]. IEEE International Conference on Robotics and Automation, 1996: 2149-2159.

[4] Laengle T, Seyfried J, Rembold U. Distributed control of microrobots for different applications[M]//Intelligent Robots—Sensing, Modeling And Planning. Singapore: World Scientific Press, 1997: 322-339.
[5] Vainio M, Halme A, Appelqvist P, et al. An application concept of an underwater robot society[M]//Distributed Autonomous Robotic Systems 2. Tokyo: Springer, 1996: 103-114.
[6] Willcox S, Streitlien K, Vaganay J, et al. CADRE: cooperative autonomy for distributed reconnaissance and exploration[Z]. Cambridge, MA: Bluefin Robotics Corporation, 2002.
[7] Alami R, Fleury S, Herrb M, et al. Multi-robot cooperation in the MARTHA project[J]. IEEE Robotics & Automation Magazine, 1998, 5(1): 36-47.
[8] 陈忠泽, 林良明, 颜国正. 基于 MAS (Multi-Agent System) 的多机器人系统：协作多机器人学发展的一个重要方向[J]. 机器人, 2001, 23(4): 368-373.
[9] 杨煜普, 李晓萌, 许晓鸣. 多智能体协作技术综述[J]. 信息与控制, 2001, 30(4): 337-342.
[10] Healey A J. Application of formation control for multi-vehicle robotic minesweeping[C]. IEEE Conference on Decision and Control, 2001: 1497-1502.
[11] Saridis G N. Toward the realization of intelligent controls[J]. IEEE, 1979, 67(8): 1115-1133.
[12] Nilsson N J. Shakey the robot[R]. AI Center, SRI International Menlo Park CA, 1984.
[13] Albus J S, McCain H, Lumia R. NASA/NBS standard reference model for telerobot control system architecture (NASREM)[R]. National Institute of Standards and Technology, 1989.
[14] Brooks R. A robust layered control system for a mobile robot[J]. IEEE Journal of Robotics and Automation, 1986, 2(1): 14-23.
[15] Fujii T, Ura T. Autonomous underwater robots with distributed behavior control architecture[C]. IEEE International Conference on Robotics and Automation, 1995: 1868-1873.
[16] Bonasso R P. Integrating reaction plans and layered competences through synchronous control[C]. International Joint Conferences on Artificial Intelligence, 1991: 1225-1233.
[17] Connell J H. SSS: a hybrid architecture applied to robot navigation[C]. IEEE International Conference on Robotics and Automation, 1992: 2719-2724.
[18] Parker L E. ALLIANCE: an architecture for fault tolerant multirobot cooperation[J]. IEEE Transactions on Robotics and Automation, 1998, 14(2): 220-240.
[19] Müller J P. The Design of Intelligent Agents: A Layered Approach[M]. Berlin: Springer -Verlag, 1996.
[20] 赵忆文. 移动机器人体系结构及多机器人协调规划研究[D]. 沈阳：中国科学院沈阳自动化研究所, 2000.
[21] Rooney C, O'Donoghue R, Duffy B R, et al. The social robot architecture: towards sociality in a real world domain[C]. Towards Intelligent Mobile Robots, 1999: 1-8.
[22] 刘海波, 顾国昌, 沈晶. 基于 Agent 面向群体合作的 AUV 体系结构[J]. 机器人, 2005, 27(1): 1-5.
[23] 刘海燕, 王献昌, 王兵山. 多 Agent 系统的研究[J]. 计算机科学, 1995, 22(2): 57-62.
[24] 王越超, 谈大龙. 协作机器人学的研究现状与发展[J]. 机器人, 1998, 20(1): 69-75.
[25] Demazeau Y, Müller J P. Decentralized artificial intelligence[C]. European Workshop on Modeling Autonomous Agents in a Multi-Agent World, 1989: 1-2.
[26] 江志斌. Petri 网及其在制造系统建模与控制中的应用[M]. 北京：机械工业出版社, 2004.
[27] Adamou M, Bourjault A, Zerhouni S N. Modelling and control of flexible manufacturing assembly systems using object oriented Petri nets[C]. International Workshop on Emerging Technologies and Factory Automation, 1993: 164-168.
[28] Jiang Z B, Zuo M J, Fung R Y K. Stochastic object-oriented Petri nets (SOPNs) for reliability modeling of manufacturing systems[C]. IEEE Canadian Conference on Electrical and Computer Engineering, 1999: 1471-1476.
[29] Yan J H, Zhu Y H, Zhao J, et al. Task planner design based on Petri net for multi-robot teleoperation over internet[C]. IEEE/RSJ International Conference on Intelligent Robots and Systems, 2006: 5220-5225.
[30] Elhajj I H, Xi N, Fung W K, et al. Modeling and control of internet based cooperative teleoperation[C]. IEEE International Conference on Robotics and Automation, 2001: 662-667.
[31] Rongier P, Liégeois A. Analysis and prediction of the behavior of one class of multiple foraging robots with the help of stochastic Petri nets[C]. IEEE International Conference on Systems, Man, and Cybernetics, 1999: 143-148.

[32] Lee K N, Lee D Y. An approach to control design for cooperative multiple mobile robots[C]. IEEE International Conference on Systems, Man, and Cybernetics, 1998: 1-6.

[33] Ma Z, Hu F, Yu Z. Multi-agent systems formal model for unmanned ground vehicles[C]. International Conference on Computational Intelligence and Security, 2006: 492-497.

[34] 孟伟, 洪炳镕. 一种多机器人协作控制方法[J]. 机器人, 2004, 26(1): 58-62.

[35] 钟碧良, 陈承志, 杨宜民. 基于 Petri-net 的机器人足球角色转换研究[J]. 计算机工程与应用, 2001(20): 14-15, 57.

[36] He H M, He H C. Role-based social mental states of agents[C]. International Conference on Autonomous Robots and Agents, 2004: 267-270.

[37] Cabri G, Leonardi L, Zambonelli F. Implementing role-based interactions for internet agents[C]. Symposium on Applications and the Internet, 2003: 380-387.

[38] Cabri G, Leonardi L, Zambonelli F. BRAIN: a framework for flexible role-based interactions in multiagent systems[C]. OTM Confederated International Conferences "On the Move to Meaningful Internet Systems", 2003: 145-161.

[39] Yu L, Schmid B F. A conceptual framework for agent oriented and role based workflow modeling[C]. International Workshop on Agent-Oriented Information Systems, 1999: 14-15.

[40] Simon R T, Zurko M E. Separation of duty in role-based environments[C]. Computer Security Foundations Workshop, 1997: 183-194.

[41] Castelfranchi C. Modelling social action for AI agents[J]. Artificial Intelligence, 1998, 103(1-2): 157-182.

[42] Rao A S, Georgeff M P. Modeling rational agents within a BDI-architecture[J]. International Conference on Principles of Knowledge Representation and Reasoning, 1991, 91: 473-484.

[43] Wang L C. Objected-oriented Petri nets for modeling and analysis of automated manufacturing systems[J]. Computer Integrated Manufacturing Systems, 1996, 9(2): 111-125.

[44] Wang L C. An integrated object-oriented Petri net paradigm for manufacturing control systems[J]. International Journal of Computer Integrated Manufacturing, 1996, 9(1): 73-87.

[45] Wang L C. The development of an object-oriented Petri net cell control model[J]. The International Journal of Advanced Manufacturing Technology, 1996, 11(1): 59-69.

[46] Lee Y K, Park S J. OPNets: an object-oriented high-level Petri net model for real-time system modeling[J]. Journal of Systems and Software, 1993, 20(1): 69-86.

3 多 AUV 队形控制方法

3.1 多 AUV 队形控制方法概述

多 AUV 队形控制是研究多 AUV 系统协同控制的关键技术之一。多 AUV 队形控制是指多个 AUV 在执行使命过程中，在空间上保持某种几何队形共同行进的过程。在这个过程中，AUV 既要适应环境，又要满足使命任务的约束。其研究包括队形的生成、队形保持及队形变换。

多 AUV 队形控制方法主要借鉴陆地或空中多机器人的队形控制方法[1-8]，但在应用上需考虑水下特殊的应用环境约束。常见的机器人队形控制方法有跟随领航者法、基于行为法、虚拟结构法、人工势场法等。

跟随领航者法的基本思想是，在多机器人系统中，某个机器人被指定为领航者，其余的为跟随者，跟随者以一定的距离间隔跟踪领航者的位置和方向。根据领航者与跟随者之间的相对位置关系，可以形成不同的网络拓扑结构，即不同的队形。在基于跟随领航者法的队形控制系统中，跟随者被动地跟踪领航者的运动，因此只需要控制领航者的行为就可实现对多机器人群体行为的控制。但是在这种编队结构中，领航者在规划行为时没有利用群体中其他机器人上的相对状态信息——不需要编队系统内部的反馈信息，因此可能出现领航者运动过快而跟随者无法跟上的情况。另外，如果领航者失效，整个队形就会无法保持。

基于行为法的基本思想是定义单个机器人的基本行为，如避碰、队形保持、目标搜索等，采用一些方法(如行为抑制法、向量累加方法、模糊逻辑等)将这几种基本行为进行融合，融合结果作为输出。基于行为法的优点是当机器人具有多个竞争性目标时，可以很容易地得出控制策略。另外，由于每个群体成员都能够根据其他成员的位置做出反应，具有明确的队形反馈，而且便于实现分布式控制。主要缺点是不能明确地定义群体行为，很难对其进行数学分析，另外各基本行为的融合具有一定的不可知性，不能保证队形的稳定性。

虚拟结构法是将整体队形当作一个单独的结构整体来对待。整个编队过程分为三步：首先定义虚拟结构的期望动力学特性，然后将虚拟结构的运动转化成每个机器人的期望运动，最后得出每个机器人的轨迹跟踪规律。虚拟结构法的优点在于容易对系统的整体行为做出说明和定义，在控制机器人运动时利用了编队系统跟踪误差的反馈信息，能够取得较高精度的轨迹跟踪效果；这种方法的缺点是该多机器人系统被限定在一个虚拟结构中，降低了灵活性，无法考虑个体避碰问题，通常该方法用于无障碍的平面环境中。

人工势场法的基本思想是通过设计人工势场和势函数来表示环境以及队形中各机器人之间的约束关系，并以此为基础进行分析和控制。通常这种方法用于机器人编队避碰。

上述几种方法中，跟随领航者法和虚拟结构法侧重于传统的控制理论，可以利用动态系统理论对队形控制系统的稳定性进行分析。缺点是缺乏基于行为控制方法中的协调机制以及由多个行为集成带来的环境适应能力。

为了增加跟随领航者法的实用性，可在控制策略中引入队形反馈信息，利用队形反馈信息来构建领航者的协同控制器，使得领航者在跟踪期望轨迹或者期望路径时，能够主动配合跟随者的运动，加快期望队形的形成。实际的多 AUV 系统中，出于成本的考虑，一般在少量 AUV 上安装高精度导航定位传感器，故采用跟随领航者法进行 AUV 的队形控制。

3.2　跟随领航者法队形控制

目前，AUV 队形控制的研究主要集中于跟随领航者法和基于行为法。

爱达荷大学的 Okamoto 等采用跟随领航者法对 AUV 编队控制进行了系统的研究[9-11]。文献[9]采用线性二次高斯调节器理论设计了 AUV 的航向和速度控制器，领航 AUV 采用跟踪路径关键点的策略，而从 AUV 和领航者保持固定的距离和方位，通过仿真实验证明了该控制器的有效性。文献[10]介绍了计算主从 AUV 相对方位和距离的方法。文献[11]重点讨论了跟随领航者法的实现，包括轨迹控制和队形控制，通过仿真实现了单纵队和方位队两种队形以及它们之间的转换。总体上说，他们对跟随领航者法在 AUV 编队控制上的应用做了很多有益的工作，但是没有将变量反馈引入编队控制之中，如果领航机器人航行速度过快，将造成一些跟随者掉队的现象。

文献[12]采用基于行为法实现多 AUV 编队控制，在任务层规划中引入时空表和时间控制器来解决编队的协调和协作控制问题。在行为规划层采用基于评价的子行为融合方法进行动作控制，并提出了基于环境信息的自适应学习方法。此方法的缺点是受到子路径划分精度的影响，子路径划分得越细系统节拍越多，队形的整齐度就越高，同时处于调整状态的时间就越多，机器人处于停止等待的时间就越多，机器人群体推进的速度就越慢，机器人碰撞的可能性也越高。因此，此方法很难实现高精度的队形控制。另外，各机器人仅仅依据离线生成的时空表实现编队，这显然难以适应复杂的海洋环境和难以完成复杂的作业使命。

通过上述研究现状可以看出，对于跟随领航者法，主要问题是队形反馈线性化和实时更换领航者。多数研究仅仅考虑了理想的情况，而实际应用中，由于海洋环境的复杂性和多变性，水声测距、测向传感器的测量精度都相对较低，水声通信也可能出现较多的误码甚至短时中断，从而可能使常规的队形控制算法失效。因此，有必要面向实际应用，研究未知动态环境下编队控制的最优方案。

3.2.1 基于运动学模型的队形控制

多 AUV 队形控制结构可借鉴空中机器人的体系结构[1]，其控制器按信息的抽象程度划分为具有信息反馈的分层模块化结构，如图 3.1 所示。

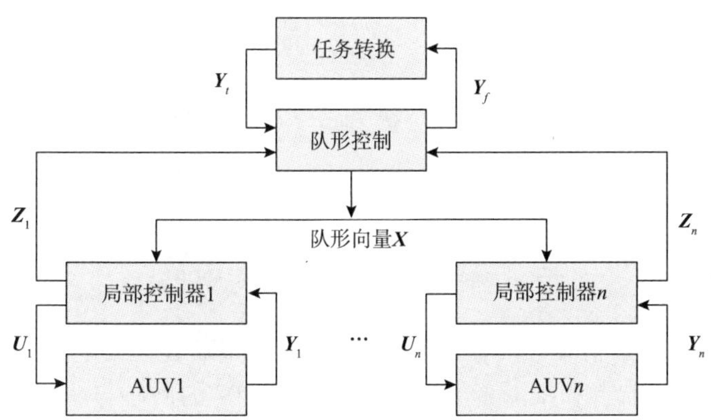

图 3.1 多 AUV 队形控制结构图

图 3.1 描述的队形控制结构分为三层。底层是机器人个体和控制器，机器人的输入是其控制器的输出向量 $\boldsymbol{U}_i\,(i=1,2,\cdots,n)$，代表控制力或力矩；机器人的输出向量 $\boldsymbol{Y}_i\,(i=1,2,\cdots,n)$为机器人的位姿。局部控制器的输入为机器人的输出向量 $\boldsymbol{Y}_i$ 和队形向量 $\boldsymbol{X}$，它的输出为控制向量 $\boldsymbol{U}_i$ 和执行变量 $\boldsymbol{Z}_i$，它的目标是控制机器人位姿，使它符合队形协调变量的要求。中间层进行队形控制，实现系统主要的协调机制。它的输出是队形向量 $\boldsymbol{X}$，通过通信输入给各局部控制器。另一个输出 $\boldsymbol{Y}_f$代表了队形的性能，并作为最高层的输入。它的输入为来自各机器人的执行变量 $\boldsymbol{Z}_i$ 和最高层的输出 $\boldsymbol{Y}_t$。高层根据队形的性能 $\boldsymbol{Y}_f$来决定输出，实现各个任务的动态转换。

本书的多 AUV 队形控制方法采用的是跟随领航者法。跟随领航者法主要解决领航者与任意一个跟随者间的协调问题，给定领航者的期望轨迹和跟随者之间的相对位姿，领航者负责跟踪期望运动轨迹，每个跟随者根据局部控制器获得相对于领航者的期望相对位姿，整个机器人群体沿着期望轨迹航行并保持期望队形。以往的研究[2,13]是在极坐标系下建立队形控制器的运动学模型，这种方法带来了不可预见的奇异点，而采用在笛卡儿坐标系下建立运动学模型的方法可避免奇异点的出现[14]。

跟随领航者法的核心问题就是领航者与任意一个跟随者之间的协调问题，这样多 AUV 队形控制问题可分解为两个 AUV 之间的协调问题，即可简化为若干组由一个领航者与一个跟随者组成的基本队形模型。两个 AUV 组成的基本队形模型如图 3.2 所示。

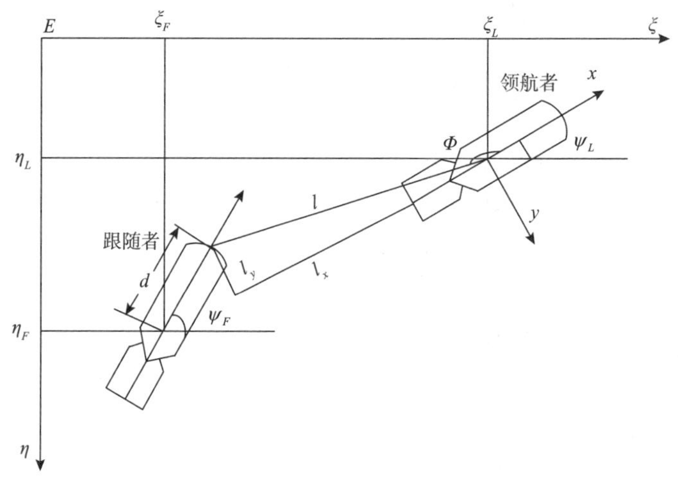

图 3.2　两个 AUV 的跟随领航者法队形结构

图 3.2 中，(ξ_L,η_L) 和 (ξ_F,η_F) 分别是领航者和跟随者在大地坐标系下的坐标，ψ_L、ψ_F 分别是领航者和跟随者的航向角，d 是 AUV 的质心与艏部的距离，l 和 Φ 分别是领航者与跟随者之间的相对距离和相对方位角。为了获得期望队形，需要控制领航者与跟随者之间相对距离和相对方位角达到期望值，即 $l \to l^{\mathrm{d}}$，$\Phi \to \Phi^{\mathrm{d}}$，其中上标“d”代表期望。

为了与 AUV 动力学方程的坐标系统一，我们在领航者的载体坐标系下建立运动学模型[15]，该模型经过输入输出反馈线性化，可获得稳定的队形控制器，将该控制器应用到多 AUV 队形控制问题中，使得每个跟随者与领航者之间都具有协调能力，而跟随者之间互相独立。

通过对多 AUV 队形控制器进行设计，可得到系统的队形控制律：

$$\begin{cases} u_F = (-k_1 e_x + r_L e_y - f_1)\cos e_\psi + (-k_2 e_y - r_L e_x - f_2)\sin e_\psi \\ r_F = \dfrac{1}{d}\left[-(-k_1 e_x + r_L e_y - f_1)\sin e_\psi + (-k_2 e_y - r_L e_x - f_2)\cos e_\psi\right] \end{cases} \tag{3.1}$$

式中，$\begin{cases} f_1 = -l_0\dot{\Phi}^{\mathrm{d}}\sin\Phi^{\mathrm{d}} + r_L l_0 \sin\Phi^{\mathrm{d}} + u_L \\ f_2 = -l_0\dot{\Phi}^{\mathrm{d}}\cos\Phi^{\mathrm{d}} - r_L l_0 \cos\Phi^{\mathrm{d}} \end{cases}$，$l_0$ 为领航者和跟随者之间的相对距离（初始值）；u_L 、u_F 分别为领航者和跟随者的线速度；r_F 、r_L 分别为领航者和跟随者的角速度；e_ψ 为跟随者与领航者航向角的差值；k_1 、k_2 为可调整的正参数；e_x、e_y 为 x、y 方向上领航者和跟随者之间的相对距离误差。具体内容见附录。

3.2.2 结合动力学特性的队形控制器设计

多 AUV 系统的队形控制问题不仅与机器人运动学特性相关，还与载体自身动力学特性密切相关。到目前为止，在多机器人的队形控制研究中考虑载体动力学特性的研究较少，有些研究虽考虑了载体的动力学特性，但把机器人视为一个质点[5]，所做的研究还停留在理论研究阶段，难以在实际中应用。实际上，由于 AUV 不具有“完美”的速度跟踪能力，即无限快的速度响应能力，必须在过渡的情况下实现对运动指令的准确跟踪。因此，在 AUV 队形控制的过程中应考虑载体动力学的影响。在为 AUV 载体动力学系统设计一个速度跟踪控制器的基础上，将基于跟随者 AUV 载体动力学的底层速度跟踪子系统和基于队形控制系统运动学的上层队形保持子系统相结合。这里将上层队形控制器输出的线速度和角速度信号分别作为期望线速度和期望角速度输入，提供给底层速度跟踪系统，当底层速度伺服系统的跟踪误差收敛为零时，AUV 就实现了对期望速度信号的跟踪。

在设计多 AUV 队形控制器时必须考虑队形控制算法与 AUV 自身控制体系结构相融合的问题。水下机器人一般采用分层递阶的控制体系结构，这意味着上层控制器发给底层控制器的速度或位置跟踪指令。底层控制系统在接到速度或位置指令后，根据底层的状态传感器（速度或位置）的反馈信息进行独立的回路反馈控制。也就是说，底层控制系统除了需要上层系统发来的指令信息外，并不需要上层系统（如队形控制系统）的状态反馈信息。这种分离的控制原则使得水下机器人可以执行多种任务，而不被限于执行一种特定的任务，如队形控制。因此，试图跨过 AUV 的上层控制系统而将队形控制器直接构建在底层的设计策略，例如将队形控制的输出直接以电机输出力矩的形式给出的控制策略，将会受到实际应用范围的限制。

结合 AUV 动力学特性的队形控制器结构如图 3.3 所示，输入是期望的队形结构，输出是领航者与跟随者间的相对距离和相对方位角。队形控制器由两部分组成：第一部分是队形控制器，基于运动学模型，负责规划跟随者的期望线速度和角速度；第二部分是 AUV 速度闭环，包括比例积分微分（proportional integral differential，PID）或其他控制算法、推力分配和水动力计算，如图 3.3 中虚线框所示，它将队形控制器输出的期望线速度和角速度指令转化为载体的实际线速度和角速度，直接对队形控制器进行控制。

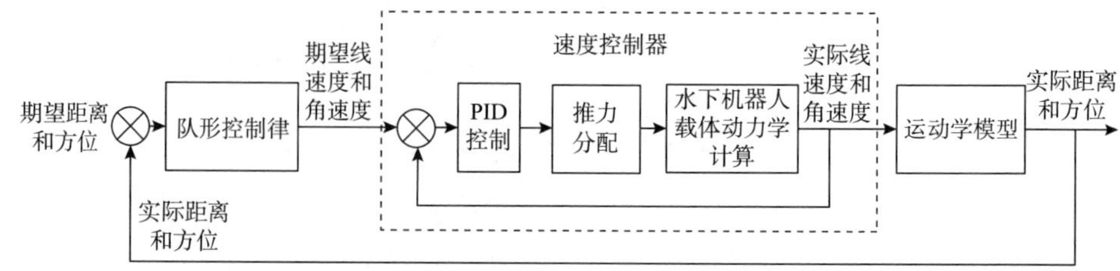

图 3.3　结合 AUV 动力学特性的队形控制器结构图

速度闭环控制器中的 PID 参数是实际 AUV 历次湖试和海试中获得的，推力分配是根据实际载体的推进器分布实现的。

从图 3.3 中可以看出，队形控制系统的主要设计思想是在为 AUV 载体动力学系统设计一个速度跟踪控制器的基础上，将该速度控制器与队形保持控制器相结合，速度控制器的反馈信息是 AUV 的速度。

假设运动坐标系的原点不与重心重合，且暂不计海流影响，经处理计算，可得到 AUV 在水平面的运动方程。

轴向力方程：

$$\begin{aligned}
&m[\dot{u}-vr+wq-x_g(q^2+r^2)+y_g(pq-\dot{r})+z_g(pr+\dot{q})]\\
&=\frac{1}{2}\rho L^4[X'_{qq}q^2+X'_{rr}r^2+X'_{rp}rp]\\
&+\frac{1}{2}\rho L^3[X'_{\dot{u}}\dot{u}+X'_{vr}vr+X'_{wq}wq]\\
&+\frac{1}{2}\rho L^2[X'_{uu}u^2+X'_{vv}v^2+X'_{ww}w^2]\\
&+T_x-(P-B)\sin\theta
\end{aligned} \tag{3.2}$$

侧向力方程：

$$\begin{aligned}
&m[\dot{v}-wp+ur-y_g(r^2+p^2)+z_g(qr-\dot{p})+x_g(qp+\dot{r})]\\
&=\frac{1}{2}\rho L^4(Y'_{\dot{r}}\dot{r}+Y'_{\dot{p}}\dot{p}+Y'_{p|p|}p|p|+Y'_{pq}pq+Y'_{qr}qr)\\
&+\frac{1}{2}\rho L^3(Y'_{\dot{v}}\dot{v}+Y'_{vq}vq+Y'_{wp}wp+Y'_{wr}wr)\\
&+\frac{1}{2}\rho L^3\left[Y'_r ur+Y'_p up+Y'_{v|r|}\frac{v}{|v|}\left|(v^2+w^2)^{\frac{1}{2}}\right||r|\right]\\
&+\frac{1}{2}\rho L^2\left[Y'_* u^2+Y'_v uv+Y'_{v|v|}v\left|(v^2+w^2)^{\frac{1}{2}}\right|\right]\\
&+T_y+\frac{1}{2}\rho L^2 Y'_{vw}vw+(P-B)\cos\theta\sin\varphi
\end{aligned} \tag{3.3}$$

偏航力矩方程：

$$
\begin{aligned}
&I'_{zz} + (I'_{yy} - I'_{xx})pq + m[x_g(\dot{v} + ur - wp) - y_g(\dot{u} + wq - vr)] \\
&= \frac{1}{2}\rho L^5 (N'_{\dot{r}}\dot{r} + N'_{\dot{p}}\dot{p} + N'_{r|r|}r|r| + N'_{pq}pq + N'_{qr}qr) \\
&+ \frac{1}{2}\rho L^4 (N'_{\dot{v}}\dot{v} + N'_{vq}vq + N'_{wp}wp + N'_{wr}wr) \\
&+ \frac{1}{2}\rho L^4 \left[N'_r ur + N'_p up + N'_{v|r|}\frac{v}{|v|}\left|(v^2 + w^2)^{\frac{1}{2}}\right||r| \right] \\
&+ \frac{1}{2}\rho L^3 \left[N'_* u^2 + N'_v uv + N'_{v|v|}v\left|(v^2 + w^2)^{\frac{1}{2}}\right| \right] + \frac{1}{2}\rho L^3 N' Y'_{vw} vw + M_{Tz}
\end{aligned}
\tag{3.4}
$$

为了得到 AUV 水平面数学模型，可进行适当的简化。假设保留空间运动学方程中的一阶量，忽略二阶量，载体左右对称等，将轴向力方程(3.2)、侧向力方程(3.3)和偏航力矩方程(3.4)简化，则可得到 AUV 在水平面的运动方程：

$$
\begin{cases}
\left(m - \frac{1}{2}\rho L^3 X'_{\dot{u}\dot{u}}\right)\dot{u} = \frac{1}{2}\rho L^2 X'_{uu} u^2 + T_x \\
\left(m - \frac{1}{2}\rho L^3 Y'_{\dot{v}}\right)\dot{v} - \frac{1}{2}\rho L^4 Y'_{\dot{r}}\dot{r} = \left(\frac{1}{2}\rho L^3 Y'_r - m\right)ur + \frac{1}{2}\rho L^2 Y'_v uv \\
-\frac{1}{2}\rho L^4 N'_{\dot{v}}\dot{v} + \left(I_{zz} - \frac{1}{2}\rho L^5 N'_{\dot{r}}\right)\dot{r} = \left(\frac{1}{2}\rho L^4 N'_r - m\right)ur + \frac{1}{2}\rho L^3 N'_v uv + M_{T_z}
\end{cases}
\tag{3.5}
$$

式(3.2)～式(3.5)中，m 为 AUV 的质量；ρ 为海水密度；L 为 AUV 的长度；u、v、w 为 AUV 在 x、y、z 方向上的基准速度；p、q、r 为角速度在 x、y、z 轴上的分量；θ 为纵倾角；φ 为横倾角；M 为力矩；x_g、y_g、z_g 为重心坐标；T_x、T_y、T_z 为推力在坐标轴 x、y、z 上的投影；P 为重力；B 为浮力；$Y_{\dot{v}}$ 、$N_{\dot{v}}$ 分别为由加速度 $\dot{v}$ 引起的横向力和转矩的无因次加速度系数；$Y_{\dot{r}}$ 、$N_{\dot{r}}$ 分别为由角加速度 $\dot{r}$ 引起的横向力和转矩的无因次加速度系数；Y_v 、N_v 分别为由速度 v 引起的横向力和转矩的无因次速度系数；Y_r 、N_r 分别为由角速度 r 引起的横向力和转矩的无因次速度系数。

3.2.3 仿真实验

1. MATLAB 仿真

为了验证上述队形控制器设计的正确性，我们在 MATLAB 仿真平台上进行仿真对比实验，系统由两个 AUV 组成——一个领航者与一个跟随者，其中，d=0.4，l_x=0，l_y=2，e_ψ =π/2，l^d=2，Φ^d=5×π/6，领航者的线速度为 0.5m/s，角速度为 0rad/s，仿真结果如图 3.4～图 3.7 所示。

图 3.4(a)中，跟随者的线速度在大约 4s 的时间内达到领航者的速度 0.5m/s，跟随者的角速度［图 3.5(a)］和航向角［图 3.6(a)］也逐步跟随上领航者的角速度和航向角，跟随者能够在较短时间内以期望的相对距离 $l^{d}=2$ 和相对角度 $\Phi^{d}=5\times\pi/6$ 跟随领航者的运动，如图 3.7(a)所示。

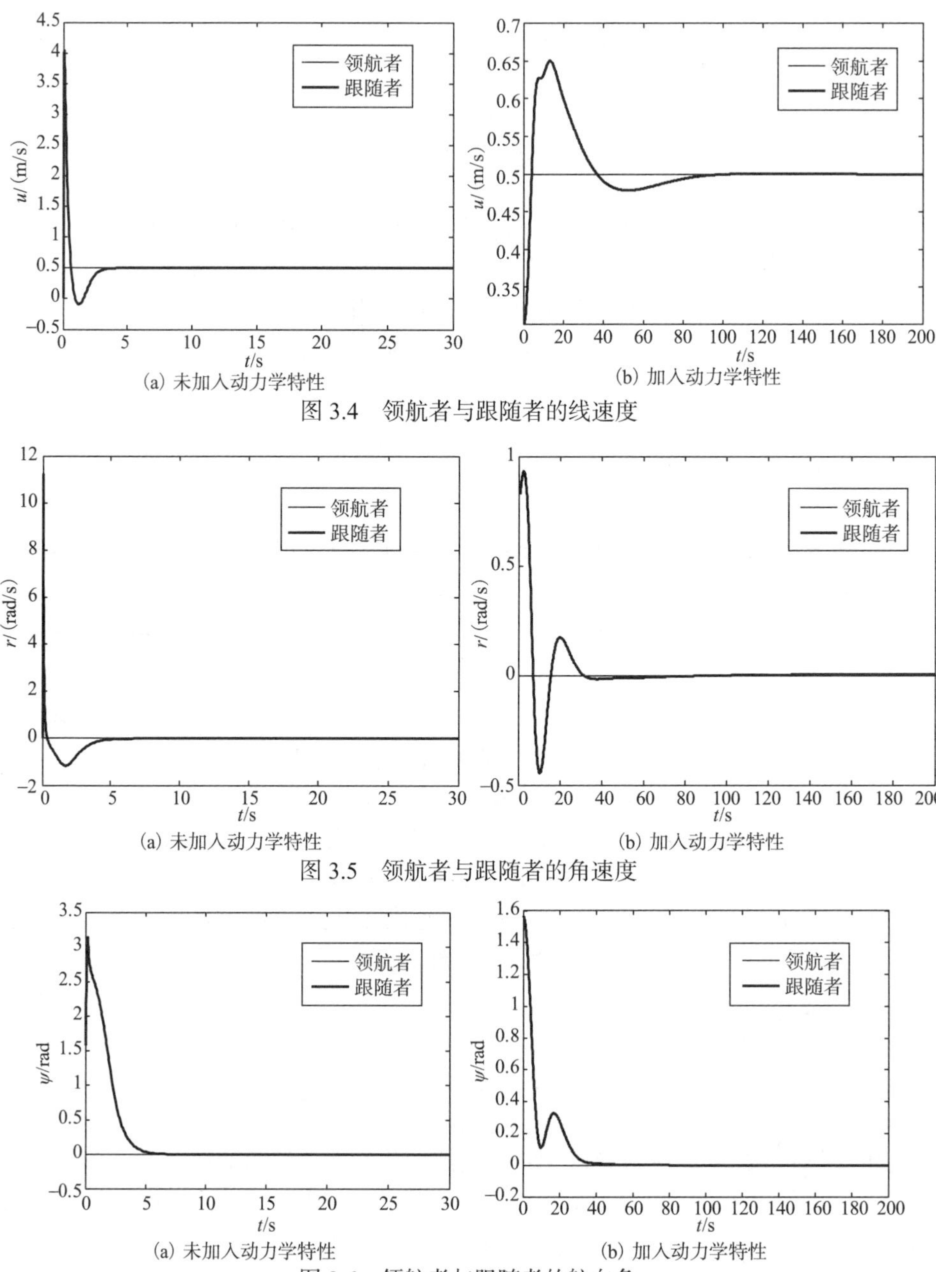

(a) 未加入动力学特性　　(b) 加入动力学特性

图 3.4　领航者与跟随者的线速度

(a) 未加入动力学特性　　(b) 加入动力学特性

图 3.5　领航者与跟随者的角速度

(a) 未加入动力学特性　　(b) 加入动力学特性

图 3.6　领航者与跟随者的航向角

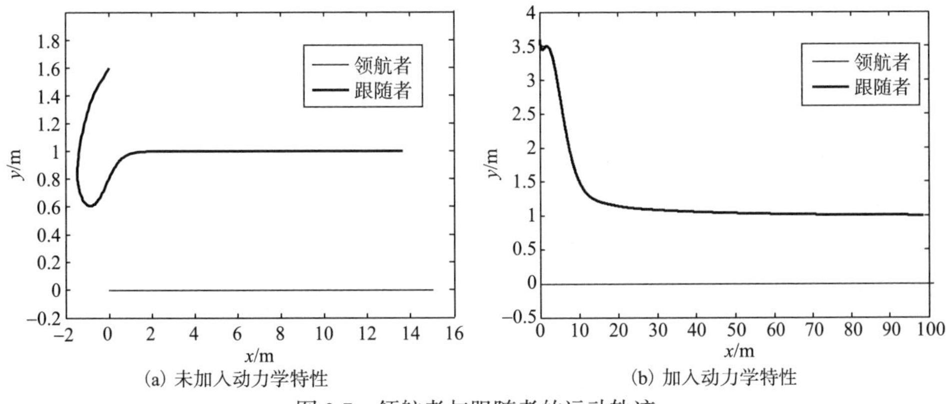

(a) 未加入动力学特性　　(b) 加入动力学特性

图 3.7　领航者与跟随者的运动轨迹

加入动力学特性后，跟随者的线速度在大约 80s 的时间内达到领航者的速度 0.5m/s，跟随者的角速度［图 3.5(b)］和航向角［图 3.6(b)］也逐步跟随上领航者的角速度和航向角，跟随者最终能够以期望的相对距离 $l^d=2$ 和相对角度 $\Phi^{\mathrm{d}}=5\times\pi/6$ 跟随领航者的运动，如图 3.7(b)所示。但是观察图 3.4～图 3.6 可以发现，由于将队形控制律与 AUV 的动力学特性相结合，跟随者达到其期望位姿(包括位置、方位和速度)的时间变长，过程变慢了。AUV 不再具有“完美”的速度跟踪能力——无限快的速度响应能力，需经过一个过渡过程才能实现对运动指令的准确跟踪。很显然，这是符合实际情况的。

图 3.8 是两个跟随者与一个领航者的运动情况，$l_{12}^{\mathrm{d}}=10$, $l_{23}^{\mathrm{d}}=10$, $\mathrm{phi}_{12}^{\mathrm{d}}=\pi$, $\mathrm{phi}_{23}^{\mathrm{d}}=\pi$，领航者的线速度和角速度分别为 0.5m/s 和 0rad/s。从图 3.8 所示的仿真结果可以看出，两个跟随者能够以期望的相对距离和相对方位角跟踪领航者的运动，说明将两个机器人之间的队形控制律应用到多机器人的队形控制问题中是可行的。

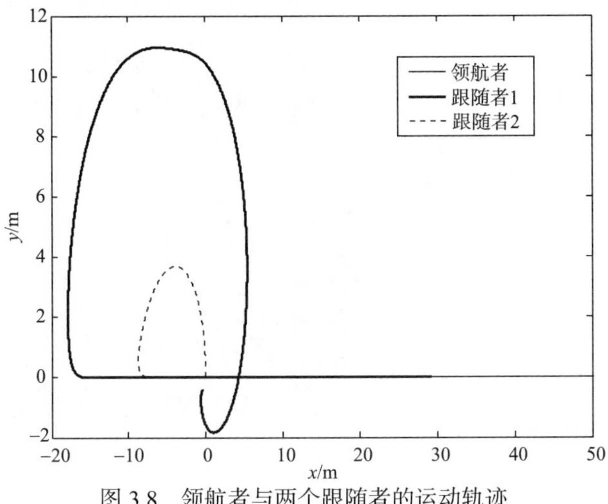

图 3.8　领航者与两个跟随者的运动轨迹

2. 视景仿真

为了验证队形控制律的有效性和可调整参数分析的正确性，我们在多 AUV 数字仿真平台上进行了仿真实验。实验采用 6 个 AUV，其中一个为领航者，其他为跟随者，跟随者以期望的相对距离和相对方位跟踪领航者的轨迹。仿真过程中，领航者的轨迹是一条折线。

实验采用四种队形，即三角形、梯形、横队和纵队。在实验中，领航 AUV 通过发布指令实现上述队形之间的任意变换，依次实现三角形—梯形—横队—纵队的变换过程，如图 3.9(a)～图 3.9(d)所示，验证了该队形控制律随环境的变化能很好地形成和保持队形。

图 3.9(a)中 6 个 AUV 在初始位置形成一个等边三角形，最前面的 AUV 为领航者；图 3.9(b)为梯形编队，是在三角形队形的基础上变换而成的；图 3.9(c)和图 3.9(d)为横队队形和纵队队形。

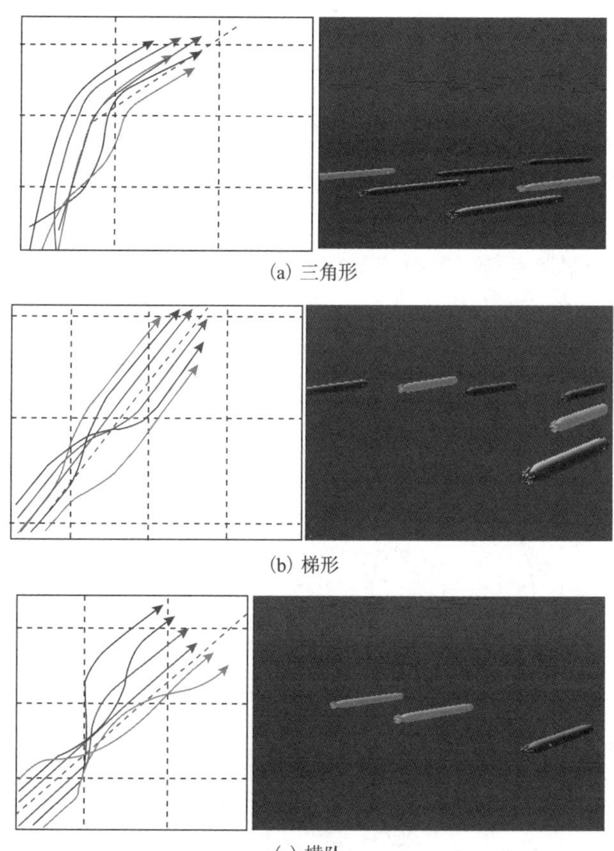

(a) 三角形

(b) 梯形

(c) 横队

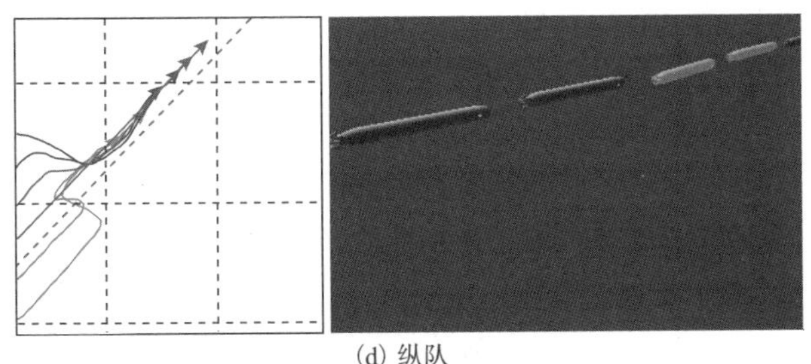

(d) 纵队

图 3.9　多 AUV 队形

实验结果显示在接收到领航 AUV 发出的队形指令后，6 个 AUV 在短时间内形成了三角形队形；在接收到队形转换指令后，6 个 AUV 能快速形成期望队形，队形轨迹平滑，保持良好，在转弯过程中没有出现奇异点。上述实验验证了队形控制律及其辅助算法的有效性。

3.3　基于状态反馈的多 AUV 队形控制

传统的跟随领航者法的优点是队形的控制完全由领航者决定，控制相对简单；缺点是领航者与跟随者相对独立，系统缺少明确的队形误差反馈，会出现跟随者跟不上领航者，无法保持队形等情况。

当前有很多针对跟随领航者法的队形反馈方法，包括引入模糊反馈机制[16]、位置反馈机制等，上述方法都是根据载体的运动学方程进行控制策略的研究，偏重理论研究，实际应用效果并不明显，主要是由于 AUV 是大延时系统，过于精确与频繁的控制并不会产生明显的控制效果。此外，实际应用中需使用水声通信机来进行 AUV 间的数据交互，实现编队控制。

本节基于传统的跟随领航者法的队形控制，在系统中引入状态反馈，对队形控制中跟随者可能出现的状态进行定义，针对不同的状态构建基于状态反馈的有限状态自动机(finite state automata，FSA)，给出系统相应的控制策略，研究中考虑了不同数目的跟随者，并且对由三个 AUV 组成的载体系统进行了计算机仿真，以确认基于状态反馈方法的有效性[17]。

3.3.1　跟随者状态的判定与应对策略分析

在研究中，我们只考虑跟随者出现异常的情况。在某时刻 t，领航者和一个跟随者的一般位置关系如图 3.10 所示。在大地坐标系下，领航者的实时位置姿态信息为

$$P_L=(x_L,y_L,z_L),\quad A_L=(\varphi_L,\theta_L,\psi_L)$$

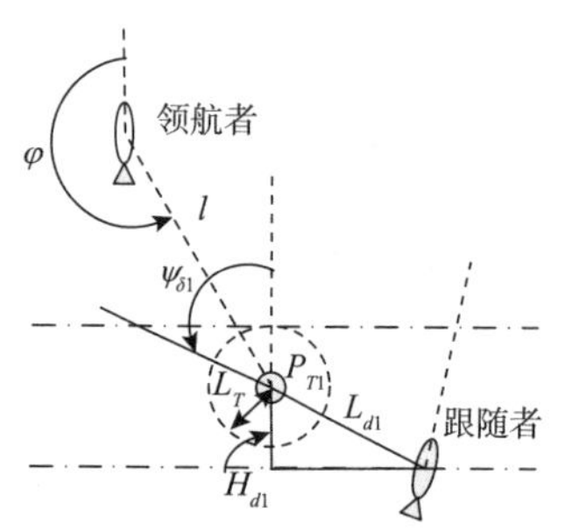

图 3.10　领航者和跟随者位置关系

根据跟随领航者法，已知 φ 与 l，可求得期望的跟随者的位置姿态为

$$P_{T1}=(x_{T1},y_{T1},z_{T1}),\quad A_{T1}=(\varphi_{T1},\theta_{T1},\psi_{T1})$$

跟随者的实际位置姿态为

$$P_{F1}=(x_{F1},y_{F1},z_{F1}),\quad A_{F1}=(\varphi_{F1},\theta_{F1},\psi_{F1})$$

通常系统做定深航行，跟随者的期望姿态角与领航者姿态角相同。跟随者由于导航误差、通信延迟、机动特性等造成的容许航行位置偏差为 L_T，定义向量 $\boldsymbol{F}_1\boldsymbol{T}_1$，$\psi_L$ 到 $\boldsymbol{F}_1\boldsymbol{T}_1$ 的夹角为 $\psi_{\delta 1}$，跟随者到 T_1 的距离为 L_{d1}。跟随者与目标点 T_1 在目标航向上的距离分量可以表示为 $H_{d1}=L_{d1}\cdot\cos\psi_{\delta 1}$。队形中领航者与跟随者的通信距离和最大可靠通信距离分别为 $L_{\mathrm{PF}i}$、L_{MAX}，通信响应时间和最大通信响应时间分别为 $T_{\mathrm{PF}i}$、T_{MAX}。综上，对于任意已知位姿信息的跟随者 i，根据跟随者与领航者的位置关系定义了 5 种跟随者的状态：正常（normal）、落后（lag）、激进（aggressive）、偏航（drift）及丢失（missing）。跟随者状态判别条件如表 3.1 所示。

表 3.1　跟随者状态判别条件

序号	状态判别条件	状态
1	$L_{di}\leqslant L_T$	正常（N）
2	$L_{di}>L_T\&\&H_{di}>L_T/2\&\&L_{\mathrm{PF}i}\leqslant L_{\mathrm{MAX}}$	落后（L）
3	$L_{di}>L_T\&\&H_{di}<-L_T/2\&\&L_{\mathrm{PF}i}\leqslant L_{\mathrm{MAX}}$	激进（A）
4	$L_{di}>L_T\&\&\lvert H_{di}\rvert\leqslant L_T/2\&\&L_{\mathrm{PF}i}\leqslant L_{\mathrm{MAX}}$	偏航（D）
5	$L_{\mathrm{PF}i}>L_{\mathrm{MAX}}\,\Vert\,T_{\mathrm{PF}i}>T_{\mathrm{MAX}}$	丢失（M）

考虑到多水下机器人之间的通信距离限制等实际因素，载体之间的距离不会太远，领航者针对状态反馈的控制只包括速度调整。相对于状态异常的跟随者，调整正常的载体使队形恢复的成功率要高一些，所以当出现跟随者异常时，主动调整领航者与正常跟随者的运动状态，多个跟随者同时出现状态异常时，则系统将只考虑相对严重的异常状态，并且在设定控制策略时忽略偏航的状态反馈。领航者根据跟随者的异常状态发布的控制命令见表 3.2。在实际系统中，命令 5 可以包含在命令 2 中。

表 3.2 领航者的控制命令

序号	命令	动作
1	保持	不改变控制策略，保持队形
2	重新规划并返回任务	变换队形
3	领航者加速	领航者速度提升，整个系统内的正常状态跟随者也相应提速
4	领航者减速	领航者速度降低，整个系统内的正常状态跟随者也相应减速
5	关闭异常跟随者	停止即将失去控制的异常跟随者的任务执行，进行队形重构与任务再分配

3.3.2 多个跟随者状态反馈的有限状态自动机构建

在实际的编队中跟随者有多个，出现异常的跟随者也可能有多个，这里主要分析系统中有三个跟随者的情况，并将其推广到 N 个跟随者（N 不小于 2）的一般情况。

在队列中有三个跟随者时，定义一个非空有限集合 $Q=\{q_0,q_1,q_2,q_3\}$ 来描述控制策略的选择，其中，q_0 为保持现状，q_1 为重新规划队形并返回预定任务，q_2 为领航者加速，q_3 为领航者减速。定义一个非空的有限集合 $\Sigma_I=\{\mathrm{N,L,A,M}\}$ 来表示异常状态，构建 δ 为从 $Q\times\Sigma_I$ 到 Q 的映射，记作 $\delta:Q\times\Sigma_I\to Q$。有如下有限状态自动机：

$$A_f=(Q,\Sigma_I,\delta,q_0,F)$$

式中，$q_0\in Q$；$F=\{q_0\}$。

对于三个跟随者，分配 ID1～ID3，由于控制策略是由领航者下达，以下工作可以分为有限状态自动机的构建和状态反馈输入分析两部分完成。我们得到有限状态自动机的状态转移表（表 3.3）和状态转移图（图 3.11）。

表 3.3 有限状态自动机状态转移表

控制策略	反馈状态			
	正常（N）	落后（L）	激进（A）	丢失（M）
q_0	q_0	q_3	q_2	q_1
q_1	q_0	q_3	q_2	q_1
q_2	q_1	q_3	q_0	q_1
q_3	q_1	q_0	q_2	q_1

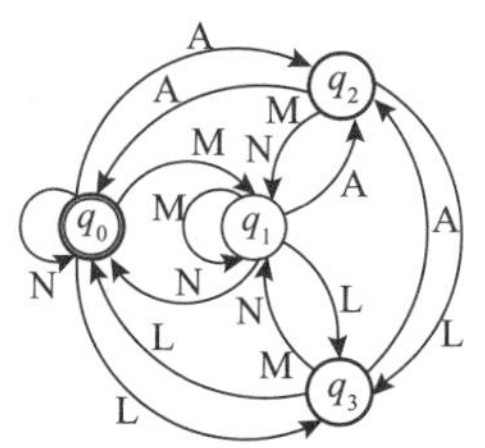

图 3.11　有限状态自动机状态转移图

对于有限状态自动机的异常状态有限集合 Σ_I，集合内的元素意义已经发生了变化，针对三个跟随者的情况，我们很简洁地描绘出异常状态集合内元素的具体意义：N 表示三个跟随者全部正常；L 表示有异常情况且落后的跟随者占主导；A 表示有异常情况且激进的跟随者占主导；M 表示至少一个跟随者失去联系或者在通信距离允许的最大范围之外。

定义状态反馈权矩阵 $\boldsymbol{W}_F$ 来分析状态反馈的输入并确定主导状态，首先定义四个权矩阵：

$$\boldsymbol{W}_{\mathrm{N}}=\boldsymbol{W}_{\mathrm{L}}=\boldsymbol{W}_{\mathrm{A}}=\boldsymbol{W}_{\mathrm{M}}=\begin{bmatrix}0 & 0 & 0\end{bmatrix}$$

根据表 3.1 定义的跟随者状态，对于跟随者 $i(i=1,2,3)$，有如下描述：

(1) 若其状态为正常，则

$$\boldsymbol{W}_{\mathrm{N}}(i)=\frac{3}{7}$$

(2) 若其状态为落后，则

$$\boldsymbol{W}_{\mathrm{L}}(i)=1.2\times\left[H_{di}/(L_T/2)\right]$$

(3) 若其状态为激进，则

$$\boldsymbol{W}_{\mathrm{A}}(i)=1.0\times\left[-H_{di}/(L_T/2)\right]$$

(4) 若其状态为偏航，则

$$\boldsymbol{W}_{\mathrm{D}}(i)=\frac{3}{28}$$

(5) 若其状态为丢失，则

$$\boldsymbol{W}_{\mathrm{M}}(i)=1.2\times 2\times\left[L_{\mathrm{MAX}}/(L_T/2)\right]$$

根据以上描述，状态反馈权矩阵 $\boldsymbol{W}_F$ 写作

$$
\begin{aligned}
\boldsymbol{W}_F &= \begin{bmatrix} \boldsymbol{W}_{F_1} & \boldsymbol{W}_{F_2} & \boldsymbol{W}_{F_3} \end{bmatrix} \\
&= \begin{bmatrix} \boldsymbol{W}_{\mathrm{N}} \\ \boldsymbol{W}_{\mathrm{L}} \\ \boldsymbol{W}_{\mathrm{A}} \\ \boldsymbol{W}_{\mathrm{M}} \end{bmatrix} = \begin{bmatrix} \boldsymbol{W}_{\mathrm{N}}(1) & \boldsymbol{W}_{\mathrm{N}}(2) & \boldsymbol{W}_{\mathrm{N}}(3) \\ \boldsymbol{W}_{\mathrm{L}}(1) & \boldsymbol{W}_{\mathrm{L}}(2) & \boldsymbol{W}_{\mathrm{L}}(3) \\ \boldsymbol{W}_{\mathrm{A}}(1) & \boldsymbol{W}_{\mathrm{A}}(2) & \boldsymbol{W}_{\mathrm{A}}(3) \\ \boldsymbol{W}_{\mathrm{M}}(1) & \boldsymbol{W}_{\mathrm{M}}(2) & \boldsymbol{W}_{\mathrm{M}}(3) \end{bmatrix}
\end{aligned}
$$

式中，列向量$\boldsymbol{W}_{F_i}$ (i=1,2,3)只有一个元素非零；$\boldsymbol{W}_F$ 是一个只有三个非零元素的稀疏矩阵。对$\boldsymbol{W}_F$ 的每一行求和，得到各行之和分别记作$\sum(\boldsymbol{W}_{\mathrm{N}})$、$\sum(\boldsymbol{W}_{\mathrm{L}})$、$\sum(\boldsymbol{W}_{\mathrm{A}})$及$\sum(\boldsymbol{W}_{\mathrm{M}})$，比较各行和值并选取最大值行代表的状态作为当前时刻系统的反馈状态。

跟随者 i 的权矩阵元素值的选取满足以下条件：

(1) 当且仅当系统正常时$\boldsymbol{W}_{\mathrm{N}}$ 大于 1；

(2) $\boldsymbol{W}_{\mathrm{L}}$ 与$\boldsymbol{W}_{\mathrm{A}}$ 的形式一致且分量均大于 1，但是重要程度不同；

(3) 偏航状态的权值相对最小，即使所有跟随者都是偏航状态也不会影响系统的状态判断；

(4) 跟随者丢失优先级最大，任意一个$\boldsymbol{W}_{\mathrm{M}}$ 分量都大于其他各行的和值。

根据三个跟随者的状态反馈分析，我们将跟随者数量推广到 N 个。有限状态自动机在形式上与之前完全一致。状态转移表与表 3.3 一致，状态转移图见图 3.11。

对于 N 个跟随者的多水下机器人协同系统，重新定义通用的状态反馈权矩阵为

$$
\begin{aligned}
\boldsymbol{W}_F &= \begin{bmatrix} \boldsymbol{W}_{F_1} & \cdots & \boldsymbol{W}_{F_i} & \cdots & \boldsymbol{W}_{F_N} \end{bmatrix} \\
&= \begin{bmatrix} \boldsymbol{W}_{\mathrm{N}} \\ \boldsymbol{W}_{\mathrm{L}} \\ \boldsymbol{W}_{\mathrm{A}} \\ \boldsymbol{W}_{\mathrm{M}} \end{bmatrix} = \begin{bmatrix} \boldsymbol{W}_{\mathrm{N}}(1) & \cdots & \boldsymbol{W}_{\mathrm{N}}(i) & \cdots & \boldsymbol{W}_{\mathrm{N}}(N) \\ \boldsymbol{W}_{\mathrm{L}}(1) & \cdots & \boldsymbol{W}_{\mathrm{L}}(i) & \cdots & \boldsymbol{W}_{\mathrm{L}}(N) \\ \boldsymbol{W}_{\mathrm{A}}(1) & \cdots & \boldsymbol{W}_{\mathrm{A}}(i) & \cdots & \boldsymbol{W}_{\mathrm{A}}(N) \\ \boldsymbol{W}_{\mathrm{M}}(1) & \cdots & \boldsymbol{W}_{\mathrm{M}}(i) & \cdots & \boldsymbol{W}_{\mathrm{M}}(N) \end{bmatrix}
\end{aligned}
$$

初始化权矩阵为零矩阵，对于跟随者 i，根据表 3.4 的公式不断修改$\boldsymbol{W}_F$ 对应值。

表 3.4　权矩阵元素修改公式表

序号	状态	权矩阵元素修改公式
1	正常(N)	$\boldsymbol{W}_{\mathrm{N}}(i)=N/(N^2-N+1)$
2	落后(L)	$\boldsymbol{W}_{\mathrm{L}}(i)=K_{\mathrm{WL}}\times[H_{di}/(L_T/2)]$
3	激进(A)	$\boldsymbol{W}_{\mathrm{A}}(i)=K_{\mathrm{WA}}\times[-H_{di}/(L_T/2)]$
4	偏航(D)	$\boldsymbol{W}_{\mathrm{D}}(i)=N/[(N^2-N+1)(N+1)]$
5	丢失(M)	$\boldsymbol{W}_{\mathrm{M}}(i)=K_{\mathrm{WM}}\times[L_{\mathrm{MAX}}/(L_T/2)]$

表 3.4 中的系数 $K_{\mathrm{WM}}=\left(N-1+1/N\right)\times\max\left(K_{\mathrm{WA}},K_{\mathrm{WL}}\right)$，$K_{\mathrm{WL}}=1.2$，$K_{\mathrm{WA}}=1.0$。最终得到一个有 N 个非零元素的 $4\times N$ 阶矩阵 $\boldsymbol{W}_F$，每一列只有一个元素非零。通过求状态反馈权矩阵 $\boldsymbol{W}_F$ 可以同时得到系统的主导异常状态并确定发生异常的跟随者。在特殊状况 N=1 时，表 3.4 的权值计算方法仍然适用。

3.3.3 仿真实验

针对上述基于状态反馈的队形控制方法进行仿真，假设载体之间通信顺畅，领航者的控制命令以及跟随者的反馈信息可以准确传递。

仿真系统由一个领航者、两个跟随者组成。设定领航者起始点水平面坐标为(0,−100)，航行容许偏差 $L_T=10$，领航者任务轨迹为经过(0, −40)、(150,50)、(150,245)的三段线段，期望队形为三角形，领航者与跟随者队形控制参数 l 为 50m、φ_1 为 120°、φ_2 为 240°。分别在无状态反馈和有状态反馈的情况下进行仿真(仿真 1)，仿真效果如图 3.12 和图 3.13 所示。在图中标示了不同时刻下系统的实时队形，对比仿真图像可见，有状态反馈时队形保持效果要比无状态反馈时好。图 3.14 为有状态反馈时系统内各载体的速度变化曲线。根据反馈状态，领航者与跟随者不断实时调整速度，使得当前队形状态与期望队形保持一致。

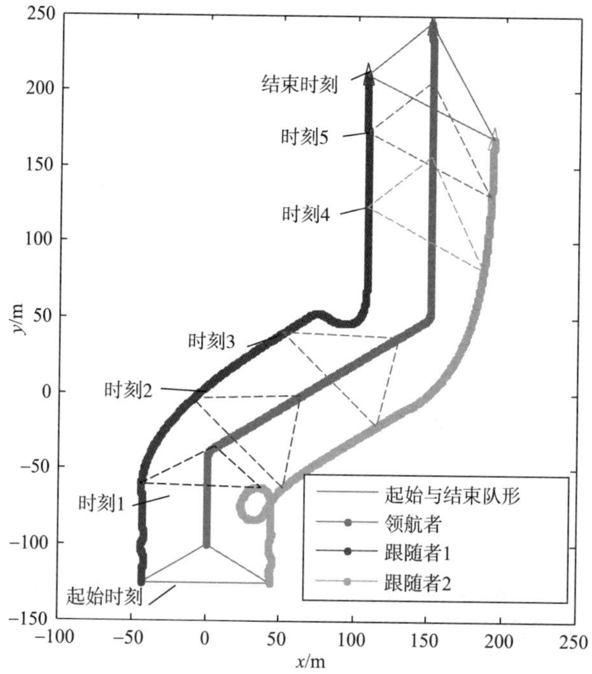

图 3.12　无状态反馈时运动过程(仿真 1)(见书后彩图)

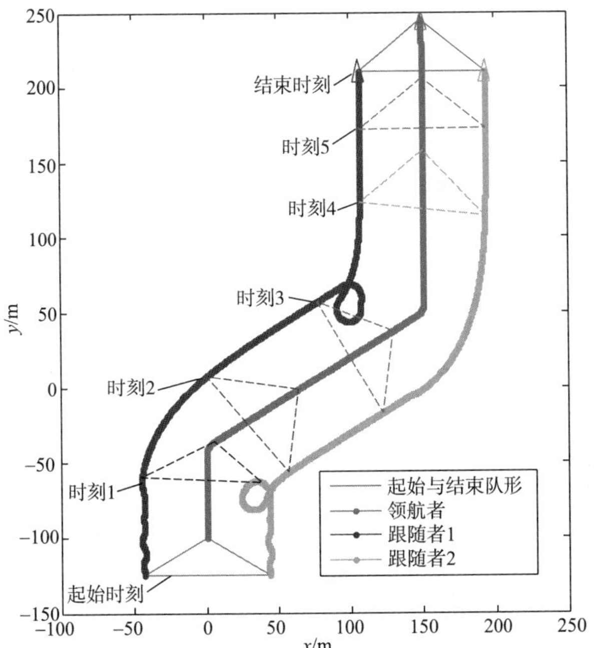

图 3.13　有状态反馈时运动过程(仿真 1)(见书后彩图)

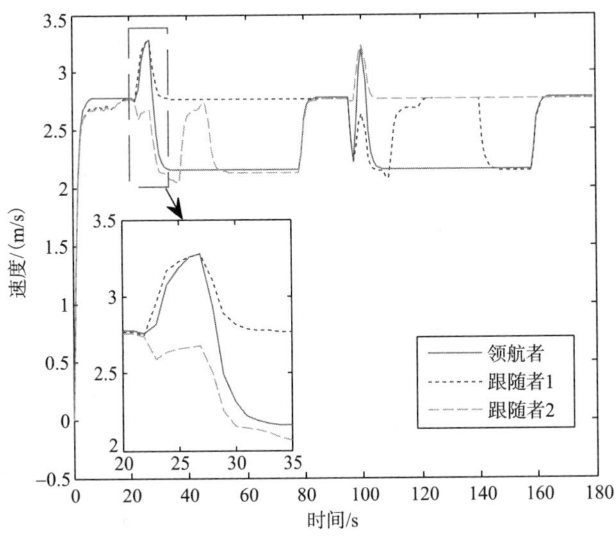

图 3.14　有状态反馈时载体速度变化

在图 3.12 中，时刻 3(88s)与时刻 5(166s)跟随者状态正常，实时队形稳定，载体速度一致。时刻 1(25s)时跟随者 2 处于激进状态，根据控制策略领航者与跟随者 1 加速(图 3.14 放大图)。相似的，时刻 2(55s)和时刻 4(145s)时对应跟随者状态分别是跟随者 1 落后和跟随者 2 落后，在图中可以看到对应的系统控制策略使得载体速度发生变化，最终保证系统的队形保持在预定误差内。

使用相同的期望队形再次进行仿真(仿真 2)，跟随者起始位置随机给定，仿真执行过程如图 3.15 和图 3.16 所示。可见同样的任务下，即使跟随者的初始位置不同，有状态反馈的多 AUV 系统队形保持得依旧比无状态反馈要好。在 MATLAB 上使用随机起始点进行了多次的仿真，选取其中 4 次任务结束时跟随者的最终位置信息，计算位置误差，具体结果见表 3.5。

从表 3.5 可见，有状态反馈的多机器人系统可以保证队形误差在航行容许偏差之内。对于其他数目的跟随者，基于状态反馈的有限状态自动机队形控制方法依然适用。

仿真结果表明，加入状态反馈的队形控制方法是合理有效的，相对于无反馈系统，队形保持的效果更好。本节假定所有水下机器人在同一平面上，状态判定仅依据二维距离，实际系统在三维空间运动，可以在之后的研究中扩充状态判别条件。

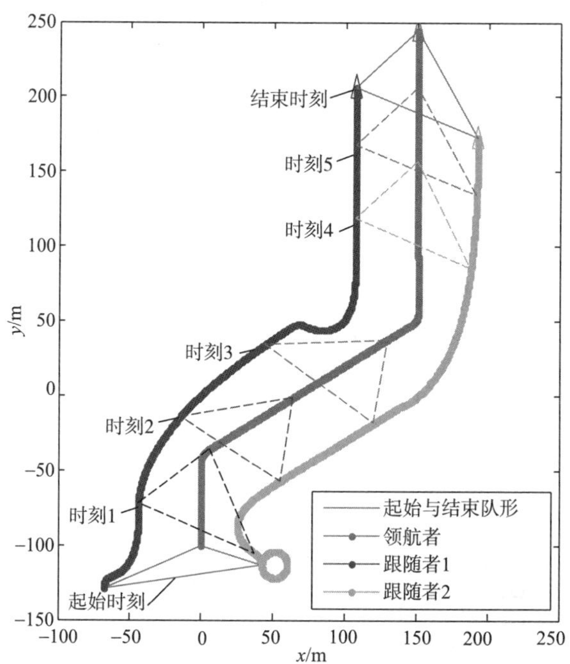

图 3.15 无状态反馈时运动过程(仿真 2)(见书后彩图)

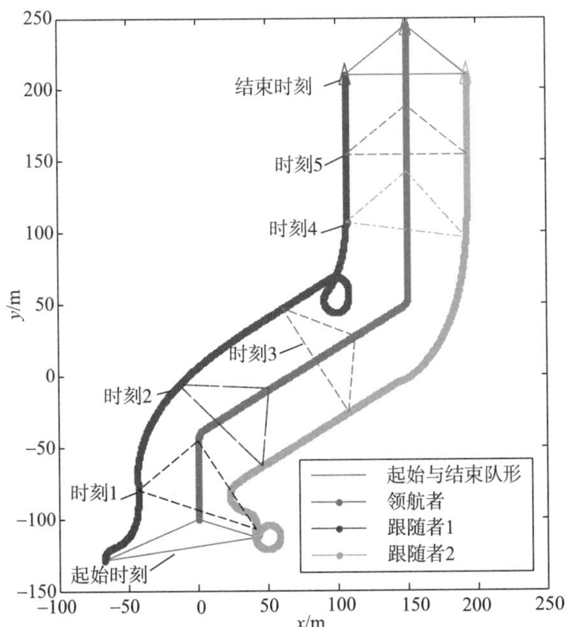

图 3.16 有状态反馈时运动过程(仿真 2)(见书后彩图)

表 3.5 仿真得到的位置偏差数据 单位：m

位置偏差	跟随者 1 无反馈	跟随者 1 有反馈	跟随者 2 无反馈	跟随者 2 有反馈
数据 1	9.03	9.23	52.02	9.10
数据 2	23.90	9.10	44.50	9.30
数据 3	13.20	9.50	47.10	9.20
数据 4	15.50	9.40	56.93	9.30

3.4 队形变换策略

队形变换一般在两种情况下发生：初始形成队形的过程；领航者决定变换队形。这两种情况都是将当前队形转换成一个新队形，它们的不同之处在于：初始形成队形的过程，是将由初始时刻各 AUV 组成的队形作为当前队形；而在队形变换过程中，将领航者发布队形变换命令时的队形作为当前队形。

在形成队形和队形变换的过程中应考虑跟随者之间的碰撞问题，我们在设计队形控制器时采用的控制量是跟随者与领航者之间的相对方位角 ψ_i 和相对距离 l_i，队形变换基于就近原则：领航者左侧的 AUV 依然在左侧或中间，右侧的依然在右侧或中间，以避免队形变换过程中跟随者之间的碰撞。

3.4.1 形成队形

常见的队形主要有三角形、矩形、梯形、纵队和横队等。

在对多 AUV 系统下达队形控制的指令后，当前时刻每个 AUV 的位置为初始位置，已知领航者的位置状态信息［包括速度 u_L、航向角 ψ_L 和坐标值(ξ_L, η_L)］。任意一个跟随者与领航者的关系如图 3.17 所示。据此可得各个跟随者与领航者之间的相对方位角 Φ 和相对距离 l，即为当前队形中跟随者相对于领航者的方位角和距离值。

相对距离的计算公式为

$$l=\sqrt{(\xi_L-\xi_F-d\cos\psi_F)^2+(\eta_L-\eta_F-d\sin\psi_F)^2} \tag{3.6}$$

相对方位角的计算公式为

$$\Phi=\begin{cases}\mathrm{PI}-\psi_L+\arctan\dfrac{\xi_L-\xi_F-d\cos\psi_F}{\eta_L-\eta_F-d\sin\psi_F}, & \xi_L\geqslant\xi_F\\[2ex] \dfrac{3}{2}\mathrm{PI}-\psi_L+\arctan\dfrac{\xi_F-\xi_L-d\cos\psi_F}{\eta_L-\eta_F-d\sin\psi_F}, & \xi_L<\xi_F\end{cases} \tag{3.7}$$

式中，PI=π。

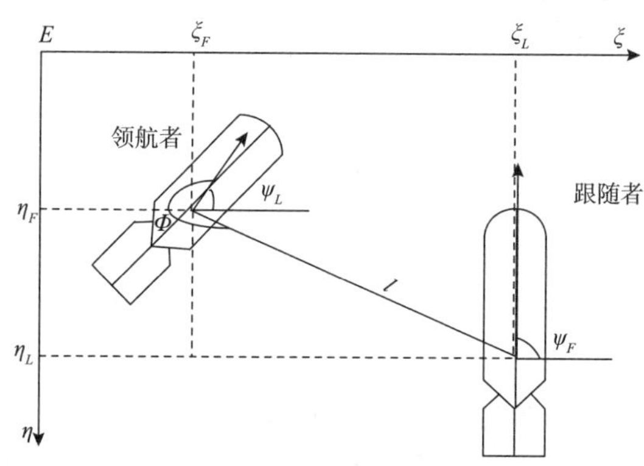

图 3.17 跟随者与领航者间的关系

从当前队形变换成新队形的过程中，依据的是上述的就近原则。假设新队形为三角形，下面阐述其初始形成队形的过程，如图 3.18 所示。

设集合 L、M 和 R 分别用来存放位于领航者左侧、中间(与领航者在一条线上)和右侧的跟随者的序号。

在图 3.18 中，I 为参考模型，领航者左侧的 AUV 为跟随者 1，相对方位角和相对距离分别为 Φ_1^{d} 和 l_1^{d}，即 $\Phi_1^{\mathrm{d}} < \mathrm{PI}$，$L^{\mathrm{d}}$ 为{1}；中间的 AUV 为跟随者 2，与领航者在一条运动轨迹上，相对方位角和相对距离分别为 Φ_2^{d} 和 l_2^{d}，即 $\Phi_2^{\mathrm{d}} = \mathrm{PI}$，$M^{\mathrm{d}}$ 为{2}；右侧的 AUV 为跟随者 3，相对方位角和相对距离分别为 Φ_3^{d} 和 l_3^{d}，即 $\Phi_3^{\mathrm{d}} > \mathrm{PI}$，$R^{\mathrm{d}}$ 为{3}。

II 为当前队形，经过式(3.1)和式(3.2)的计算，领航者左侧的 AUV 为跟随者 2 和跟随者 3，L 为{2,3}；本例中没有 AUV 与领航者在一条线上，M 为空；右侧的 AUV 为跟随者 1，R 为{1}。

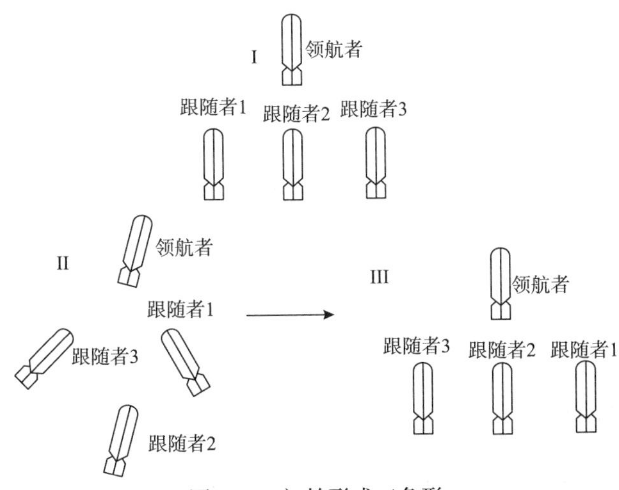

图 3.18　初始形成三角形

根据当前队形变换成新队形所依据的是就近原则，参考模型中跟随者 1 的 Φ_1^{d} 和 l_1^{d} 赋值于当前队形的跟随者 3，参考模型中跟随者 2 的 Φ_2^{d} 和 l_2^{d} 赋值于当前队形的跟随者 2，参考模型中跟随者 3 赋值于当前队形的跟随者 1，该过程如图 3.19 所示。

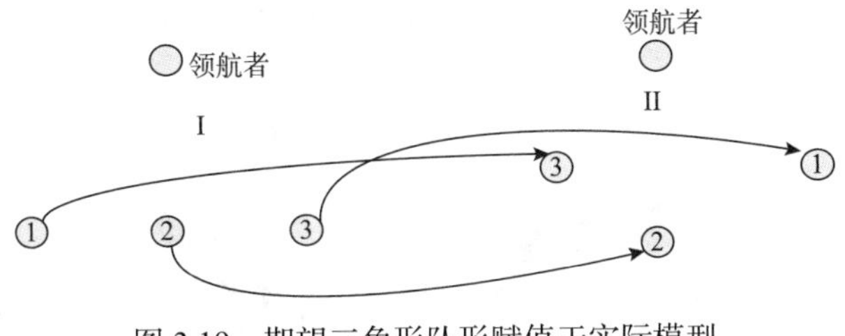

图 3.19　期望三角形队形赋值于实际模型

3.4.2　领航者的队形变换指令

领航者发布队形变换指令依据包括：编队中有重新规划 AUV 路径的需求；领航 AUV 探测到障碍物信息，需要引导跟随者进行避碰。这里只介绍后者。

图 3.20 为领航 AUV 依据艏部避碰声呐信息发送队形变换指令的过程，图中 S_1、S_2、S_3 分别表示前、左、右避碰声呐测距信息。假设当前的队形宽度为 d，若图中的 d_1 或 d_2 小于 d，则领航者发出变换队形的指令，新队形的宽度要小于当前队形的宽度，若新队形的宽度仍然大于 d_1 或者 d_2，则领航者发送新的变换队形指令，直到新队形为最小。当领航者避开障碍物，延迟时间 T 之后，领航者发送恢复初始队形信息的指令。

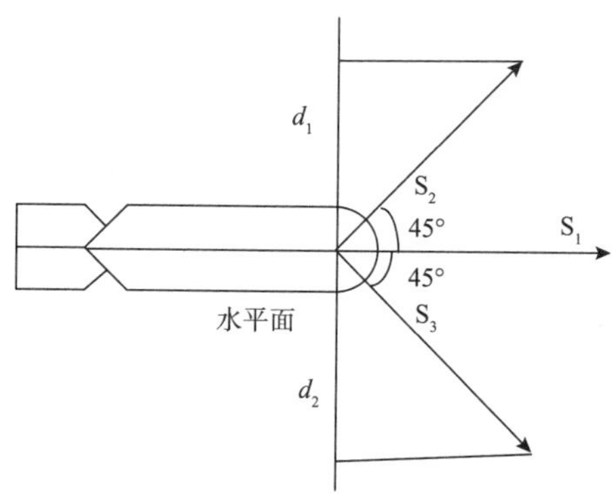

图 3.20　AUV 的艏部避碰声呐信息

3.4.3　队形变换过程

队形变换的当前队形是队形变换前的队形信息，队形变换的依据为上述的就近原则。下面举两个例子来说明队形变换过程。

例 3.1　一级队形变换示例。如图 3.21 所示，系统由 1 个领航者和 5 个跟随

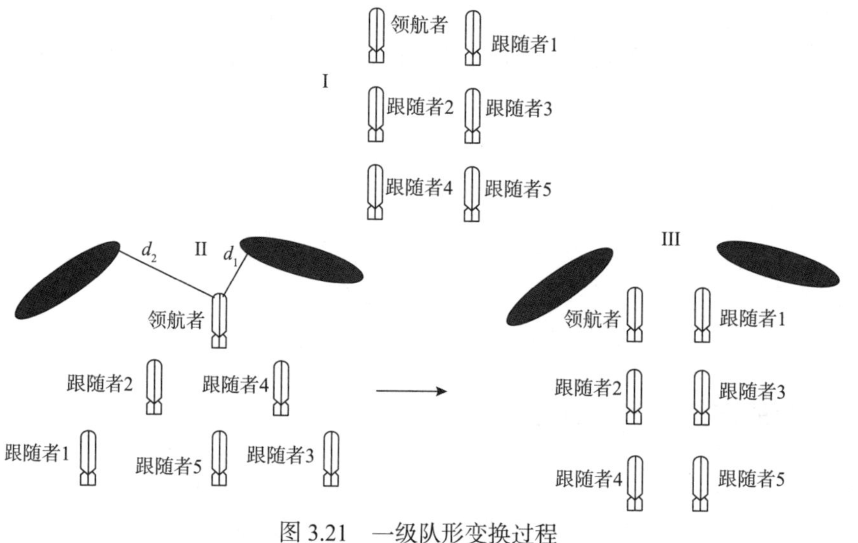

图 3.21　一级队形变换过程

者(1～5)组成，试图穿过前方有障碍物的区域，初始的队形为三角形。当领航者携带的声呐探测到前方有障碍物信息时，领航者发出变换队形的指令，将当前的三角形队形变换为宽度窄的矩形队形。

在图 3.21 中，I 为参考队形——矩形，领航者左侧没有 AUV，因此 L^{d} 为空；中间的 AUV 为跟随者 2 和跟随者 4，相对方位角和相对距离分别为 $\varPhi_2^{\mathrm{d}}$ 、l_2^{d} 和 $\varPhi_4^{\mathrm{d}}$ 、l_4^{d} ，则 M^{d} 为{2,4}；右侧的 AUV 为跟随者 1、跟随者 3 和跟随者 5，相对方位角和相对距离分别为 $\varPhi_1^{\mathrm{d}}$ 、l_1^{d} ，$\varPhi_3^{\mathrm{d}}$ 、l_3^{d} 和 $\varPhi_5^{\mathrm{d}}$ 、l_5^{d} ，则 R^{d} 为{1,3,5}。

II 为当前队形——三角形，从图 3.21 中可以观察到，领航者左侧的 AUV 为跟随者 2 和跟随者 1，L 为{2,1}；与领航者在一条线上的 AUV 为跟随者 5，则 M 为{5}；右侧的 AUV 为跟随者 3 和跟随者 4，R 为{3,4}。

依据就近原则，参考模型中跟随者 1 的 $\varPhi_1^{\mathrm{d}}$ 和 l_1^{d} 赋值于当前队形的跟随者 4，参考模型中跟随者 2 的 $\varPhi_2^{\mathrm{d}}$ 和 l_2^{d} 赋值于当前队形的跟随者 2，参考模型中跟随者 3 的相对方位角和相对距离赋值于当前队形的跟随者 3，参考模型中跟随者 4 的相对方位角和相对距离赋值于当前队形的跟随者 1，参考模型中跟随者 5 的相对方位角和相对距离仍然赋值于当前队形的跟随者 5，该过程如图 3.22 所示。

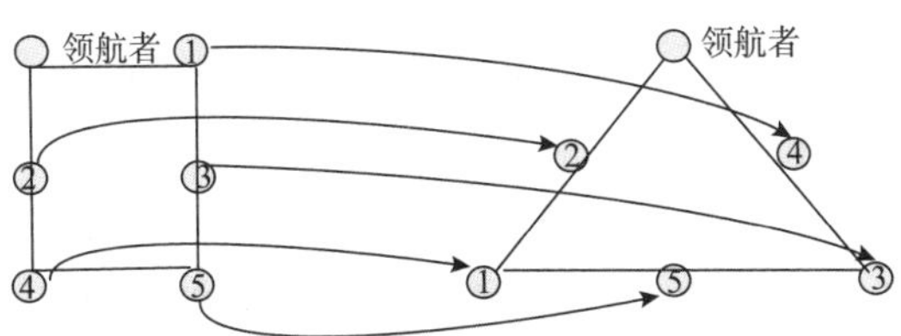

图 3.22　期望矩形队形赋值于实际模型

当队形变换之后，从图 3.21 中的目标队形Ⅲ可以观察到，矩形队形能够顺利地避开障碍物，因此，此次队形变换只需执行一次。

例 3.2　二级队形变换示例。如图 3.23 所示，系统由 1 个领航者和 5 个跟随者组成，初始的队形为三角形。当领航者发送变换队形的指令，系统将由三角形队形变换成矩形队形，其过程同例 3.1。但是从图 3.23 中发现，三角形变为矩形并不能使得领航者率领跟随者顺利通过障碍物区域，因此系统第二次变换队形的目标队形必须比矩形的宽度更窄，那就是纵队队形，如图 3.24 所示。

在图 3.24 中，参考队形——纵队队形中，领航者左右侧都没有 AUV，L^{d} 和 R^{d} 都为空，所有的 AUV 都与领航者在同一运动轨迹上，因此 M^{d} 为{1,2,3,4,5}。

II 为当前队形——矩形，从图 3.24 中看到，领航者左侧没有 AUV，L 为空；与领航者在一条线上的 AUV 为跟随者 1 和跟随者 2，则 M 为{1,2}；领航者右侧的 AUV 为跟随者 3、跟随者 4 和跟随者 5，R 为{3,4,5}。

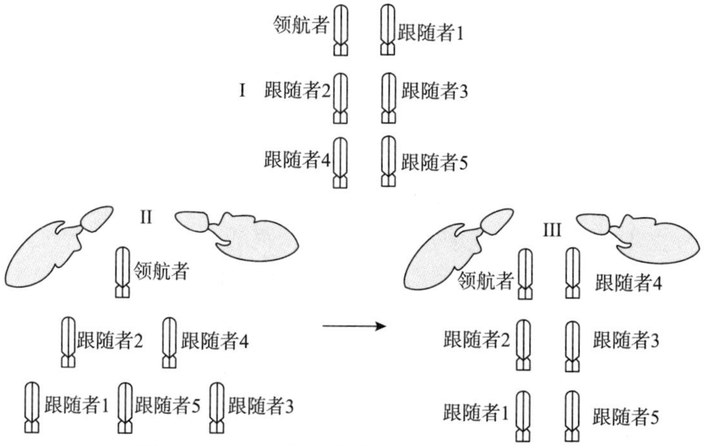

图 3.23　二级队形变换过程的第一次变换

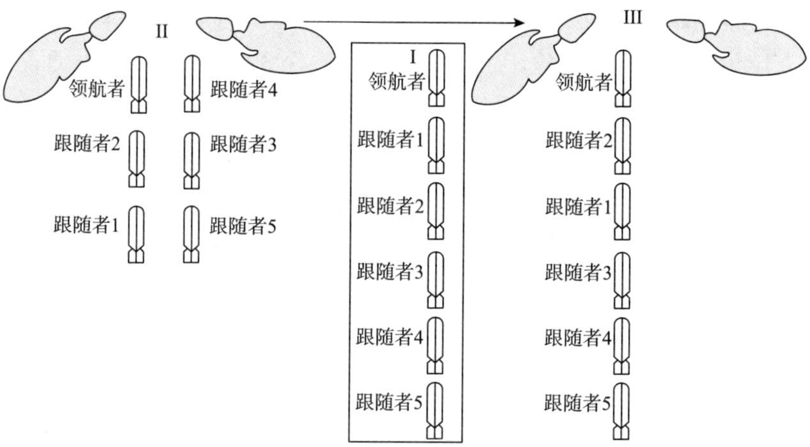

图 3.24　二级队形变换过程的第二次变换

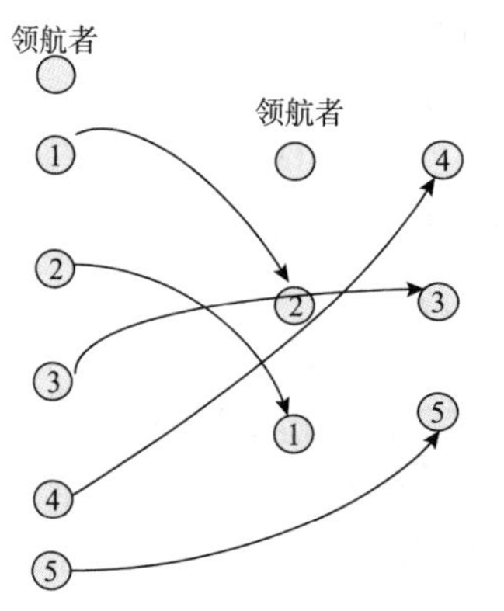

图 3.25　期望纵队队形赋值于实际模型

根据当前队形变换成新队形所依据的是就近原则，参考模型纵队中跟随者 1 的 Φ_1^{d} 和 l_1^{d} 赋值于当前队形的跟随者 2，参考模型中跟随者2的 Φ_2^{d} 和 l_2^{d} 赋值于当前队形的跟随者 1，参考模型中跟随者 3、跟随者 4 和跟随者 5 的相对方位角和相对距离仍然赋值给当前队形中的跟随者 3、跟随者 4 和跟随者 5，该过程如图 3.25 所示。

当目标队形为纵队队形时，观察图 3.24，纵队队形使得该队形系统顺利地通过障碍物区。在这个例子中，系统通过两次变换队形才达到避碰的目的。

3.4.4 仿真实验

在多 AUV 数字仿真平台上对上述方法进行仿真实验。

仿真场景：由 6 个 AUV 组成的多 AUV 系统欲通过多山障碍物区域。

多 AUV 系统由 1 个领航者(记为 R1)和 5 个跟随者构成，在领航者艏部安装有避碰声呐，用于探测前方障碍物信息，领航者依据探测信息确定是否进行队形变换，并向跟随者发送队形变换指令，使得跟随者能顺利通过障碍物区域，在此过程中领航者与跟随者之间始终保持一定的协同。

AUV 的正常速度为 2m/s，队形变换过程中的速度为 1.5m/s。

仿真中多 AUV 的实时行进过程如图 3.26 所示，各 AUV 的航向角和线速度如图 3.27 和图 3.28 所示。

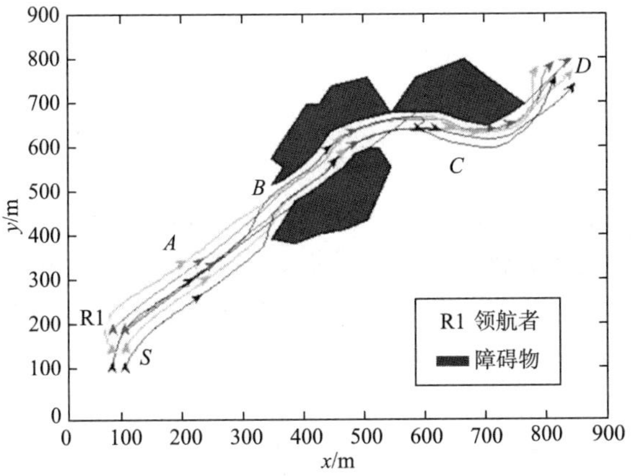

图 3.26　多 AUV 避碰俯视图

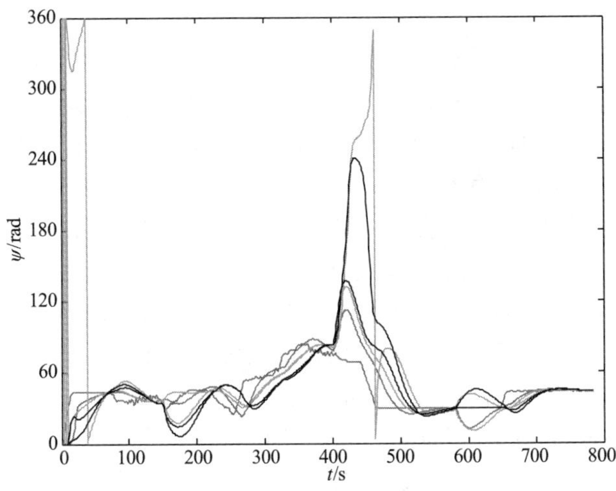

图 3.27　多 AUV 的航向角

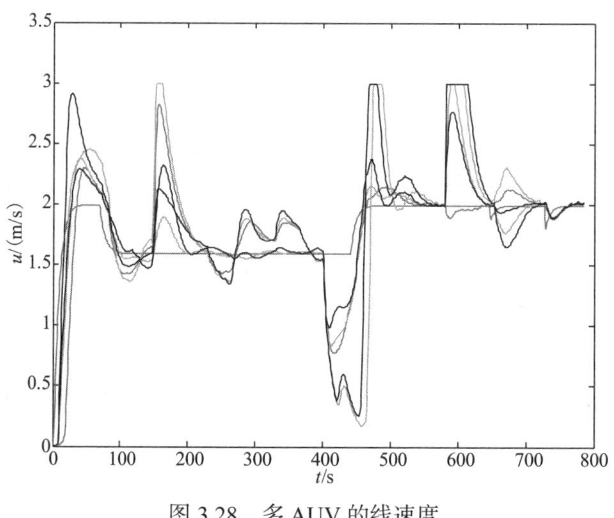

图 3.28　多 AUV 的线速度

从图 3.26 中看出，S 为起始点，多 AUV 从 S 点到 A 点是形成队形的阶段，形成初始队形——三角形；A 点至 B 点是进入障碍物区域阶段，由三角形队形变换为矩形队形；B 点至 C 点为绕过障碍物区域阶段，以宽度更窄的纵队行进；C 点至 D 点回到原轨迹上并恢复之前的队形。多 AUV 群体经过了四次队形变换。

通过仿真结果可以看出，在变换队形的过程中，就近原则既能避免 AUV 之间的碰撞，又能加快形成队形的速度。

3.5　本章小结

本章介绍了跟随领航者法的队形控制策略。其队形控制系统的主要设计思想是在为 AUV 载体动力学系统设计一个速度跟踪控制器的基础上，将该速度控制器与队形保持控制器相结合。本章设计的队形控制器结合了单体 AUV 的动力学特性，使之更接近实际，具有实际应用价值。由此设计的队形控制器是完整的控制器，保证整个系统跟踪误差的收敛。通过仿真实验可以看出，在结合 AUV 载体动力学特性之后，系统同样能够达到变为期望队形的目的，且整个系统是稳定的。

针对二维空间多 AUV 编队，在原有的队形控制方法基础上，加入了跟随者状态反馈，并基于状态反馈设计了有限状态自动机控制策略，通过仿真实验进行了验证，相对于无反馈系统，队形保持的效果更好。

队形变换的策略是队形控制的一个研究内容。在未知的海洋环境中，为使多 AUV 系统能顺利通过障碍物区域，领航者应具备避碰探测能力，依据其检测到障碍物的信息，发出变换队形的指令，引领跟随者顺利通过障碍物区域。在变换队形的过程中，存在着 AUV 之间发生碰撞的隐患，本章提出了就近原则以解决这个问题。最后分别利用 MATLAB 仿真平台和多 AUV 数字仿真平台，对队形控制方法进行了仿真验证，证明了上述方法的有效性。

参 考 文 献

[1] Beard R W, Lawton J, Hadaegh F Y. A coordination architecture for spacecraft formation control[J]. IEEE Transactions on control systems technology, 2001, 9(6): 777-790.

[2] Desai J P, Ostrowski J, Kumar V. Controlling formations of multiple mobile robots[C]. IEEE International Conference on Robotics and Automation, 1998: 2864-2869.

[3] Lawton J R T, Beard R W, Young B J. A decentralized approach to formation maneuvers[J]. IEEE Transactions on Robotics and Automation, 2003, 19(6): 933-941.

[4] Kanayama Y, Kimura Y, Miyazaki F, et al. A stable tracking control method for an autonomous mobile robot[C]. IEEE International Conference on Robotics and Automation, 1990: 384-389.

[5] Sanchez J, Fierro R. Sliding mode control for robot formations[C]. IEEE International Symposium on Intelligent Control, 2003: 438-443.

[6] 程磊，王永骥，朱全民. 基于通信的多移动机器人编队控制系统[J]. 华中科技大学学报(自然科学版), 2005, 33(11): 73-76.

[7] Fukao T, Nakagawa H, Adachi N. Adaptive tracking control of a nonholonomic mobile robot[J]. IEEE Transactions on Robotics and Automation, 2000, 16(5): 609-615.

[8] Yang J M, Kim J H. Sliding mode control for trajectory tracking of nonholonomic wheeled mobile robots[J]. IEEE Transactions on Robotics and Automation, 1999, 15(3): 578-587.

[9] Okamoto A, Feeley J J, Edwards D B, et al. Robust control of a platoon of underwater autonomous vehicles[C]. Oceans, 2004: 505-510.

[10] Reeder C A, Odell D L, Okamoto A, et al. Two-hydrophone heading and range sensor applied to formation-flying for AUVs[C]. Oceans, 2004: 517-523.

[11] Edwards D B, Bean T A, Odell D L, et al. A leader-follower algorithm for multiple AUV formations[C]. IEEE/OES Autonomous Underwater Vehicles, 2004: 40-46.

[12] 王兢. 水下机器人编队系统研究[D]. 哈尔滨: 哈尔滨工程大学, 2003.

[13] Desai J P, Ostrowski J P, Kumar V. Modeling and control of formations of nonholonomic mobile robots[J]. IEEE Transactions on Robotics and Automation, 2001, 17(6): 905-908.

[14] Li X H, Xiao J H, Tan J D. Modeling and controller design for multiple mobile robots formation control[C]. Proceedings of 2004 IEEE International Conference on Robotics and Biomimetics, 2004: 838-843.

[15] 侯瑞丽，李一平. 基于跟随领航者法的多UUV队形控制方法研究[J]. 仪器仪表学报, 2007, 28(8): 636-639.

[16] Shan S S, Jin Z J, Zhai H C. The formation control of multi-robot fish based on leader-follower and fuzzy feedback mechanism[J]. CAAI Transactions on Intelligent Systems, 2013, 8(3): 247-253.

[17] 李一平，阎述学. 基于状态反馈的多水下机器人队形控制研究[C]. World Congress on Intelligent Control and Automation, 2014: 5523-5527.

4 多 AUV 系统编队搜索策略

4.1 多 AUV 系统搜索策略概述

目前，国内外已开展了一些专门针对多 AUV 目标搜索使命的搜索策略研究，多数以探测水雷或者勘测海底矿物资源为研究背景。针对给定作业区域的搜索使命，所采用的搜索策略主要分为模式搜索策略(pattern search strategies)和随机搜索策略(random search strategies)两大类，现分别介绍如下。

4.1.1 模式搜索策略

模式搜索指在搜索过程中按照一定的规划算法来决定下一步的搜索路径。模式搜索可以根据不同的使命要求，完成对给定区域任意百分比的覆盖。由于在搜索过程中需要实时地确定当前位置，因此对定位精度要求比较高，同时，对处理器的处理能力、传感器的精度及可靠性等都有较高要求，相关的研究如下。

针对现有水雷探测和清除作业方式单一、耗费时间、花费大并十分危险的现状，文献[1]提出了一种有效的低成本作业概念，即采用一个 supervisor 机器人监控一队携带有检测传感器/磁和声设备的 swimmer 机器人对目标区域进行并列搜索(像割草机一样)，搜索轨迹如图 4.1(a)为 20 个机器人初始位置分布，图 4.1(b)为搜索结束后获得的所有 AUV 的航行轨迹。所有机器人的运动都由 supervisor 机器人统一规划，如果一个 swimmer 机器人遇到水雷而损失，supervisor 机器人就重新规划所有剩余 swimmer 机器人的路径。文献中根据仿真结果分析了机器人运动速度、传感器覆盖宽度、swimmer 机器人间隔等与覆盖率、目标清除率、搜索面积等扫雷指标的关系，从而验证了此概念。该方法保证了较高的水雷清除率，但是一旦监控机器人被破坏，所有其他机器人将处于失控状态，所以此概念的可行性和可操作性还有待进一步评估，swimmer 机器人的导航方式也没有说明，还有很多问题需要继续探索。

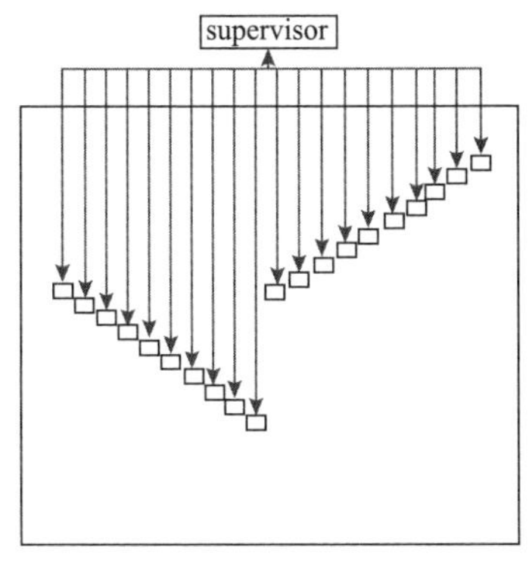

(a) 20个机器人初始位置分布

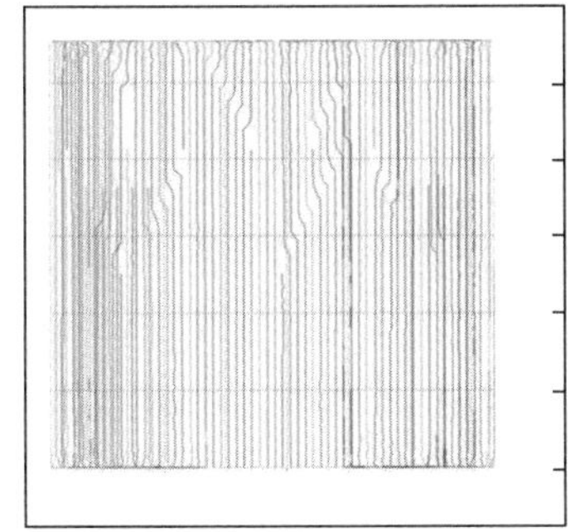

(b) 20个机器人航行轨迹

图 4.1 模式搜索示例[1]

文献[2]评估了一种特殊的无碰路径搜索问题的多种可选方法。该问题是要找到从一个矩形搜索区域的一边到另一边的无障碍垂直路径。研究利用多个同构的机器人来寻找这种路径，其中机器人的数量、通信能力和感知能力都是可变的。文献中提出了三种方法并给出了仿真结果。第一种方法使用了最少的共享信息，结果花费了较长的时间，而如果增加机器人的数量和传感器的探测范围，这个时间必定会缩短。第二种方法使用了最多的共享信息，但搜索时间也没有因此变得较短。第三种方法使用了适量的共享信息，搜索时间也足够短，且冗余度小。仿真结果还表明，环境特征对搜索时间影响最大，但是在给定的环境中，第三种方法的探测速度是最快的。然而，该文献仿真中传感器的性能被假定为极好的，导航和通信是正常的，没有考虑传感器噪声和导航误差。

文献[3]、[4]介绍了英国 Nekton 研究机构开发的 UMAP，提出了一种利用三个小型、廉价、易于操作的 Ranger AUV 寻找热液羽流源(plume source)的搜索算法，论证了使用多 AUV 协作系统可以快速完成羽流源定位这样的复杂任务。文献[3]的搜索算法采用美国 Sandia 国家实验室开发的梯度算法实现，根据羽流强度呈球状均衡分布、中心强度最高的特点，三个 AUV 分别沿着三条不同的轨迹感测热液羽流强度的变化，通过相互共享采集到的信息，实现最终汇聚到热液羽流源中心的目标。

此外，还有很多针对陆上多移动机器人的模式搜索方法[5]，但这些方法并不适合应用在水下搜索使命。

4.1.2 随机搜索策略

随机搜索指在搜索过程中，搜索路线是随机生成的，主要用在障碍物分布较少或比较规则的环境中，没有定位要求，对信息的计算与处理能力的要求也较低。

每个 AUV 虽然可以获得区域的均匀覆盖，但是难以控制结束条件，并且已搜索的区域不连续，其对搜索区域的覆盖只是概率意义上的，很难保证对搜索区域的百分百覆盖，而且它的效率较低，往往需要较长的搜索时间，对于大范围搜索任务更是难以胜任，相关的研究如下。

文献[6]介绍了一个多机器人反水雷搜索系统，针对实际系统的需求，期望获得同时具备有效性和成本有效性(cost-effective)的系统。文章在建立探测传感器模型的基础上，针对系统由大量廉价机器人构成的特点，采用随机搜索策略，原因有两点：一是当探测传感器成本和性能下降时，模式搜索的有效性增长趋势将下降，二是模式搜索所必需的导航能力实现成本较高。

文献[7]针对多个爬行机器人在拍岸浪区进行水雷侦察问题，详细定义了随机搜索策略的四个方面内容，包括随机航线长度、随机航向、搜索区边界交互算法和避碰算法。通过大量的仿真研究得出随机搜索策略比模式搜索策略更适合拍岸浪区搜索任务。

文献[8]研究了利用多个爬行机器人对极浅水域进行水雷搜索和障碍地图构建问题。采用随机搜索策略，当机器人探测到水雷时，将记录水雷的位置，并且通过“停止—后退—随机转向”三个步骤实现以新的航向进行搜索，水雷搜索轨迹如图 4.2(a)所示。当机器人探测到障碍物时，记录初始探测点，并围绕障碍物搜索，直至回到初始探测点，之后继续进行随机搜索，障碍地图构建的搜索轨迹如图 4.2(b)所示。

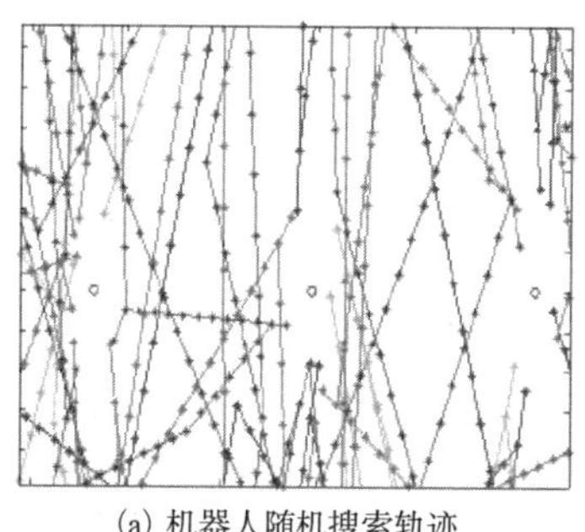

(a) 机器人随机搜索轨迹

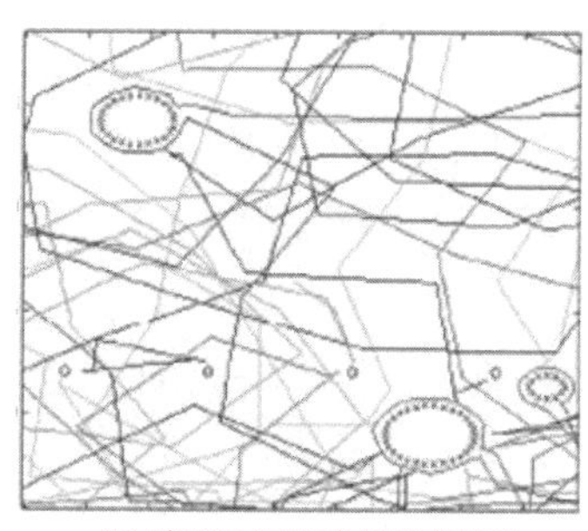

(b) 障碍地图构建的搜索轨迹

图 4.2　随机搜索示例[8]

综上所述，模式搜索和随机搜索均可以应用于多目标搜索使命，搜索策略的选择需要结合 AUV 的功能特性及使命的具体需求。

为了实现对作业区域较高的覆盖率和对海底目标的精确定位，需采用模式搜索策略。以往针对模式搜索策略的研究均采用同构系统，而且假定通信是良好的，不能满足弱通信条件下的应用需求。本章将针对探测传感器的局限性，研究一种模式搜索策略——异构多 AUV 系统的水下编队搜索策略。

4.2 编队搜索队形结构

当多个 AUV 对某一区域进行搜索时多采用编队的形式，编队搜索的关键是队形控制任务规划方法和队形结构的设计策略。搜索策略的主要思想是：首先确定多 AUV 系统的队形结构，初始时各个 AUV 以相同的速度和航向沿规划轨迹航行，当 AUV 离开原航迹执行特定任务之后，或者群体成员发生故障进行队形重规划之后，AUV 的协作层切换至队形控制任务，任务层进行队形控制任务规划，使整个系统仍然保持一定的队形结构行进，从而实现紧密的群体协作。

前面介绍了多 AUV 编队控制方法，其队形控制是在机器人控制底层实现的，即多机器人体系结构的行为层实现的，适合单纯保持队形的应用，无法满足多重任务的需求。因此，本章提出基于思维层规划的队形控制方法，将编队控制在高层——思维层实现，并将跟随领航者法集成到队形控制任务的规划中，输出跟随者期望位置和期望速度组成的行为指令，从而方便 AUV 在不同任务间切换，体现了方法的通用性。

现有跟随领航者法中建立的队形结构均基于领航者的载体坐标系，以相对领航者的距离和方位信息确定队形结构，本章在大地坐标系下建立多 AUV 的队形结构，该结构不依赖于领航者航向，可以简化多 AUV 系统编队搜索时的转弯策略。考虑到 AUV 发生故障后的队形更新问题，本章设计了队形重规划策略。

4.2.1 编队搜索策略

假定待搜索区域为矩形，为了实现搜索区域的全面均匀覆盖，最适合的搜索方式是梳形搜索(梳状搜索)，其航迹为梳齿状(也称为回纹形)[9]，如图 4.3(a)所示。

常见的多 AUV 协作搜索模式分为并列搜索和分区搜索两种，如图 4.3(b)和图 4.3(c)所示。图中的矩形表示搜索区域边界，直线表示探测 AUV 的期望轨迹，箭头表示探测 AUV 的期望航向。其中分区搜索将作业区域分成若干子区域，各 AUV 在其负责的子区域内独立执行任务，多 AUV 的协作体现为分区域并行工作的综合，这是一种松散型的协作模式。考虑到水下声学通信的范围限制，为了便于多个 AUV 之间的通信与协作，本书采用图 4.3(b)所示的并列搜索模式，即多个 AUV 之间以相等的间距平行排列，整个群体按照一定的队形集体行进，协作完成整个区域的搜索任务，这是一种紧密型的协作模式。

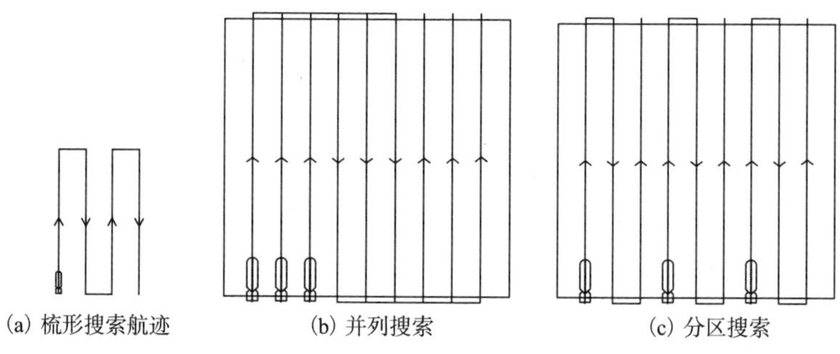

图 4.3　AUV 梳形搜索示意图

采用编队搜索策略时，设置相邻航线 AUV 的探测区域之间存在一定的重叠。重叠率表示 AUV 间隔区域中相邻 AUV 重叠探测区域所占的百分比，它是 AUV 间隔距离(vehicle interval，VI)和探测传感器覆盖宽度(sensor width，SW)的函数。假定所有 AUV 具有相同的传感器覆盖宽度，则重叠率 R 的计算公式为

$$R = \frac{\mathrm{SW} - \mathrm{VI}}{\mathrm{VI}} \times 100\%$$

编队搜索的主要优势有如下几点：

(1)搜索区域连续。能够实现连续搜索，从而实现搜索区域的全面覆盖和均匀覆盖，并且搜索覆盖率将随着搜索时间的增加而增大。

(2)减少漏扫区域。即使某个探测 AUV 发生故障，也可以通过及时调整队形和剩余 AUV 的航行轨迹，将故障 AUV 剩余探测区域补上，确保最大限度地减少漏扫区域。

(3)保证通信距离。紧耦合的并列搜索方式能够最大限度地保证各 AUV 在通信范围内，从而保证 AUV 之间的信息交互与协作。

(4)提高探测概率。重叠探测策略能够明显增加总的探测概率，提高探测可靠性。假设 p 表示探测传感器的探测概率，当 m 次经过相同的区域时，总的探测概率 p_{all} 的计算公式为 $p_{\mathrm{all}} = 1-(1-p)^m$，即当 $p = 0.9$ 时，AUV 之间重叠区域的探测概率 $p_{\mathrm{all}} = 0.99$。

(5)克服导航误差。由于 AUV 存在导航误差，如果探测区域没有重叠，则相邻 AUV 探测区域之间会产生空隙，造成漏扫，重叠探测有助于克服导航误差。

4.2.2　基于大地坐标系的队形结构

编队搜索策略的队形结构如图 4.4 所示，坐标系为搜索区域的北东坐标系。其中，N_1 和 N_2 表示两个导航 AUV，$\mathrm{D}_i(i=1,2,\cdots,K_D)$表示第 i 个探测 AUV，$\mathrm{I}_j(j=1,2,\cdots,K_I)$表示第 j 个识别 AUV，K_D 和 K_I 分别表示群体中探测 AUV 和识别

AUV 的数目。同步搜索时三种类型 AUV 组成编队，异步搜索时队形中无须考虑识别 AUV。整个队形以 N_1 为领航者(若 N_1 损坏，则以 N_2 为领航者，队形结构类似)，其他 AUV 均为跟随者。

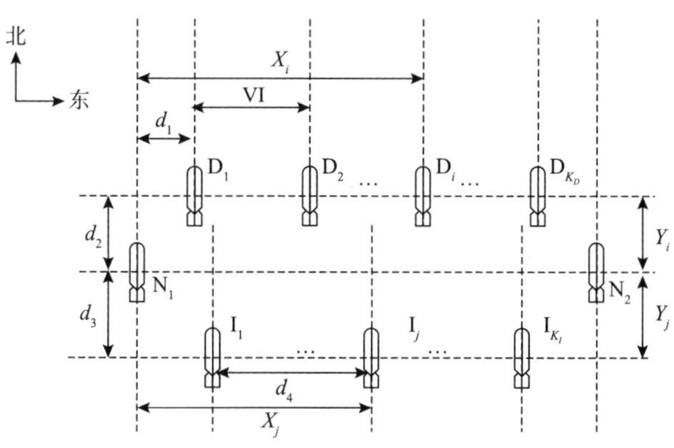

图 4.4　编队搜索策略的队形结构

设 X_i 和 $Y_i(i=1,2,\cdots,K_D)$分别为各个探测 AUV 在两个坐标方向上相对于领航者的距离值，X_j 和 $Y_j(j=1,2,\cdots,K_I)$分别为各个识别 AUV 在两个坐标方向上相对于领航者的距离值。由图 4.4 中可以得出

$$X_i = d_1 + \mathrm{VI}(i-1),\ Y_i = d_2,\quad i=1,2,\cdots,K_D \tag{4.1}$$

$$B = 2d_1 + \mathrm{VI}(K_D - 1) \tag{4.2}$$

$$d_4 = \frac{B}{K_I}$$

$$X_j = \frac{d_4}{2} + d_4(j-1),\ Y_j = -d_3,\quad j=1,2,\cdots,K_I \tag{4.3}$$

因此，一旦定义了 d_1、d_2、d_3 和 VI 的长度，则队形结构被确定。式(4.2)中的 B 表示整个 AUV 群体的搜索宽度。该队形结构与传统基于领航者载体坐标系的队形结构不同，它不依赖于领航 AUV 的航向角，这样设计的好处是可以简化群体的转弯策略。采用基于领航者载体坐标系的队形结构，多 AUV 系统若要在转弯之后仍能保持原队形，将导致不同的 AUV 具有不同的转弯半径，从而导致队形的收敛时间较长及跟踪效果较差，随着 AUV 数量的增多这将是无法接受的[10]，而若采用相同转弯半径的转弯策略(图 4.5)，则在整个转弯过程中，需要时刻调整期望队形，系统难以保持队形。采用基于大地坐标系的队形结构可以避免此问题，尽管转弯过程中领航 AUV 的航向不断发生变化，各 AUV 与领航者的相对方位角也随之不断变化，但队形结构仍然保持不变，简化了群体编队搜索的复杂度。

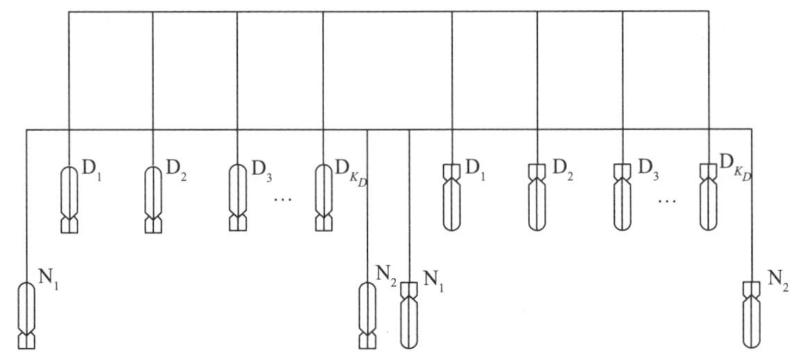

图 4.5 编队搜索转弯策略

4.3 基于思维层规划的队形控制方法

4.3.1 基于思维层规划的队形控制基本思想

4.2 节为编队搜索设计了队形结构，本节将具体介绍如何实现队形控制。在设计队形控制方法时必须考虑与 AUV 自身控制体系结构相融合的问题。第 2 章中介绍的 AUV 个体体系结构分为思维层和行为层，思维层规划出行为指令下达给行为层，相当于给行为层下达了速度或位置等跟踪指令，行为层在接到这些指令后，根据传感器获取的感知信息(速度或位置等)进行独立的回路反馈控制。也就是说，行为层只要按照思维层发来的行为指令执行，即可驱动 AUV 完成各种作业需求。这种分离的控制原则使得 AUV 可以执行多种任务，而不是仅限于执行一种特定的任务(如队形控制)，并且很容易实现不同任务间的切换。因此，试图跨过 AUV 的思维层而将队形控制直接构建在行为层的设计策略，仅仅适用于单纯保持队形的作业要求，难以满足更加复杂化、多元化的任务需求，将会受到实际应用范围的限制。

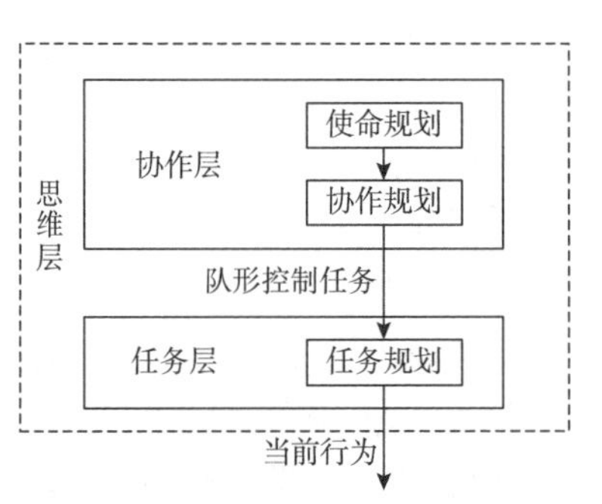

图 4.6 基于思维层规划的队形控制方法示意图

基于思维层规划的队形控制基本思想是编队控制在思维层实现：由协作层的使命规划和协作规划模块生成队形控制任务，由任务层的任务规划模块进行队形控制任务规划，生成行为，从而实现队形控制，其示意图如图 4.6 所示。

本节的多 AUV 编队包括三层含义：

(1) 每个 AUV 以初始的队形结构在各自的航行轨迹上以相同的速度行进，从而实现编队搜索。

(2) 当某个 AUV 离开规划航迹执行一定任务之后，通过切换至队形控制任务回到预先的规划航迹上，从而继续保持编队航行。

(3) 当有某个 AUV 损坏，重新规划各剩余 AUV 的航迹，并更新队形结构，各剩余 AUV 通过切换至队形控制任务跟踪新的轨迹，形成新的编队布局。

其中第一种情况很容易理解，也无须算法支持，而后两种情况则需要设计相应的队形控制任务规划方法。多 AUV 系统在多目标搜索过程中，需要进行队形控制任务规划的具体情况主要有以下几种：

(1) 识别 AUV 离开规划轨迹对疑似目标进行识别之后。

(2) 探测 AUV 或识别 AUV 绕过障碍之后。

(3) 各 AUV 接收到重规划指令进行轨迹重规划之后。

因此，采用基于思维层规划的队形控制方法，协作层在需要队形控制的时候，将当前任务（如目标识别任务）切换到队形控制任务即可，当队形形成后，再切换至其他任务（如巡航任务）。任务层在执行队形控制任务的过程中将任务规划成一系列行为交给行为层执行，具体的队形控制任务规划方法将在 4.3.2 节中介绍。基于思维层规划的队形控制方法的主要优势在于：

(1) 减少运算量。各个 AUV 无须始终周期性调用队形控制算法，而是只在需要恢复原有队形或形成新的队形时进行队形控制即可。

(2) 通用性。支持 AUV 执行多种不同的任务，方便 AUV 在队形控制任务和其他任务之间切换，体现了设计的通用性。

4.3.2 队形控制任务规划

队形结构中定义其中一个导航 AUV 作为领航者，其他 AUV 均为跟随者，采用跟随领航者法研究队形控制问题。与传统跟随领航者法不同的是，本章中跟随者与领航者以期望的队形结构行进，而不是以期望的相对距离和相对方位角行进。采用跟随领航者法，只要给定领航者的期望轨迹和队形成员之间期望的队形结构，领航者负责跟踪期望轨迹，每个跟随者根据局部队形控制算法获得相对于领航者的期望位姿，

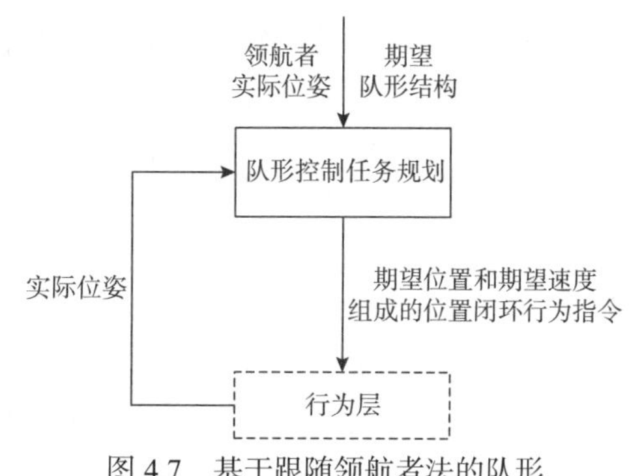

图 4.7 基于跟随领航者法的队形控制任务规划示意图

这样整个机器人群体就可以沿着期望轨迹航行并保持期望队形。

本章将跟随领航者法集成到队形控制任务的规划中，基于跟随领航者法的队形控制任务规划示意图如图 4.7 所示，输入是领航者和跟随者的实际位姿以及两者期望的队形结构，输出是跟随者的期望位置和期望速度组成的位置闭环行为指令。行为层接收行为指令进行位置和速度的 PID 闭环控制，将期望位置和期望速度指令转化为载体的实际位置和速度等位姿信息，并反馈给队形控制任务规划。

以领航者和任意一个跟随者为例，可将多 AUV 的队形控制问题简化为两个 AUV 之间的协调问题，跟随领航者法的原理图如图 4.8 所示。

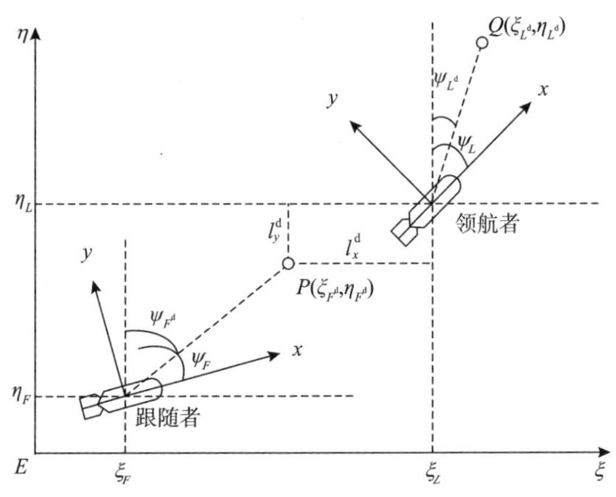

图 4.8　跟随领航者法原理图

图 4.8 中 ξ - η 是大地坐标系，假设 ξ 指向地理东，η 指向地理北，x-y 是原点为领航者质心的载体坐标系。(ξ_L,η_L) 和 (ξ_F,η_F) 分别是领航者和跟随者在大地坐标系下的坐标，ψ_L 、ψ_F 分别是领航者和跟随者的航向角。如果已知领航者的位置，只要领航者与跟随者之间的水平相对距离 l_x 和垂直相对距离 l_y 确定，那么跟随者的位置就可以唯一确定。为了获得期望队形结构，需要控制领航者与跟随者之间水平相对距离和垂直相对距离达到期望值 l_x^{d} 和 l_y^{d}，即 $l_x \to l_x^{\mathrm{d}}, l_y \to l_y^{\mathrm{d}}$。$P$ 点表示期望队形结构中跟随者所在的位置 $(\xi_{F^{\mathrm{d}}},\eta_{F^{\mathrm{d}}})$，$Q$ 点表示领航者期望的路径点位置 $(\xi_{L^{\mathrm{d}}},\eta_{L^{\mathrm{d}}})$。

队形控制任务规划的计算方法为：根据领航者当前的位姿信息［包括速度 u_L 、航向角 ψ_L 和坐标值 (ξ_L,η_L) ］，估算出它在下一周期的期望位置 $(\xi_{L^{\mathrm{d}}},\eta_{L^{\mathrm{d}}})$，结合当前的期望队形结构（包括相对水平距离 l_x^{d} 和相对垂直距离 l_y^{d}），得出跟随者在下一周期的期望位置 $(\xi_{F^{\mathrm{d}}},\eta_{F^{\mathrm{d}}})$，再根据跟随者的当前位置 (ξ_F,η_F)，计算出跟随者在周期 T 内朝目标点 $(\xi_{F^{\mathrm{d}}},\eta_{F^{\mathrm{d}}})$ 运动的期望平均速度 $u_{F^{\mathrm{d}}}$，并设置 $u_{F^{\mathrm{d}}}$ 小于跟随者的最大航速 u_m 。队形控制任务规划的计算方法公式如下：

$$\xi_{L^{\mathrm{d}}} = \xi_L + u_L T \sin(\psi_L)$$

$$\eta_{L^{\mathrm{d}}} = \eta_L + u_L T \cos(\psi_L)$$

$$\xi_{F^{\mathrm{d}}} = \xi_{L^{\mathrm{d}}} + l_x^{\mathrm{d}}$$

$$\eta_{F^{\mathrm{d}}} = \eta_{F^{\mathrm{d}}} + l_y^{\mathrm{d}}$$

$$u_{F^{\mathrm{d}}} = \frac{\sqrt{(\xi_{F^{\mathrm{d}}} - \xi_F)^2 + (\eta_{F^{\mathrm{d}}} - \eta_F)^2}}{T}$$

$$\text{s.t.} \quad u_{F^{\mathrm{d}}} \leqslant u_m$$

同理，根据领航者当前的位姿信息［包括速度 u_L 、航向角 ψ_L 和坐标值 (ξ_L,η_L)］，结合领航者与跟随者之间期望水平距离 l_x^{d} 和期望垂直距离 l_y^{d} ，可以计算出跟随者本周期的期望位置 $(\xi_{F^{\mathrm{d0}}},\eta_{F^{\mathrm{d0}}})$ ，同时已知跟随者当前位姿信息，包括速度 u_F ，航向角 ψ_F 和坐标值 (ξ_F,η_F) 。多 AUV 系统进行编队搜索时，领航者和跟随者应该具有相同的速度和航向，则队形控制任务的结束条件为

$$\mathrm{dis} = \sqrt{(\xi_{F^{\mathrm{d0}}} - \xi_F)^2 - (\eta_{F^{\mathrm{d0}}} - \eta_F)^2} < k_d$$

$$|u_F - u_L| < k_u$$

$$|\psi_F - \psi_L| < k_\psi$$

式中， k_d 、 k_u 和 k_ψ 分别表示距离、速度和航向角的误差阈值。当上述公式均满足时，队形控制任务完成，AUV 将通过协作层中的使命规划切换至其他任务执行。

4.4 队形重规划策略

当某个 AUV 由于发生故障而丢失时，需要调整剩余 AUV 的轨迹，从而最大限度地减少漏扫区域并使搜索区域连续。由于只有导航 AUV 监控到是哪一个 AUV 发生了故障，因此有两种可选的策略：一种是导航 AUV 集中式重规划剩余 AUV 的轨迹，并将路径点信息和新的队形结构发送给剩余各个 AUV；另一种是导航 AUV 将发生故障的 AUV 标号发送给剩余 AUV，各个 AUV 进行分布式队形重规划，自主决定新的轨迹和队形结构。考虑到水下通信的特殊性，为了降低通信量，本书采用第二种方式来实现，

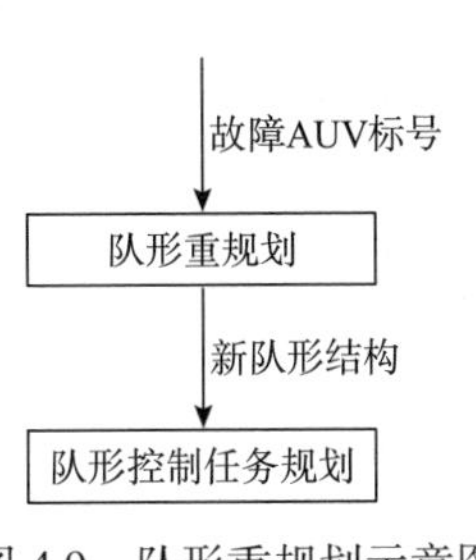

图 4.9　队形重规划示意图

即各个 AUV 接收到导航 AUV 的队形重规划信息(其中包含了故障 AUV 的标号)后，自主进行队形重规划。队形重规划生成新的队形结构，可作为队形控制任务规划中的期望队形结构，如图 4.9 所示。

队形重规划涉及的参数包括传感器探测宽度 SW、探测 AUV 间隔距离 VI、探测 AUV 数量 K_D 、识别 AUV 数量 K_I 、探测区域左下角的坐标值 (X_s,Y_s) 和右上角的坐标值 (X_l,Y_l) 。

4.4.1 AUV 双重标识设计

为了方便队形重规划，每个 AUV 均设置了双重标识，即固定标识和可变标识。固定标识指每个 AUV 在整个 AUV 群体中唯一且固定的标识，各个 AUV 以固定标识被跟踪,同时也以固定标识记录 AUV 的数据;可变标识随着群体中 AUV 发生故障动态变化，针对每种角色，初始时可变标识取决于该角色中 AUV 的数量，当有 AUV 损坏时，故障 AUV 的可变标识置为一个负值(如–1)，对于该角色中固定标识大于受损 AUV 固定标识的 AUV，其可变标识分别被减 1，而对于固定标识小于受损 AUV 固定标识的 AUV，其可变标识保持不变。

如果固定标识等于 k 的 AUV 损坏，针对与故障 AUV 同种角色且固定标识为 p 的 AUV，将其可变标识记为 cid_p ，则可变标识变换公式为

$$\mathrm{cid}_p=\begin{cases}\mathrm{cid}_p, & 如果 p<k\\ -1, & 如果 p=k\\ \mathrm{cid}_p-1, & 如果 p>k\end{cases}$$

AUV 双重标识举例如表 4.1 所示，其中，第一行 1、2、3 分别表示导航角色、探测角色和识别角色，第四行是 4 号和 10 号 AUV 发生故障后的可变标识更新结果。双重标识是确定 AUV 在新队形中位置的重要因素，根据同步搜索和异步搜索的不同特性，队形重规划策略也截然不同。下面将以探测 AUV 的队形重规划为例分别加以介绍。

表 4.1 双重标识举例

角色	固定标识	可变标识	可变标识更新
1	1	1	1
1	2	2	2
2	3	1	1
2	4	2	–1
2	5	3	2

续表

角色	固定标识	可变标识	可变标识更新
2	6	4	3
2	7	5	4
3	8	1	1
3	9	2	2
3	10	3	−1

4.4.2 同步搜索的队形重规划策略

1. 同步搜索队形重规划原则

针对狭长探测区域的搜索称为同步搜索，由于其狭长的区域特征，探测原则如下：

(1) 使搜索区域连续。

(2) 以探测区中心线为主进行搜索。

(3) 对两侧可能的漏扫区域不考虑折回补扫。

2. 同步搜索队形重规划算法

同步搜索的初始队形设置各个 AUV 以探测区中心线为轴均匀分布，AUV 的水平坐标记为 X，故障 AUV 的固定标识记为 $\mathrm{id}^{\mathrm{lost}}$，所有探测 AUV 中最小的固定标识记为 id^{s}，定义一个非整数的虚拟标识 $\mathrm{id}^{\mathrm{mid}}$：

$$\mathrm{id}^{\mathrm{mid}}=\begin{cases}\mathrm{id}^{\mathrm{s}}+\dfrac{K_D}{2}-0.5, & \text{若}K_D\text{为偶数}\\ \mathrm{id}^{\mathrm{s}}+\dfrac{K_D}{2}-1, & \text{若}K_D\text{为奇数}\end{cases}$$

同步搜索策略的队形重规划规则如下：

(1) 如果 $\mathrm{id}^{\mathrm{lost}}<\mathrm{id}^{\mathrm{mid}}$，对于 $\mathrm{id}<\mathrm{id}^{\mathrm{lost}}$ 的探测 AUV，$X=X+\mathrm{VI}$。

(2) 如果 $\mathrm{id}^{\mathrm{lost}}>\mathrm{id}^{\mathrm{mid}}$，对于 $\mathrm{id}>\mathrm{id}^{\mathrm{lost}}$ 的探测 AUV，$X=X-\mathrm{VI}$。

以下分别以 K_D 为奇数和 K_D 为偶数情况举例说明。

例 4.1 如图 4.10 所示，$K_D=5$，$\mathrm{id}^{\mathrm{s}}=3$，则 $\mathrm{id}^{\mathrm{mid}}=4.5$，图 4.10(a) 中 D_2 损坏，$\mathrm{id}^{\mathrm{lost}}=4$，则只需移动 D_1 的轨迹向中心线靠拢，其余探测 AUV 轨迹不变；图 4.10(b) 中 D_3 损坏，$\mathrm{id}^{\mathrm{lost}}=5$，按规则需移动右侧 D_4 和 D_5 的轨迹向中心线靠拢，

其余探测 AUV 轨迹不变；图 4.10(c)中 D_1 损坏，$\mathrm{id}^{\mathrm{lost}}=3$，剩余探测 AUV 轨迹无须变化。

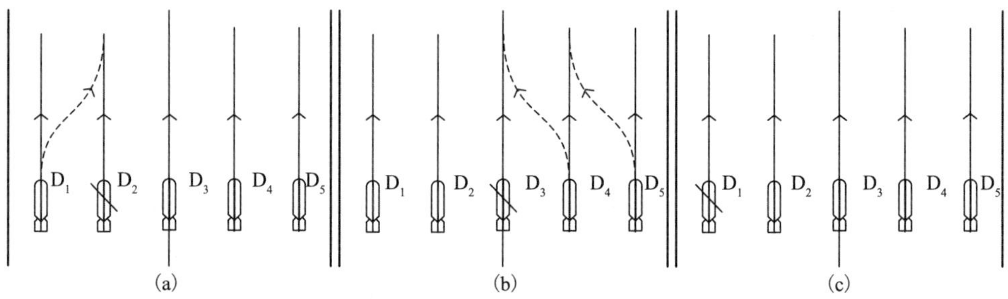

图 4.10　K_D 为奇数时队形重规划示例

例 4.2　如图 4.11 所示，$K_D=6$，$\mathrm{id}^{\mathrm{s}}=3$，则 $\mathrm{id}^{\mathrm{mid}}=5.5$，图 4.11(a)中 D_3 损坏，$\mathrm{id}^{\mathrm{lost}}=5$，则只需移动 D_1 和 D_2 的轨迹向中心线靠拢，其余探测 AUV 轨迹不变；图 4.11(b)中 D_5 损坏，$\mathrm{id}^{\mathrm{lost}}=7$，则只需移动右侧 D_6 的轨迹向中心线靠拢，其余探测 AUV 轨迹不变；图 4.11(c)中 D_6 损坏，$\mathrm{id}^{\mathrm{lost}}=8$，剩余探测 AUV 轨迹无须变化。

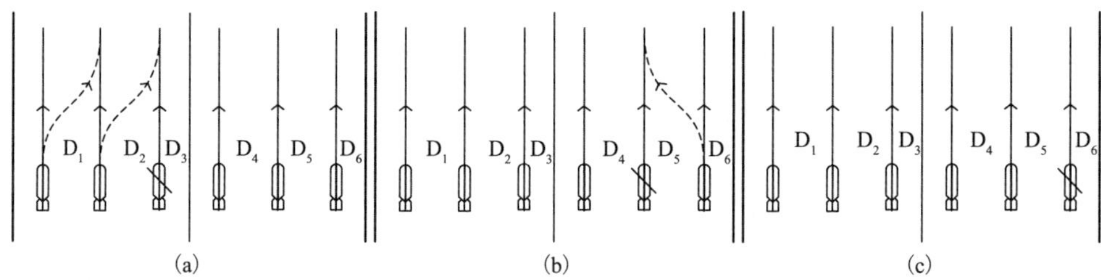

图 4.11　K_D 为偶数时队形重规划示例

同步搜索中还存在对识别 AUV 的队形重规划问题，识别 AUV 根据剩余探测 AUV 形成的新搜索带宽度，依据式(4.3)进行队形重规划，最终形成整个 AUV 群体的新队形结构。

4.4.3　异步搜索的队形重规划策略

1. 异步搜索队形重规划原则

针对宽阔区域探测的异步搜索策略，由于其宽阔的区域特征及非紧急的任务需求，因此其探测原则如下：

(1)使搜索区域连续。

(2)从区域边缘开始逐步展开梳形搜索。

(3)尽可能全面覆盖，减少漏扫区域。

2. 异步搜索队形重规划算法

异步搜索的队形重规划策略与其初始队形规划策略是相同的，只需输入不同的探测区域边界、AUV 数目和 AUV 当前航向即可，算法步骤如下：

(1) 确定剩余探测区域边界。以当前搜索带中最左侧 AUV 的轨迹为新的探测区域左边界，探测区域右边界不变。

(2) 计算梳形搜索的梳齿数目。将探测区域宽度和 AUV 间隔距离相除，计算梳形搜索的梳齿数目。如果探测区域宽度能被 AUV 间隔距离整除，则梳齿数目等于商加 1；如果探测区域宽度不能被 AUV 间隔距离整除，则若余数大于 SW/2，梳齿数目等于商加 2，否则梳齿数目等于商加 1。

(3) 分配各个 AUV 路线。结合 AUV 的当前航向，根据总的梳齿数目和剩余探测 AUV 数目，分配各个 AUV 的航行轨迹。如果梳齿数目不能被 AUV 数目整除，则将从右至左分配各 AUV 的最后一段轨迹，即最后一个搜索带中左侧的 AUV 将可能重复探测上一个搜索带中右侧 AUV 的探测区域，从而避免探测区域外的无效搜索。

以下举例说明，设 $K_D = 4$，$\mathrm{id}^s = 3$，图 4.12 (a) 为初始队形规划结果，图中的标号 1、2、3、4 表示各个探测 AUV 的可变标识，B_1、B_2、B_3 分别表示三个搜索带。从图中可以看出，B_2 中右侧两个 AUV 和 B_3 中左侧两个 AUV 探测区域重叠。图 4.12 (b) 中 D_2 损坏，$\mathrm{id}^{\mathrm{lost}} = 4$，则 $\mathrm{cid}_3 = 1$，$\mathrm{cid}_4 = -1$，$\mathrm{cid}_5 = 2$，$\mathrm{cid}_6 = 3$，以当前搜索带 B_2 最左侧的 AUV 轨迹为新的探测区域左边界，且 $K_D = 3$，则队形重规划结果如图 4.12 (b) 所示。

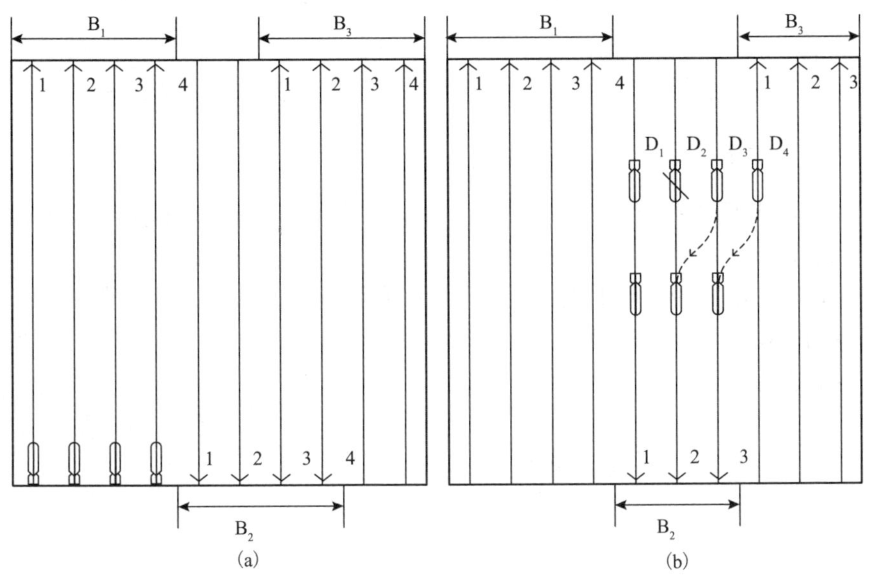

图 4.12　异步搜索队形重规划示例

4.5 仿真实验

在多 AUV 仿真平台上对本章提出的队形控制方法进行仿真实验。多 AUV 仿真平台中，队形控制任务规划输出的行为指令，下达给行为层进行位置和速度的闭环控制，将经过如下步骤：PID 控制、推力分配、水下机器人载体动力学计算和导航运算，最终将期望位置和期望速度指令转化为载体的实际位置和速度，供队形控制任务规划使用。执行过程如图 4.13 所示，其中 PID 参数是历次湖试和海试的经验所得，推力分配是根据实际载体的推进器分布实现的。

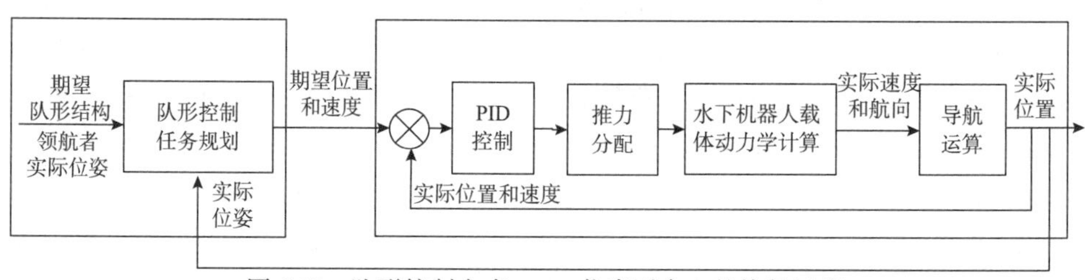

图 4.13　队形控制在多 AUV 仿真平台上的执行过程

1. 仿真参数设定

假定系统由 2 个导航 AUV、4 个探测 AUV 和 2 个识别 AUV 共 8 个 AUV 组成，各个 AUV 的固定标识记为 1 至 8，为简便起见，将三种类型 AUV 分别记为 $N_i(i=1,2)$、$D_j(j=1,2,3,4)$、$I_k(k=1,2)$。设置 VI=100，SW=100，$d_1=50$，$d_2=50$，$d_3=50$，$u_m=2$。指定 N_1 为领航者，领航者的航行速度为 1m/s，航向为正北，其他 AUV 为跟随者，当跟随者的思维层生成队形控制任务后，将以期望的队形结构跟踪领航者的轨迹。

2. 仿真结果

图 4.14 是同步搜索中探测 AUV 发生故障后的队形重规划和队形控制结果，图 4.14(a)～图 4.14(d)分别对四个探测 AUV 中的一个发生故障进行了仿真。仿真结果表明，本章的队形重规划策略是正确有效的，多 AUV 系统能够按照同步搜索原则，在 AUV 发生故障的情况下，及时调整队形和航行轨迹，保证了已搜索区域的连续性。

图 4.14(b)中 D_2 发生故障后，D_1、I_1、I_2 分别执行了队形控制任务。图 4.15 给出了领航者 N_1 和跟随者 D_1 的航行参数对比结果。

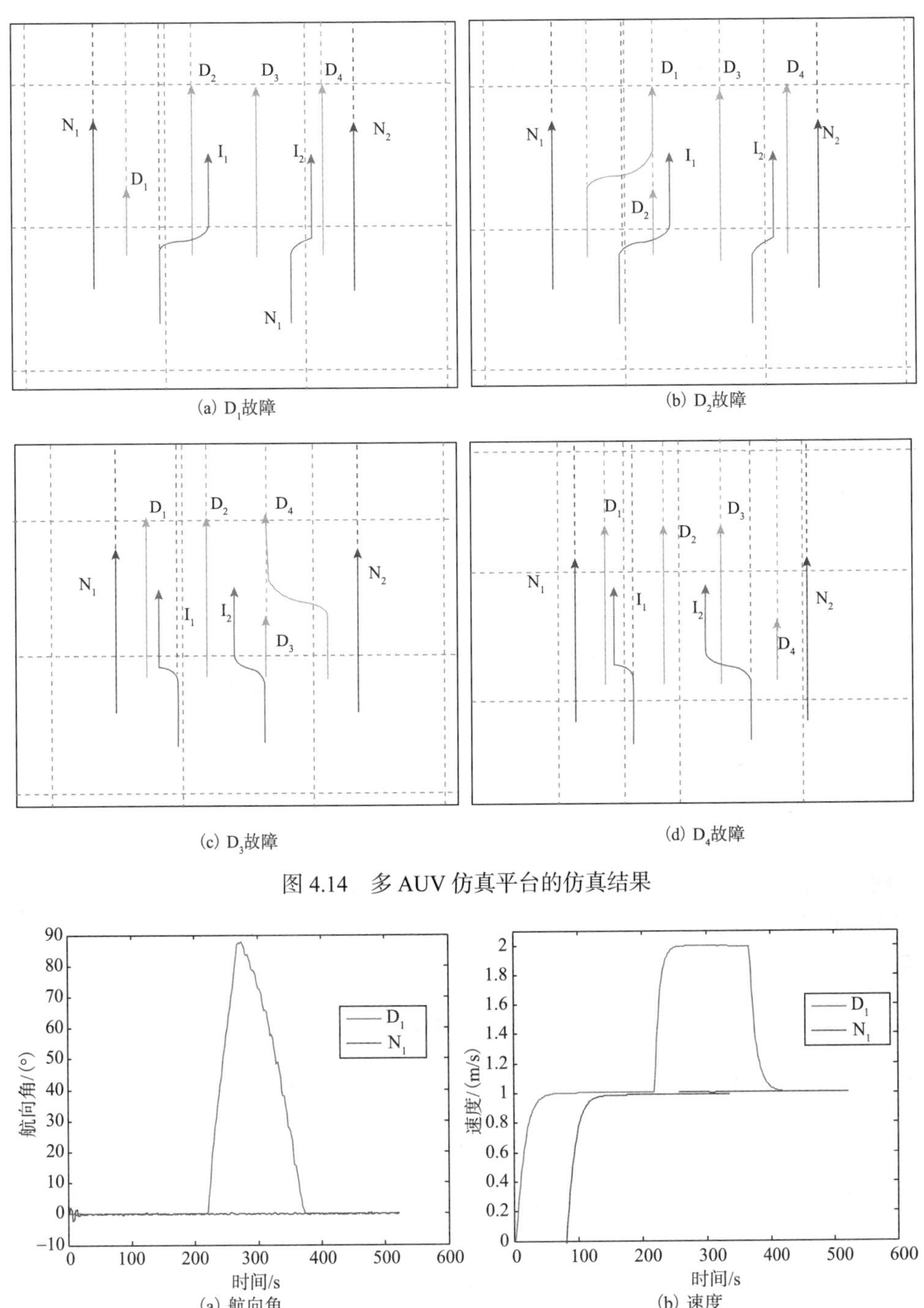

图 4.14 多 AUV 仿真平台的仿真结果

图 4.15 领航者 N_1 和跟随者 D_1 的航行参数对比(见书后彩图)

由图 4.15 可以看出，跟随者能够逐渐以期望的队形结构跟踪领航者的运动，由于结合了 AUV 的动力学特性，跟随者达到期望队形结构的过程较为缓慢，比较符合实际情况。跟随者通过执行队形控制任务规划，能够准确地形成新队形，轨迹平滑。因此，本章提出的基于思维层规划的队形控制方法具有实际可行性。

4.6 本章小结

本章研究了多 AUV 系统的队形控制问题，首先介绍了编队搜索策略及其优势，定义了基于大地坐标系的队形结构与传统基于领航者载体坐标系。与相对领航者的距离和方位确定的队形结构相比，该队形结构不依赖于领航者的航向，可以简化多 AUV 系统编队搜索时的转弯策略。本章着重介绍了基于思维层规划的队形控制基本思想和实现方法，当 AUV 离开原航迹执行特定任务之后，或者群体成员发生故障进行队形重规划之后，AUV 的协作层切换至队形控制任务，任务层进行队形控制任务规划。将跟随领航者法集成到队形控制任务规划中，以其中一个导航 AUV 作为领航者，把多 AUV 队形控制问题简化为一个领航者与任意一个跟随者之间的协调问题，根据领航者位姿、自身位姿和期望队形结构，规划出由跟随者期望位置和期望速度组成的行为指令。将队形控制在思维层实现的方法能够方便 AUV 在不同任务间切换，体现了设计的通用性，能够满足多 AUV 编队搜索的多重任务需求。本章还考虑到 AUV 发生故障后的队形更新问题，设计了 AUV 双重标识，并分别针对同步搜索和异步搜索两种典型应用设计了队形重规划策略。最后通过多 AUV 仿真平台的实验结果证明了基于思维层规划的队形控制方法是正确有效的，AUV 群体的队形重规划策略也是可行的，能够满足实际应用需求。

参 考 文 献

[1] Healey A J. Application of formation control for multi-vehicle robotic minesweeping[C]. IEEE Conference on Decision and Control, 2001: 1497-1502.

[2] Redfield S, Castelin S. AUV surf zone search techniques[R]. NSWC, 2004.

[3] Byrne R H, Savage E L, Hurtado J E, et al. Algorithms and analysis for underwater vehicle plume tracing[R]. Sandia National Laboratories, 2003.

[4] Schulz B, Hobson B, Kemp M, et al. Field results of multi-UUV missions using Ranger micro-UUVs[C]. Oceans, 2003: 956-961.

[5] Richer T J, Corbett D R. A self-organizing territorial approach to multi-robot search and surveillance[C]. Australian Joint Conference on Artificial Intelligence, 2002: 724.

[6] Gage D W. Many-robot MCM search systems[C]. Autonomous Vehicles in Mine Countermeasures Symposium, 1995: 56-64.

[7] Howell L R. Defining surf zone crawler search strategies for minefield reconnaissance[C]. Oceans, 2001: 85-96.

[8] Healey A J, Kim J. Modeling and simulation methodology for reconnaissance in VSW minefields with multiple autonomous vehicles[C]. International Society for Optics and Photonics, 1999: 184-194.
[9] 蒋新松, 封锡盛, 王棣棠. 水下机器人[M]. 沈阳: 辽宁科学技术出版社, 2000.
[10] Okamoto A, Feeley J J, Edwards D B, et al. Robust control of a platoon of underwater autonomous vehicles[C]. Oceans, 2004: 505-510.

5 多 AUV 任务分配方法

5.1 多 AUV 任务分配方法简介

如何将探测任务在多个 AUV 之间进行合理的分配，是多 AUV 协作系统要解决的重要问题之一。多 AUV 的任务分配关注的是在一定的约束条件下(如时间、负载均衡、平台数量)，如何将任务分配给合适的 AUV，使得系统的某项性能指标或总体目标达到最优。

任务分配也称为任务调度、任务路径规划，包括约定式任务分配和涌现式任务分配两类。约定式任务分配方法分为集中式任务分配和分布式任务分配两种。集中式任务分配又分为强制分配和协议分配。通常集中式任务分配方法由中央控制单元负责收集信息，进行统一计算，当系统中 AUV 的数量较多时，中央控制单元计算量就会变得很大，这类问题的模型通常可以用旅行商问题(traveling salesman problem，TSP)解决，常用的算法有遗传算法、粒子群算法等，如图 5.1 所示。近年来，随着分布式系统研究的不断深入，分布式任务分配方法备受关注，传统的分布式任务分配方法[1-4]有熟人网(acquaintance net)分配和合同网[3,4](contract net)分配两种。多 AUV 水下搜索使命中的任务分配方法，依据多 AUV 系统体系结构，其任务分配属于约定式任务分配方法，涉及集中式任务分配方法和分布式任务分配方法两种情况，以下将分别介绍。

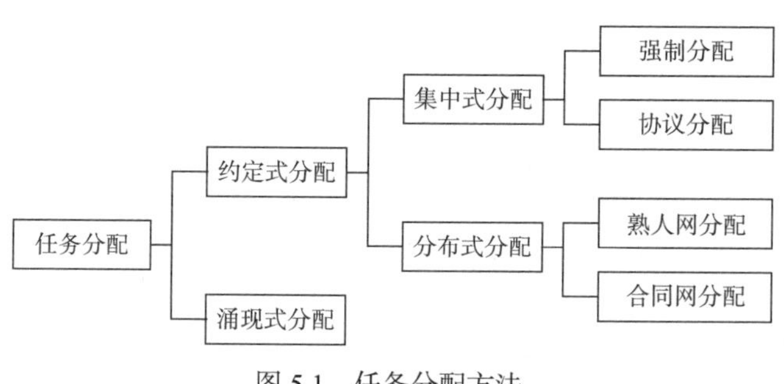

图 5.1　任务分配方法

5.2 多 AUV 多目标优化任务分配方法

5.2.1 多目标优化任务分配方法概述

当多 AUV 系统对某一区域完成搜索后，下一步将派识别 AUV 对探测到的“疑似目标”进行进一步的确认，在这个过程中探测和识别是按顺序进行的，我们把它称为异步搜索。

异步搜索中疑似目标具有静态特性，即 AUV 完成全部区域的探测后，所有疑似目标位置均已知且固定，我们将该问题抽象为一种多目标优化任务分配问题，需要一种多目标优化方法来实现识别 AUV 的最优调度。考虑到 AUV 的机动性以及多 AUV 的负载均衡等，任务分配存在多个目标和约束，并且多个目标具有不同的量纲和数量级，即具有不可公度性。本节将介绍一种多目标优化方法，使其适合解决多个目标具有不可公度性的问题，并且能够应用于异步搜索中的多目标优化任务分配问题。

传统的多目标优化方法将各目标聚合成一个正系数的单目标函数，为了获取近似 Pareto 最优解集，往往使用不同的系数实施动态优化，常见的方法有加权法、约束法、目标规划法和极小极大法。传统方法存在的问题是每次都只得到 Pareto 解集中的一个解，为了获得 Pareto 最优解集必须运行多次优化过程，而每次得到的结果不一致，令决策者难以有效决策，且要花费较多时间。由于多目标优化问题的 Pareto 解是一个集合，因此群体搜索策略是非常合适的解决方案。

蚁群算法在多目标优化应用中存在一些问题，即当多个目标具有不可公度性时，缺少评价 Pareto 最优解优劣的方法，以及难以确定蚁群算法的启发式信息。针对这些问题，本节在传统蚁群系统（ant colony system，ACS）算法的基础上，提出了一种多蚁群系统（multiple ant colonies system，MACS）算法来解决多目标优化问题。

MACS 算法提出了一种简单有效的评价 Pareto 最优解优劣的方法，引入“理想解”“满意解”“偏离度”等概念，最终输出一个距离理想解偏离度最小的满意解。MACS 算法还提出了一种有效解决多个目标不可公度问题的方法，通过多个蚁群分别寻优，能够避免启发式信息难以确定的问题，并结合各蚁群之间的信息交换，增加被支配解的信息素惩罚步骤，更新 Pareto 最优解集合。

将 MACS 算法应用于多目标优化任务分配问题，首先需建立多目标优化任务分配问题的多人旅行商问题（multiple traveling salesman problem，MTSP）模型，这是一类特殊的 MTSP，旅行商具有各自的起点和终点，无法直接转化成单人旅行商问题求解。针对多目标优化任务分配问题的特殊性，我们对 MACS 算法中蚂蚁构建解的过程进行了适当改进，从而解决多起点和多终点的 MTSP 问题。

5.2.2 蚁群算法在多目标优化应用中存在的问题

多目标优化问题(multi-objective optimization problem，MOP)的一般定义为：MOP 由 n 个决策变量参数、k 个目标函数和 m 个约束条件组成，目标函数、约束条件和决策变量之间是函数关系。最优化目标如下：

$$\min \boldsymbol{y} = f(\boldsymbol{x}) = (f_1(\boldsymbol{x}), f_2(\boldsymbol{x}), \cdots, f_k(\boldsymbol{x})) \tag{5.1}$$

$$\text{s.t.} \quad e(\boldsymbol{x}) = (e_1(\boldsymbol{x}), e_2(\boldsymbol{x}), \cdots, e_m(\boldsymbol{x})) \leqslant 0 \tag{5.2}$$

式中，$\boldsymbol{x} = [x_1 \ \ x_2 \ \ \cdots \ \ x_n] \in X$；$\boldsymbol{y} = [y_1 \ \ y_2 \ \ \cdots \ \ y_n] \in Y$。这里 $\boldsymbol{x}$ 和 $\boldsymbol{y}$ 分别表示决策向量和目标向量，X 和 Y 分别表示 $\boldsymbol{x}$ 形成的决策空间和 $\boldsymbol{y}$ 形成的目标空间，约束条件 $e(\boldsymbol{x})$ 确定决策向量可行的取值范围。由于各目标之间的不相容性，在问题的解空间中，如果一个可行候选解至少在某些目标函数上是最优的，则被称为相对最优解或 Pareto 最优解。

由于多目标优化问题的 Pareto 解是一个集合，因此群体搜索策略是非常合适的解决方案。蚁群算法(ant colony algorithm)是受社会性昆虫群集行为启发而开发出的一种新型优化方法[5,6]，属于随机搜索启发式算法，它在求解组合优化问题上体现了良好的性能。蚁群算法是对整个群体所进行的操作，它着眼于个体的集合，其每次搜索的结果是一群可行解，因此可以更好地逼近 Pareto 最优解解集，这使得蚁群算法成为求解多目标优化问题的有效手段之一[7-9]。

1991 年，意大利学者 Dorigo 等提出了第一个蚁群算法模型——蚂蚁系统(ant system，AS)[10]，并将其用于求解旅行商问题。随后，研究者一方面将蚂蚁系统及其改进算法应用于二次分配问题[11]、调度问题[12]等，另一方面则从理论上发展和完善了蚁群算法，提出了精华蚂蚁系统(elitist AS，EAS)[13]、基于排列的蚂蚁系统(rank-based version of AS，ASrank)[14]、最大最小蚂蚁系统(max-min AS，MMAS)[15]、ACS[16,17]等改进算法模型，最后由 Dorigo 等提炼出蚁群优化(ant colony optimization，ACO)的元模型[18]。

蚁群算法的正反馈和本质并行的特性是其效率之源，其独特的空间随机搜索机制、信息素指导机制、信息素挥发机制使得其自身具有广阔的发展前景。但是现有的蚁群算法模型还不便于直接求解 MOP，主要是由于各目标之间的不可公度性造成的。目标之间的不可公度性包含两方面的含义：一是各个目标函数没有统一的量纲，二是各目标函数值的数量级不一致。这两个方面的不一致使得目标函数之间难于进行比较，因此现有蚁群算法求解 MOP 存在以下问题：

(1) 缺少评价 Pareto 最优解优劣的方法。对工程应用而言，需要最终输出结果是单个的最优解，然而 Pareto 最优解集中的解都只具有部分目标的最优性，而多个目标之间存在不可公度性，使得决策者难以从中选择一个解作为该多目标优化问题的最终结果。因此，要从相对最优解集中选择“最好的”解，必须根据决策人对各种目标的偏好程度确定决策规则，并用该决策规则来排列方案的优劣次序，从而找出最满意的决策方案，即根据各目标之间的矛盾性寻求折中解决方案，制定评价 Pareto 解优劣的方法，最终输出一个满意解。

(2) 难以确定蚁群算法的启发式信息。现有蚁群算法求解多目标优化问题时，有的是随机选取一个目标的代价值来计算启发式信息[19]，蚂蚁在选择下一个目标城市时是概率性的选取一个优化指标，这样得出的解在不同的优化指标间徘徊，缺乏方向性，可能得不到 Pareto 最优解；还有的是通过加权法将多个目标的代价值融合后计算启发式信息[20,21]，但这种方法并不适合用于各个目标具有不同量纲和数量级的问题。

因此，蚁群算法对于多目标问题的求解还未完善，故这里提出一种扩展的蚁群算法——MACS 算法来实现求解多目标优化问题。

5.2.3 MACS 算法

MACS 算法是在经典 ACS 算法基础上改进和扩展的。研究表明，在 ACO 的各种算法中，ACS 算法是最积极的一种，它能在很短的计算时间内取得较优的解[22]。因此，本节选取 ACS 算法作为研究基础，下面详细介绍 MACS 算法的原理、流程和复杂度分析。

1. MACS 算法原理

针对多目标优化问题，MACS 算法的改进之处主要有：

(1) MACS 算法提出了一种简单有效的评价 Pareto 最优解优劣的方法。针对工程应用中需要直接输出一个最满意解，而不是让用户在一堆 Pareto 最优解中进行选择，MACS 算法在优化结束时，获得各个目标最优解形成的理想解，并将 Pareto 最优解集中与理想解偏离度最小的解作为最终的输出结果，从而得到多目标优化意义下的一种满意解。

(2) MACS 算法提出了一种有效解决多个目标不可公度问题的方法。通过构建多个蚁群对多个目标分别进行优化，避免多个目标不可公度情况下启发式信息选择中存在的问题，并且在优化过程中，通过在蚁群之间交换信息，形成对各优化目标的既彼此独立又相互联系和制约的机制，并不断更新 Pareto 最优解集合。

MACS 算法的具体执行过程如下。

设理想解为 x^*，则有

$$f_q(x^*) = \min_k(f_q(x^k)), \quad k = 1,2,\cdots,v; q = 1,2,\cdots,b \tag{5.3}$$

式中，v 表示可行解的数目；b 表示目标数目（也就是蚁群的数目）。解 x 和理想解之间的偏离度定义为 u：

$$u = \sum_{q=1}^{b} w_q u_q \tag{5.4}$$

$$u_q = \frac{f_q(x) - f_q(x^*)}{f_q(x^*)} \tag{5.5}$$

式中，w_q 表示目标 q 的相对权值。算法的最终目的是从 Pareto 最优解集合中找到距离理想解偏离度最小的满意解。

最初，各蚁群以各自不同的优化指标在同一搜索空间中搜索。每个蚁群按照传统的 ACS 理论执行解的构建和信息素更新等步骤。每个蚂蚁独立地选择下一个需要访问的城市。位于城市 i 的蚂蚁 k，根据伪随机比例（pseudorandom proportional）规则选择城市 j 作为下一个访问的城市。这个规则由如下式子给出：

$$j = \begin{cases} \arg\max\limits_{l \in N_i^k} \left\{ \tau_{il} \left[\eta_{il} \right]^{\beta} \right\}, & \text{如果 } q \leqslant q_0 \\ J, & \text{否则} \end{cases} \tag{5.6}$$

式中，τ_{il} 表示从当前城市 i 到下一步可能的城市 l 之间路径上的信息素浓度；η_{il} 表示启发式信息，一般被定义为两个城市之间代价值的倒数；q 表示均匀分布在区间 $[0,1]$ 中的一个随机变量；q_0（$0 \leqslant q_0 \leqslant 1$）表示控制开采（exploitation）和开辟（exploration）之间相对重要性的参数；β 表示控制启发式信息和信息素浓度之间相对重要性的参数；N_i^k 表示位于城市 i 的蚂蚁 k 可以直接到达的相邻城市的集合，也就是指所有还没有被蚂蚁 k 访问过的城市集合；J 是根据式（5.7）给出的概率分布产生出来的一个随机变量。

$$p_{ij}^k = \frac{[\tau_{ij}]^{\alpha}[\eta_{ij}]^{\beta}}{\sum\limits_{l \in N_i^k} [\tau_{il}]^{\alpha}[\eta_{il}]^{\beta}}, \quad \text{如果 } j \in N_i^k \tag{5.7}$$

其中，参数 α 和 β 分别决定了信息素和启发式信息的相对影响力。在 ACS 中，只有一只蚂蚁（至今最优蚂蚁）被允许在每一次迭代之后释放信息素。这样，ACS 的全局信息素更新规则由下面的公式给出：

$$\tau_{ij}(t+1)=(1-\rho)\tau_{ij}(t)+\rho\Delta\tau_{ij}^{\text{best}},\ \forall(i,j)\in T^{\text{best}} \tag{5.8}$$

式中，参数 $\rho(0<\rho\leqslant 1)$ 表示信息素蒸发速率；T^{best} 表示至今最优路径；$\Delta\tau_{ij}^{\text{best}}$ 被定义为至今最优路径 T^{best} 总代价值的倒数。

除了全局信息素更新规则外，ACS 还采用了一个局部信息素更新规则。在路径构建过程中，蚂蚁每经过边 (i,j)，都将立刻调用局部信息素更新规则更新该边上的信息素：

$$\tau_{ij}(t+1)=(1-\xi)\tau_{ij}(t)+\xi\tau_0 \tag{5.9}$$

式中，$\xi(0<\xi<1)$ 表示局部信息素蒸发速率；τ_0 表示信息素浓度的初始值，取值为 $1/(nC^{nn})$，n 表示城市的数目，C^{nn} 表示由最近邻方法得到的路径总代价值。全局信息素更新属于正反馈机制，而局部信息素更新能够增加探索未使用过的边的机会，使得算法不会陷入停滞状态。

当每个蚁群均完成一次迭代之后，将进行蚁群间的信息交换，并利用 Pareto 最优性理论将所有蚂蚁产生的解组合成 Pareto 最优解集合，并且对被支配解进行信息素的惩罚。惩罚公式如下：

$$\tau_{ij}(t+1)=\tau_{ij}(t)-\delta\Delta\tau_{ij}^{\text{best}},\ \forall(i,j)\in T^{d} \tag{5.10}$$

$$\Delta\tau_{ij}^{\text{best}}=1/(nC^{\text{best}})$$

式中，$\delta(0<\delta<1)$ 表示控制惩罚力度的系数；n 表示城市的数目；T^{d} 表示被支配解所在的路径；C^{best} 表示被支配解所在群体至今最优路径的总代价值。该规则将使得其他蚂蚁选择被支配解所在路径的概率相对减小。

当所有蚁群均满足终止条件后，每个蚁群将得到各自优化目标的最优解，将这些最优目标值组合成多目标优化问题的理想解，并根据式(5.4)计算 Pareto 最优解集合中距离理想解偏差最小的解作为算法的最终输出结果。

2. MACS 算法流程

根据上述算法执行过程，MACS 算法可以总结为如下步骤。

步骤 1：读入初始数据。

步骤 2：初始化所有蚁群的参数和信息素矩阵。

步骤 3：针对其中第 q 个蚁群，为其分配一个目标，执行 ACS 的各个步骤，生成 a 只蚂蚁的有效路径。

步骤 3.1：将所有蚂蚁随机放置于各个城市。

步骤 3.2：利用式(5.6)和式(5.7)为每一只蚂蚁构建路径。

步骤 3.3：利用式(5.9)进行局部信息素更新。

步骤 3.4：转到步骤 3.2 直到每只蚂蚁均访问完所有城市，也就是说，每只蚂蚁均构建了一个有效解。

步骤 3.5：选择该蚁群的至今最优路径，并按式(5.8)进行全局信息素更新。

步骤 4：重复步骤 3 直到每个蚁群均生成 a 只蚂蚁的有效路径。

步骤 5：进行蚁群间交互。

步骤 5.1：将不同蚁群产生的解组合生成多目标问题的解集合，并与当前 Pareto 最优解集合进行对比，将非支配解加入 Pareto 解集，并从 Pareto 解集中删除由此产生的被支配解。

步骤 5.2：对被支配解所在的路径按照式(5.10)给予信息素惩罚。

步骤 6：重复步骤 3～5 直到所有蚁群均满足终止条件(如预定义的迭代次数)。

步骤 7：输出满意解。

步骤 7.1：将各个蚁群优化的不同目标的最优值组合形成理想解。

步骤 7.2：计算 Pareto 最优解集合中的各个解与理想解的偏离度，按增序排列。

步骤 7.3：选择与理想解偏离度最小的 Pareto 最优解作为算法最终的输出值。

3. MACS 算法复杂度分析

设 n 为城市的数目，a 为蚂蚁数目，b 为目标数目即蚁群数目，N_c 为迭代次数。MACS 算法中初始化参数和信息素矩阵的时间复杂度为 $O(b\cdot n^2+b\cdot a)$，步骤 3 中各蚁群构造解并进行局部信息素更新的时间复杂度为 $O(b\cdot a\cdot n^2)$，评价解并进行全局信息素更新的时间复杂度为 $O(b\cdot a+b\cdot n)$，蚁群间通信并更新 Pareto 解集的时间复杂度为 $O(b\cdot a^2)$，一般情况下，$a=c\cdot n(0<c\leqslant 1)$，蚁群通信的时间复杂度为 $O(b\cdot n^2)$，被支配解信息素惩罚的时间复杂度为 $O(b\cdot n)$，计算偏离度的时间复杂度为 $O(b\cdot a)$，输出最终结果的时间复杂度为 $O(1)$。综上，经过 N_c 次循环，整个算法的计算复杂度为

$$T(n)=O(N_c\cdot b\cdot a\cdot n^2)$$

由以上算法复杂度分析可知，由于采用了多个蚁群进行优化，MACS 算法的时间复杂度是传统 ACS 算法时间复杂度的倍数。然而，由于多 AUV 目标识别任务分配问题的城市规模不是很大，通常有 $n<30$，因此，整个算法所需要的计算时间并不是很长，通常小于 1s，能够满足 AUV 高层控制系统的实时性要求。

5.2.4 MACS 算法求解多目标优化任务分配问题

1. 多目标优化任务分配问题的 MTSP 模型

多 AUV 目标识别任务分配问题可以描述为：在一个指定的宽阔作业区域内给定 n 个位置随机的目标，假定有 m 个 AUV 且每个 AUV 在作业区外拥有各自的起始点和结束点，要求利用 m 个 AUV 来访问和识别 n 个目标，且每个目标仅能被一个 AUV 访问一次。

将 AUV 看作旅行商，将目标看作待访问的城市，多 AUV 目标识别任务分配问题则可以转化成一种 MTSP[23,24]，并且考虑到水下多目标搜索的特殊性，该类 MTSP 存在多个目标和约束，分别如下。

目标 1：所有成员路径总距离最短，该目标保证多 AUV 系统消耗能源最少。

目标 2：所有成员路径总转角最小，该目标考虑了 AUV 的机动性，当 AUV 具有一定的前向速度时改变航向，如果转角过大，不但增加能耗，而且难以快速跟踪规划轨迹，在短距离路径跟踪时问题更为突出。

约束：AUV 任务均分约束，即每个 AUV 能够访问的目标点数平均，该约束包含了负载均衡思想，适用于多个 AUV 任务均分的情况。

以上多个目标和约束可以归纳为一种带约束多目标 MTSP 问题，距离总和最短目标函数 $f_1(x)$ 、转角总和最小目标函数 $f_2(x)$ 可以用数学表达式表示为

$$f_1(x)=\sum_{i=1}^{m}\left[\sum_{k=1}^{n_i-1}d(T_i^k,T_i^{k+1})+d(S_i,T_i^1)+d(T_i^{n_i},E_i)\right] \tag{5.11}$$

$$f_2(x)=\sum_{i=1}^{m}\left[\sum_{k=1}^{n_i-1}h(T_i^k,T_i^{k+1})+h(S_i,T_i^1)+h(T_i^{n_i},E_i)\right] \tag{5.12}$$

式中，T_i^k 表示第 i 个 AUV 访问的第 k 个目标；$d(T_i^k,T_i^{k+1})$ 表示目标 T_i^k 和目标 T_i^{k+1} 之间的距离；$h(T_i^k,T_i^{k+1})$ 表示从目标 T_i^k 到目标 T_i^{k+1} 的转角；S_i 表示第 i 个 AUV 的起始点；E_i 表示第 i 台 AUV 的结束点；n_i 表示分配给第 i 个 AUV 去识别的目标数目，并且有 $\sum_{i=1}^{m}n_i=n$ 。

任务均分约束 $g_1(x)$ 可以用数学表达式表示为

$$g_1(x)=\max(n_i)-\min(n_i)\in\{0,1\} \tag{5.13}$$

综上，多 AUV 多目标优化任务分配问题可以表示为

$$\min f(x)=\{f_1(x),f_2(x)\}$$
$$\text{s.t.}\quad g(x)=\{g_1(x)\}$$

2. 多目标优化任务分配问题的特殊性

多目标优化任务分配问题的MTSP模型相比传统的MTSP模型，存在以下特殊性：

(1)传统 MTSP 中多个旅行商从同一点出发最后回到原出发点，因此能够通过增加虚拟节点直接转换成单人旅行商问题来求解[25]。而本书针对特定的多AUV任务分配问题，每个 AUV 均有其各自的起始点和结束点，因此无法转换为单人旅行商问题求解。

(2)传统MTSP往往只考虑以所有成员路径总和最小为优化标准[26,27]，并未考虑多个目标同时优化的情况，而且多目标优化任务分配问题中的距离优化目标和转角优化目标具有不同的量纲和数量级。

(3)传统 MTSP 没有考虑任务负载均衡的情况，而多目标优化任务分配问题中加入了任务均分约束条件。

MTSP是一个NP难的组合优化问题，它是TSP的扩充，利用穷举法求绝对最优解仅适用于规模很小的问题，对于较大规模问题，其所需要的计算时间和存储空间对现有计算机系统来说都是无法满足的。因此，通常采用启发式方法来解决，如模拟退火[28]、禁忌搜索[29]、遗传算法[30]等，然而这些方法都不能直接处理多目标优化 MTSP。前面已经说明，多目标优化问题适合采用群体搜索算法来解决，因此，本节将应用MACS算法来解决多目标优化任务分配问题。

3. MACS算法求解多目标优化任务分配问题的改进措施

按照之前的定义，蚂蚁数目为 a，AUV 数目为 m，每个 AUV 待访问的城市数目为 $n_i(i=1,2,\cdots,m)$。n_i 的分配规则为：如果城市数目 n 能够被 AUV 数目 m 整除，则 $n_i=n/m\,(i=1,2,\cdots,m)$，否则，设商为 q，余数为 r，则

$$n_i=\begin{cases}q+1, & 1\leqslant i\leqslant r\\ q, & r<i\leqslant m\end{cases}$$

由于多目标优化任务分配问题的特殊性，一方面每个 AUV 均有其各自的起始点和结束点，另一方面存在任务均分约束，因此在应用MACS算法求解该问题时，需要对每个蚁群中蚂蚁构建路径的过程进行如下相应的改进：

(1)初始时，每只蚂蚁将随机分布于各 AUV 的起始点 $S_i(i=1,2,\cdots,m)$ 上，而不是随机分布于各个城市。

(2)假设某只蚂蚁从起始点 $S_p(p\in\{1,2,\cdots,m\})$ 出发，一旦该蚂蚁已访问的城市

数目等于 n_p，它将回到结束点 E_p，然后随机选择一个未访问过的起始点 $S_i(i=1,2,\cdots,p-1,p+1,\cdots,m)$，并从该起始点出发继续选择尚未访问过的城市，并重复此访问过程直至所有 AUV 的起始点、结束点和目标城市均已被该蚂蚁访问过，表明该蚂蚁建立了一条有效路径。

(3) 最终路径的总长度或总转角优化目标值等于每个 AUV 走过的路径总长度或总转角，即连接每个 S_i 和 E_i 的路径的总长度或总转角相加之和。

采用两个蚁群分别优化距离总和最短目标 $f_1(x)$ 和转角总和最小目标 $f_2(x)$，并通过蚁群间的信息交换不断更新 Pareto 最优解集合，最终将两个蚁群的优化结果组合成理想解，并分别计算 Pareto 最优解与理想解的偏离度，将偏离度最小的解输出作为多目标优化任务分配问题的最终解。

5.2.5 仿真实验

本节将应用 MACS 算法，并结合 5.2.4 节中的改进措施，对多目标优化任务分配问题进行仿真实验，并通过对比采用加权法的 ACS 算法和采用 MACS 算法的仿真结果，进一步验证 MACS 算法在解决多个目标具有不同量纲和数量级的问题时具有较好的性能。

1. 仿真参数设定

针对两个优化目标，采用两个蚁群，即 $b=2$，每个蚁群参数设置为 $a=n$，$\alpha=1$，$\beta=2$，$q_0=0.9$，$\rho=\xi=\delta=0.1$，$N_c=200$。假设每个 AUV 的初始航向角设为 0°（正北）。算法将在两种不同的场景下进行验证。

场景 A：探测区域中有 10 个位置随机的目标（$n=10$），利用 2 个 AUV（$m=2$）对所有目标进行重访和识别，2 个 AUV 的起始点和结束点坐标分别为 $S_1=(300,0)$、$S_2=(700,0)$ 和 $E_1=(450,1000)$、$E_2=(550,1000)$。

场景 B：探测区域中有 20 个位置随机的目标（$n=20$），利用 3 个 AUV（$m=3$）对所有目标进行重访和识别，3 个 AUV 的起始点和结束点分别为 $S_1=(200,0)$、$S_2=(500,0)$、$S_3=(800,0)$ 和 $E_1=(400,1000)$、$E_2=(500,1000)$、$E_3=(600,1000)$。

2. 仿真结果

图 5.2 和图 5.3 给出了基于 MACS 算法的任务分配仿真结果。分别对场景 A 和场景 B 随机取四组目标位置进行仿真，令 $w_1=0.7$，$w_2=0.3$。从图中可以看出，本算法能够为每个 AUV 分配一条优化的路径，并且能够满足任务均分约束条件。

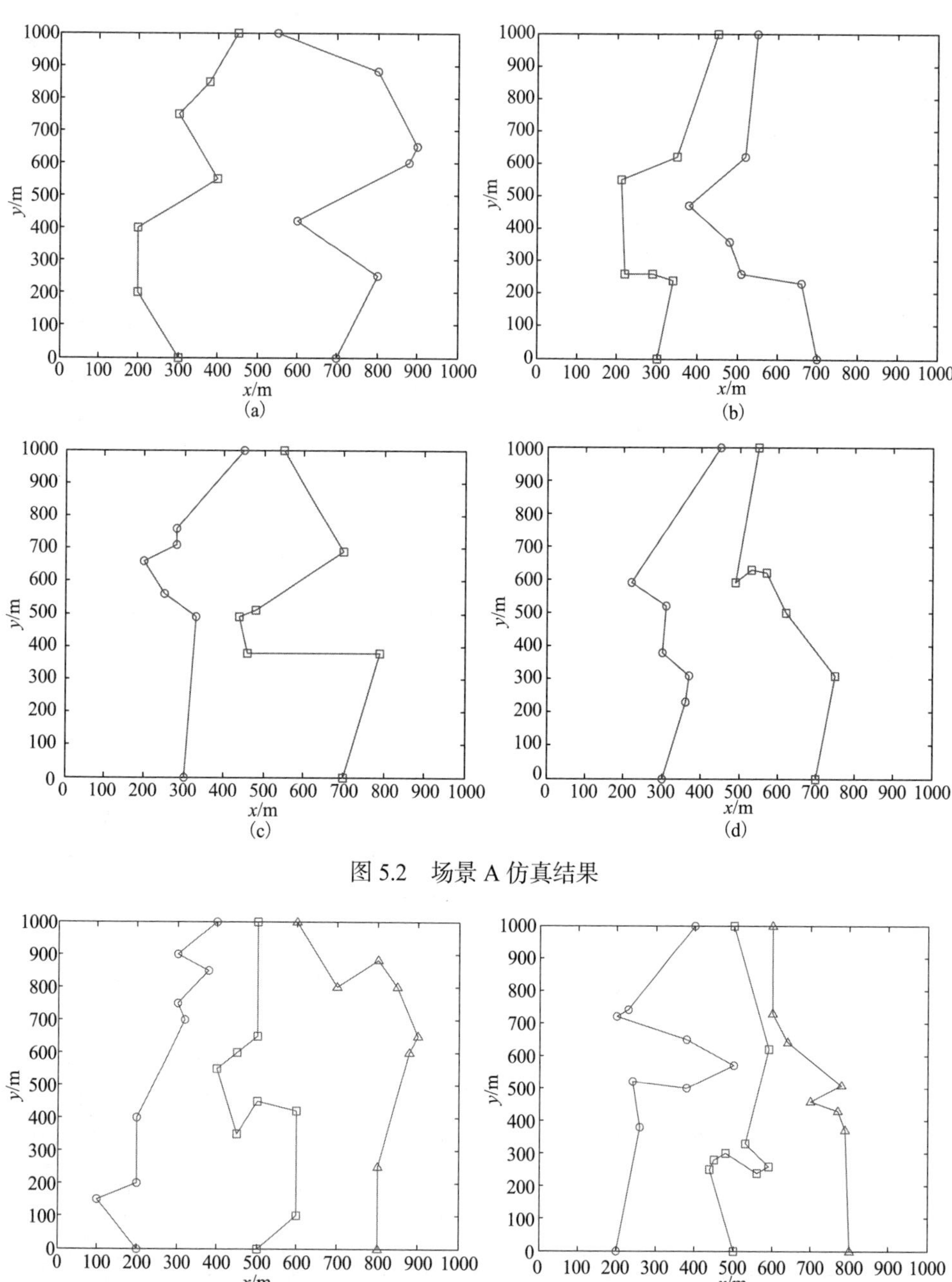

图 5.2　场景 A 仿真结果

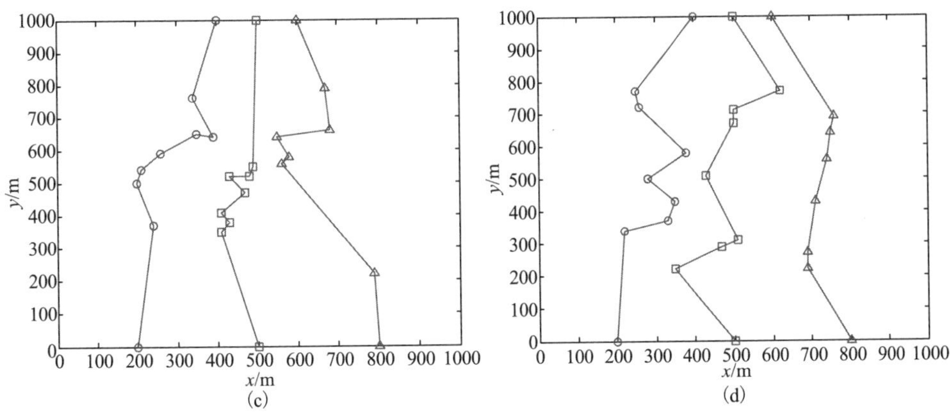

图 5.3 场景 B 仿真结果

假定目标的位置如表 5.1 所示。表 5.2 将基于 MACS 算法的多目标优化任务分配仿真结果与仅采用 ACS 算法优化距离目标的仿真结果进行了对比，其中 ACS^D 表示仅优化距离目标，MACS 算法中取 $w_1 = 0.7$ ，$w_2 = 0.3$ 。算法在两种场景下分别运行了 10 次，取平均值进行对比。

表 5.1 目标坐标值

场景	坐标值
A	(560,330),(650,240),(320,200),(700,380),(350,550),(410,530),(280,490),(450,640),(300,600),(760,420)
B	(200,200),(200,400),(400,550),(300,750),(380,850),(800,250),(600,420),(880,600),(900,650),(800,880),(320,700),(100,150),(500,450),(450,350),(600,100),(300,900),(450,600),(500,650),(850,800),(700,800)

表 5.2 MACS 与 ACS^D 对比结果

场景	x^*		MACS			ACS^D		
	$f_1(x)$	$f_2(x)$	$f_1(x)$	$f_2(x)$	u	$f_1(x)$	$f_2(x)$	u
A	2530.788	528.606	2890.282	533.463	0.075	2530.788	692.100	0.183
B	3860.429	943.145	4260.932	1119.991	0.146	3860.429	1340.352	0.213

由表 5.2 可以看出，ACS^D 由于仅以距离目标为优化标准，因此其距离目标值较优，而转角目标值较差，输出解与理想解的偏差也较大。而 MACS 算法采用多个蚁群协作优化的方式，能够获得与理想解偏离度较小的解，从而能够更加贴近多 AUV 任务分配问题的实际应用需求。

表 5.3 将基于 MACS 的多目标优化任务分配仿真结果与采用加权法将多目标转换成单目标，并利用 ACS 进行优化的仿真结果进行了对比，仍然采用表 5.1 中的目标位置，同样分别运行 10 次取平均值进行比较，其中 ACS^W 表示 ACS 加权法优化。

表 5.3 MACS 与 ACS^W 对比结果

场景	w_1	w_2	x^*		MACS			ACS^W		
			$f_1(x)$	$f_2(x)$	$f_1(x)$	$f_2(x)$	u	$f_1(x)$	$f_2(x)$	u
A	0.5	0.5	2530.788	528.606	2890.282	533.463	0.075	2840.407	560.422	0.090
	0.3	0.7	2530.788	528.606	2950.823	529.012	0.046	2890.737	549.443	0.071
	0.7	0.3	2530.788	528.606	2550.817	647.755	0.073	2750.608	589.389	0.095
B	0.5	0.5	3860.429	943.145	4260.932	1119.990	0.146	4700.296	1054.742	0.171
	0.3	0.7	3860.429	943.145	5320.049	967.343	0.131	4880.652	1034.871	0.150
	0.7	0.3	3860.429	943.145	3920.478	1237.363	0.106	4100.677	1166.243	0.116

由表 5.3 可以看出，采用 ACS 加权法优化的结果相比 MACS 优化结果与理想解的偏离度较大，其原因在于待优化的两个目标分别是距离值和角度值，具有不同的量纲和数量级，因此通过加权法得到的优化指标缺乏指导性和方向性。

综上可以得出，采用 MACS 算法，对多个目标分别进行优化，并在群体搜索的过程中，通过蚁群间的信息交互，不断更新 Pareto 解集，最后将单个目标的最优解结合起来形成理想解，并将与理想解的偏离度作为评判 Pareto 最优解优劣的评价指标，最终输出与理想解偏离度最小的单个满意解，能够满足工程应用的需求，尤其适合多个目标具有不同量纲和数量级的情况。

5.3 多 AUV 分布式任务分配方法

5.3.1 分布式任务分配方法概述

分布式任务分配通过分布式节点之间的显式通信和协商策略实现任务的分配。我们的目的是研究一种适合水下弱通信条件的分布式任务分配方法，由于水下声学通信具有带宽窄、延迟大、误码率高的特点，因此设计的任务分配方法需要尽可能降低通信量、减少任务响应时间。

传统的分布式任务分配方法有熟人网和合同网两种。合同网基于一个分散的市场结构，通过对任务的招标和投标方式选择合适的任务执行者，任务分配者无须预知其他机器人的能力信息，可以很好地平衡各机器人的负载；熟人网是机器人利用内部有关其他机器人技能的知识进行任务的分配，通过查询熟人表实现任务分配，任务的响应时间较短，能够及时进行任务分配。通过分析弱通信条件下分布式任务分配的特殊性及水声通信机制对分布式任务分配的限制，我们发现传统基于市场机制的合同网方法无法应用于水下弱通信环境；而传统熟人网方法也有缺陷，即熟人模型不能动态调整，机器人进行任务分配时并不了解其他机器人当前的工作状态、任务负载等情况，很可能导致各机器人的负载不均，因此需要寻找一种适用于水下分布式任务分配问题的动态熟人网方法。

动态熟人网方法将人类社会的熟人网机制映射到多 AUV 系统中，对传统熟人网方法进行了改进和扩充：引入“能力域”概念描述机器人的能力范围，可以优化任务分配，减少任务执行时间；引入“负载量”概念描述机器人的工作承受能力，可以缓解负载不均；限制间接分配的次数，能够加快任务响应时间；采用基于自主规划和少量通信的熟人模型更新机制，从而降低对通信的依赖；动态更新自身模型便于任务接收者对任务做出判断和处理。动态熟人网方法能够适应多 AUV 系统动态的成员状态和任务需求，下面将详细介绍动态熟人网任务分配的原理和相关定义。

5.3.2 弱通信条件下分布式任务分配的特殊性

分布式任务分配问题考察的指标，主要包括如下四个方面。

(1) 任务响应时间：主要考察任务在多长时间内被成功分配。

(2) 任务分配可靠性：主要考察任务能否可靠地分配给执行者。

(3) 任务执行时间：主要考察完成全部任务所需的执行时间。

(4) 负载均衡情况：主要考察多个机器人的任务负载是否均衡，负载均衡情况和任务执行时间均体现了任务分配的整体效率。

分布式任务分配的前提是需要多机器人系统通过共享通信信道的方式实现机器人之间的数据通信。利用水声通信进行数据传输存在较大的传输延迟和接收延迟，而且需要尽可能避免两台水声通信机同时发送信息。因此，被广泛应用于陆上多机器人系统的合同网方法将不再适用于弱通信条件下的多 AUV 系统。基于市场机制的合同网方法需要发布大量的招标信息、投标信息、中标信息和执行结果，以一个管理者和 3 个承包人为例，任务分配至少需要发送 1 次招标信息、3 次投标信息和 1 次中标信息共 5 次数据传输，因此任务响应至少需要几十秒，甚至多达几分钟，再加上不同机器人投标信息之间需要进行冲突处理，增加了能量消耗。因此，合同网方法中 AUV 之间的大量通信延长了系统对任务的响应时间，通信带宽的限制使 AUV 之间的信息交换出现瓶颈，随着系统中 AUV 数目的增加，任务响应时间将大大增加，信息传递中的瓶颈问题突出。

由于传统熟人网方法对通信不太敏感，因此在弱通信条件下的任务分配时更显其优势。然而传统熟人网的缺点主要在于熟人模型不能动态更新，无法适应动态系统的变化，而且由于任务分配时不了解其他机器人的实时工作状态，因此任务分配带有一定的盲目性，容易导致各机器人任务负载不均，造成系统的整体效率低下。多 AUV 系统是一个动态系统，无论是成员组成、任务状态，还是作业环境都是不断变化的，因此需要对熟人网方法进行改进，使其能够适应多 AUV 系统动态的环境和任务需求。

5.3.3 动态熟人网方法

本节针对弱通信条件下分布式任务分配的特殊性，依据多 AUV 系统的熟人网机制，提出一种动态熟人网方法，下面具体介绍动态熟人网任务分配的原理和相关定义。

1. 多 AUV 系统的熟人网机制

熟人模型是多个 AUV 组成的水下机器人社会的必要元素，体现了 AUV 智能体的社会心智。通过对人类社会的熟人网机制进行分析，本节总结了一些规律，并且将其映射到多 AUV 系统中。

(1) 多 AUV 系统中熟人网的结构是分布式的，每个 AUV 维护各自的熟人关系，熟人模型中记录自己熟悉的 AUV 信息。

(2) AUV 的熟人关系是动态变化的。长期联络不上的 AUV 将可能不再联系，而新加入系统的 AUV 可通过发布信息成为其他 AUV 的熟人。

(3) AUV 熟人的能力是不同且动态变化的。AUV 由于拥有不同的资源而具有不同的功能，从而使其能力有所不同。因为资源、环境、功能等的变化，AUV 熟人的能力可以发生变化，例如某个 AUV 可能因为增加了传感器，从而能够完成以前不能完成的任务，也可能由于传感器损坏等原因而丧失某种能力。

(4) AUV 熟人的能力范围是不同且动态变化的。具有相同能力的 AUV 可能具有不同的能力范围，例如多个具有探测能力的 AUV 负责探测不同的区域范围。而且能力范围也是不断变化的，例如多个探测 AUV 经过队形变换可以改变自己的探测区域。

(5) AUV 通过与熟人的交往过程形成对熟人能力等的判断，并且通过联系具有不同能力的熟人协同完成一个自己无法完成的任务。

从以上分析可以看出，一个庞大群体的熟人网关系能够以完全分布的形式保存在组成群体的个体之中，对个体信息处理和存储能力的要求不需要很高，并且熟人网关系始终处于动态变化之中，AUV 能够不断更新其熟人信息，群体合作可以通过熟人间的交互得以实现。

2. 动态熟人网任务分配原理

动态熟人网（dynamic acquaintance net，DAN）任务分配方法针对水下弱通信特征，结合多 AUV 系统的熟人网机制，对传统熟人网进行了改进和扩充，使其适用于水下分布式任务分配问题，主要包括以下几个方面。

(1) 引入“能力域”概念。传统熟人网中只关注熟人的能力，却忽略了熟人的能力范围。动态熟人网中引入“能力域”概念，用于描述熟人的能力范围，并且设置熟人中具有同种能力的机器人“能力域”不重叠，这样可以更直接地将任务分配给具有相应能力范围的机器人，而无须进行额外决策，优化任务分配，从而缩短任务执行时间。

(2) 引入“负载量”概念。传统熟人网的主要缺陷是机器人进行任务分配时并不了解其他机器人当前的工作状态、任务负载等情况，因此任务分配带有一定的盲目性，很可能导致各机器人的负载不均，造成系统的整体效率低下。动态熟人网中引入“负载量”概念，它表达了机器人的工作承受能力，当任务接收者发现接受某项任务之后，将超出自己的负载量，那么它会拒绝接受此项任务，并直接将此任务委托给熟人。

(3) 限制间接分配的次数。传统熟人网分为直接分配和间接分配，并且没有规定间接分配的次数，也就是说，只要没有找到任务的合适执行者，任务将无限制地不断委托给新的机器人。动态熟人网方法由于针对水下弱通信条件，无限制的委托只会大大降低任务的响应时间，同时考虑到机器人的能力域，将间接分配限定为二次分配，并且只考虑委托给能力域与任务要求最接近的机器人。一旦被委托的机器人也不能接受此任务，则将任务返回给委托者，即使已经超出委托者的“负载量”，也将由其来完成。这样做的目的是尽可能减少机器人之间的通信，保证任务响应时间，同时在一定程度上缓解可能的负载不均。

(4) 基于自主规划和少量通信的熟人模型更新机制。传统熟人网采用固定的熟人模型，不支持熟人模型的动态更新。动态熟人网的主要特点在于能够依据自主规划和少量通信实现熟人模型的动态更新，即熟人模型中的熟人成员、成员能力、能力域等信息将随着环境和机器人状态的变化而动态更新。再根据动态的熟人模型进行任务分配，使得任务分配更加优化，适应多 AUV 系统的动态性，提高系统的整体效率。而且鉴于水下弱通信条件，将自主规划和少量通信相结合，分布式的自主规划可以有效降低对通信的依赖。

(5) 动态更新自身模型。传统熟人网方法根据熟人模型中熟人的能力选择任务接收者，任务接收者也仅仅考虑自己是否具备执行该任务的能力，也就是说自身模型中仅包含能力信息且固定不变。动态熟人网中的自身模型描述了自身的能力、能力域和负载量等信息，和熟人模型一样，自身模型也是动态更新的。接收任务的机器人将结合自身模型做出对任务的判断和处理。

此外，动态熟人网还基于如下两点假设：

(1) 只要 AUV 具备完成某项任务需要的能力，就一定能够完成该任务，也就是说，任务分配者对任务接受者完全信任。

(2)一旦任务接受者未能完成某项任务，则表明其在接受任务之后又丧失了完成某项任务需要的能力。

以上两点假设保证在进行任务分配时只需要考虑机器人是否具有该能力且是否满足能力域要求，而不用考虑机器人能力的高低、完成任务质量的好坏。

3. 动态熟人网的相关定义

本节将给出动态熟人网的相关定义，包括任务、能力域、负载量、自身模型、熟人模型、认识关系、熟人关系、熟人关系链和访问距离。

定义 5.1　任务(Task)

第 2 章中指出多 AUV 系统的使命均可分解为一系列的任务，并给出了面向水下多目标搜索的任务定义。这些任务中有一些是 AUV 协作层自主规划产生并下达给自身任务层执行的(如巡航任务)，还有一些是 AUV 协作层生成并需要通过协调信息分配给其他机器人执行的(如目标识别任务)。动态熟人网中分配的任务仅针对后者，可以形式化定义如下：

$$\text{Task}=\{\text{Task}_i \mid i=1,2,\cdots,T\}$$

式中，T 表示任务的数目；Task_i 可以用一个三元组来表示：

$$\text{Task}_i=(\text{TaskId}_i,\text{TaskInfo}_i,\text{TaskRange}_i)$$

式中，TaskId_i 表示第 i 个任务的标号；TaskInfo_i 表示第 i 个任务涉及的参数信息；TaskRange_i 表示第 i 个任务的工作范围。

定义 5.2　能力域(AR)

AUV 能够完成某项任务表明其具备完成该任务的能力，能力域是指 AUV 完成某项任务的能力范围，这里的任务同样特指需要在多机器人之间进行分配的任务。机器人 i 完成任务 k 的能力域表示为

$$\text{AR}_i^k=[\text{ARMIN}_i^k,\text{ARMAX}_i^k]$$

假设能够完成任务 k 的机器人标号集合为 RID_k，则能力域满足如下公式：

$$\bigcup_{i\in\text{RID}_k}\text{AR}_i^k\supseteq\text{TaskRange}_k \tag{5.14}$$

$$\text{AR}_i^k\cap\text{AR}_j^k=\varnothing,\quad \forall i,j\in\text{RID}_k \tag{5.15}$$

式(5.14)保证完成任务 k 的机器人一定存在，即任务 k 一定能够被分配；式(5.15)

保证能完成同一任务的多个 AUV 的能力域不相交，即保证任务 k 一定能够被迅速明确地分配，而无须在具有相同或相交能力域的机器人之间选择。

能力是与角色绑定的，AUV 要想扮演某个角色必须具备角色定义的能力，反之，AUV 一旦不具备这些能力，则将不能再扮演该角色。换句话说，AUV 扮演的角色涵盖了 AUV 具有的能力。然而，能力域是与承担角色的 AUV 绑定的，即承担同一角色的不同 AUV 将具有不同的能力域。

定义 5.3　负载量（Load）

负载量定义了 AUV 当前的负载情况，假设 AUV 待执行的任务数目为 K，集合 TS 定义了 AUV 待执行的任务集合，因此可以定义负载量 Load 为从 TS 到正实数 $\mathbf{R}^+$ 的映射，即

$$\mathrm{TS}=\left\{\mathrm{ts}_i \mid i=1,2,\cdots,K,\ \mathrm{ts}_i \in \mathrm{Task}\right\}$$

$$f:\mathrm{TS}\rightarrow \mathbf{R}^+$$

负载量仅在接收到新任务时进行更新，在自身现有负载量的基础上加上接受新任务产生的负载量即为更新后的负载量。负载量可以是完成任务需要耗费的时间或资源等。定义负载量的阈值为 K_{LD}，若 $\mathrm{Load}\leqslant K_{\mathrm{LD}}$，则可以接受该任务，若 $\mathrm{Load}>K_{\mathrm{LD}}$，则拒绝接受该任务。负载量满足如下两个性质。

性质 5.1　负载量是单调的，可以定义为：如果 $\mathrm{TS}_1\subseteq \mathrm{TS}$，$\mathrm{TS}_2\subseteq \mathrm{TS}$，且有 $\mathrm{TS}_1\subseteq \mathrm{TS}_2$，则 $f(\mathrm{TS}_1)\leqslant f(\mathrm{TS}_2)$。直观上，负载量的单调性可以理解为：增加任务，负载量也随之增加。

性质 5.2　没有接受任何任务，则负载量为零，即 $\mathrm{Load}=f(\varnothing)=0$。

定义 5.4　自身模型

自身模型描述了 AUV 自身的能力等信息，用一个六元组表示：

$$\mathrm{SelfModel}=(\mathrm{SId},\mathrm{SRO},\mathrm{SRole},\mathrm{SAR},\mathrm{SLoad},\mathrm{SState})$$

式中，SId 表示 AUV 的唯一标识；SRO 表示 AUV 承担的角色有限集合；SRole 表示 AUV 当前承担的角色；SAR 表示 AUV 各项能力的能力域有限集合；SLoad 表示 AUV 的负载量；SState 表示 AUV 的位姿等状态信息。

定义 5.5　熟人模型

熟人模型描述了 AUV 的熟人信息，通过一个链表结构来存储，熟人模型可以表示为

$$\mathrm{AcquModel}=\left\langle \mathrm{Acqu}_1,\mathrm{Acqu}_2,\cdots,\mathrm{Acqu}_{N_a}\right\rangle$$

式中，N_a 表示熟人的数目；列表中每个元素 $\mathrm{Acqu}_i(i=1,2,\cdots,N_a)$ 表示某个熟人 i 的相关信息，可以用一个四元组来表示：

$$\text{Acqu}_i = (\text{AId}_i, \text{ARO}_i, \text{AAR}_i, \text{AState}_i)$$

其中，AId_i 表示熟人 i 的唯一标识；ARO_i 表示熟人 i 承担的角色有限集合；AAR_i 表示熟人 i 各项能力的能力域有限集合；AState_i 表示熟人 i 的位姿等状态信息。

定义 5.6　认识关系

假定两个 AUV 的标号分别为 i 和 j，将两个 AUV 分别记为 R_i 和 R_j，如果 $j \in \{\text{R}_i.\text{AcquModel}.\text{Acqu}_k.\text{AId}_k \mid k = 1, 2, \cdots, N_a\}$，则定义 R_i 认识 R_j，认识关系记为 KN。认识关系具有以下性质。

(1) 自反性：$(\text{R}_i, \text{R}_i) \in \text{KN}$。

(2) 非对称性：若 $(\text{R}_i, \text{R}_j) \in \text{KN}$，则 $(\text{R}_j, \text{R}_i) \in \text{KN}$ 不一定成立。

(3) 非传递性：若 $(\text{R}_i, \text{R}_j) \in \text{KN}$ 且 $(\text{R}_j, \text{R}_k) \in \text{KN}$，则 $(\text{R}_i, \text{R}_k) \in \text{KN}$ 不一定成立。

定义 5.7　熟人关系

假定两个 AUV 的标号分别为 i 和 j，将两个 AUV 分别记为 R_i 和 R_j，如果 $(\text{R}_i, \text{R}_j) \in \text{KN}$ 和 $(\text{R}_j, \text{R}_i) \in \text{KN}$ 同时成立，则定义 R_i 和 R_j 是熟人关系，熟人关系记为 AC。熟人关系具有以下性质。

(1) 自反性：$(\text{R}_i, \text{R}_i) \in \text{AC}$。

(2) 对称性：若 $(\text{R}_i, \text{R}_j) \in \text{AC}$，则 $(\text{R}_j, \text{R}_i) \in \text{AC}$。

(3) 非传递性：若 $(\text{R}_i, \text{R}_j) \in \text{AC}$ 且 $(\text{R}_j, \text{R}_k) \in \text{AC}$，则 $(\text{R}_i, \text{R}_k) \in \text{AC}$ 不一定成立。

定义 5.8　熟人关系链

熟人关系链通过一个链表结构来存储，可以表示为

$$\text{AcquList}_{\text{id}_0}^{\text{id}_n} = \left\langle \text{R}_{\text{id}_0}, \text{R}_{\text{id}_1}, \cdots, \text{R}_{\text{id}_n} \right\rangle$$

式中，n 表示链表中节点个数；$\text{id}_i (i = 1, 2, \cdots, n)$ 表示机器人的标号。如果满足对 $\forall i \in \{1, 2, \cdots, n\}$，都有 $(\text{R}_{\text{id}_i}, \text{R}_{\text{id}_{i-1}}) \in \text{AC}$ 成立，则称 $\text{AcquList}_{\text{id}_0}^{\text{id}_n}$ 是从 R_{id_0} 到 R_{id_n} 的熟人关系链。并且定义熟人关系链的长度 Len 为熟人关系链中所有节点的个数，即 $\text{Len}(\text{AcquList}_{\text{id}_0}^{\text{id}_n}) = n$。

定义 5.9　访问距离

假定两个 AUV 的标号分别为 i 和 j，将两个 AUV 分别记为 R_i 和 R_j，将 R_i 到 R_j 的访问距离定义为从 R_i 到 R_j 的最短熟人关系链长度，表示为

$$\text{Dis}(\text{R}_i, \text{R}_j) = \min(\text{Len}(\text{AcquList}_i^j))$$

如果 $\text{Dis}(\text{R}_i, \text{R}_j) \neq \infty$，则称从 R_i 到 R_j 是可以访问的。

下节将以目标识别任务分配问题为例，介绍动态熟人网中任务、能力域和负载量等概念的具体应用。

5.3.4 动态熟人网在目标识别任务分配问题中的应用

分布式目标识别任务分配问题是指：当探测 AUV 探测到一个疑似目标时，该探测 AUV 生成一个目标识别任务，并依据自身的熟人模型，将任务分配给具有识别能力且满足能力域要求的识别 AUV。实时探测到疑似目标的 AUV 负责分配任务，因而不存在集中式的任务分配者。依据动态熟人网理论，给出目标识别任务分配相关参数的具体实现。

1. 目标识别任务

$\text{TaskId}=5$ 表示目标识别任务的标号，$\text{TaskInfo}=(X_t,Y_t)$ 表示待识别目标的坐标值。假设探测区域左下角的坐标值为 (X_S,Y_S)，右上角的坐标值为 (X_l,Y_l)，且多 AUV 群体沿纵坐标方向行进，则定义 TaskRange 为探测 AUV 搜索带所在区间 $[X_s^B,X_l^B]$，即 $\text{TaskRange}=[X_s^B,X_l^B]$，初始时 $X_s=X_s^B$，$X_l=X_l^B$。

2. 能力域

目标识别任务将在多个识别 AUV 之间进行分配，因此只设计不同识别 AUV 的能力域。假设识别 AUV 的个数为 N_I，则各识别 AUV 的能力域分别为

$$\Delta\text{AR}=\frac{X_l^B-X_s^B}{N_I}$$

$$\text{AR}_i=[X_s^B+\Delta\text{AR}\times(i-1),X_s^B+\Delta\text{AR}\times i],\quad i=1,2,\cdots,N_I$$

图 5.4 为能力域分布示意图，其中图 5.4(a)表示初始时的能力域分布，图 5.4(b)表示在使命执行过程中，探测 AUV D_6 因故障退出系统后，各识别 AUV 更新后的能力域分布。

3. 负载量

识别 AUV 的负载量设计为完成任务所需要耗费的时间，负载量仅在接收到新的识别任务时进行更新，假设某个识别 AUV 共接受了 N_t 项识别任务，已完成 N_p 项，剩余 N_l 项待完成，即 $N_t=N_p+N_l$，则当接收到一项新的识别任务时，该识别 AUV 的负载量计算公式为

$$\text{Load}=\sum_{k=1}^{N_l+1}\text{Load}_k$$

$$\text{Load}_k=\text{TD}_k+\text{TW}_k$$

$$\mathrm{TD}_k = \frac{\mathrm{Dis}_k}{V_I}$$

$$\mathrm{TW}_k = T_I - T_p$$

式中，TD_k 表示航行至目标耗费的时间；TW_k 表示对目标进行识别耗费的时间。识别任务为任务列表中第一项任务时，Dis_k 表示从 AUV 当前位置到达目标位置的距离，识别任务为任务列表中其他任务时，Dis_k 表示从前一个任务的目标位置到该任务目标位置的距离；V_I 表示识别 AUV 的航行速度；T_I 表示识别目标所需要的时间；T_p 表示已识别的时间。收到新任务的识别 AUV 将根据上述公式计算负载量，并通过给 K_{LD} 赋一个适当的时间阈值，用于判断是否接受此任务。

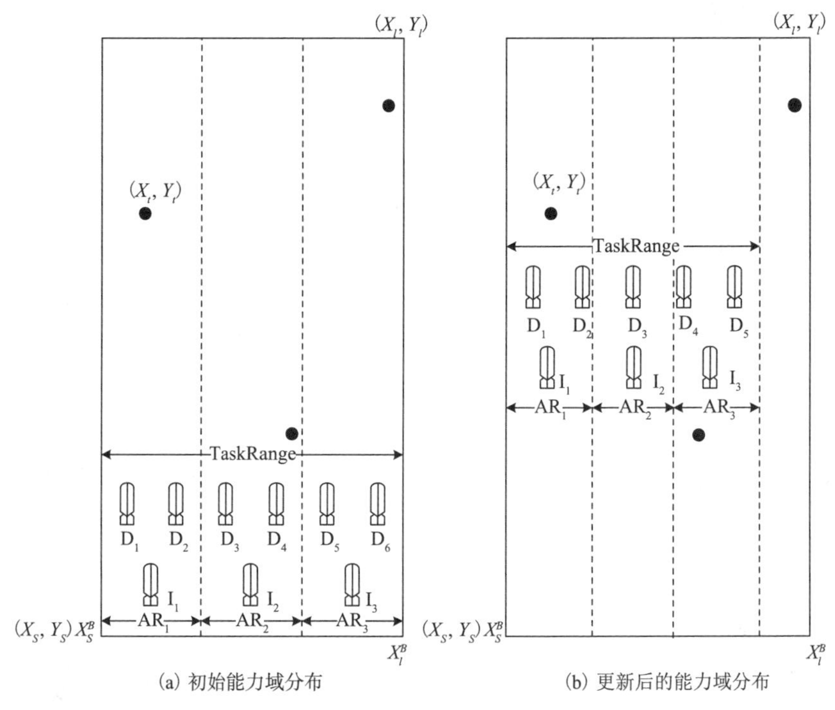

图 5.4 能力域分布示意图

5.3.5 仿真实验

本节应用动态熟人网方法解决水下目标识别任务分配问题，并通过对比传统熟人网和动态熟人网的性能，进一步验证动态熟人网解决弱通信条件下的分布式任务分配问题具有较好的性能。

1. 仿真参数设定

仿真中假设多 AUV 系统由 2 个导航 AUV、6 个探测 AUV 和 3 个识别 AUV 组成，为简便起见，将 3 种类型 AUV 分别记为 $N_i(i=1,2)$、$D_j(j=1,2,\cdots,6)$、$I_k(k=1,2,3)$。并假设搜索区域中分布着共计 10 个位置未知的疑似目标，即探测 AUV 将生成 10 个目标识别任务。使命执行过程中，6 个探测 AUV 动态生成目标识别任务，并根据熟人模型将任务分配给合适的识别 AUV 完成，单次水声通信造成的数据传输延迟和数据接收延迟设为 5s，不考虑多 AUV 系统的导航误差，以所有识别任务全部完成为结束条件。其他参数设置为 $V_I = 2\text{m/s}$，$T_I = 15\text{s}$，$K_{\text{LD}} = 200\text{s}$，$(X_S, Y_S)$=(0,0)，$(X_l, Y_l)$=(480,2000)，$\text{SW} = \text{VI} = 80\text{m}$。

鉴于本书研究的多 AUV 系统是一个规模不超过 20 个的 AUV 群体，因此可以假设初始时每个 AUV 互为熟人，即每个 AUV 均具有相同的熟人模型，模型中包含群体中全部 AUV 的初始信息。初始时的熟人模型定义如表 5.4 所示。

表 5.4　每个 AUV 的初始熟人模型

AId	ARO	AAR	AState
1	[1]	—	(0,−40)
2	[1]	—	(480, −40)
3	[2]	—	(40,0)
4	[2]	—	(120,0)
5	[2]	—	(200,0)
6	[2]	—	(280,0)
7	[2]	—	(360,0)
8	[2]	—	(440,0)
9	[3]	[0,160)	(80, −80)
10	[3]	[160,320)	(240, −80)
11	[3]	[320,480]	(400, −80)

表 5.4 中第一列表示熟人 AUV 在群体中的唯一标识；第二列表示熟人 AUV 的角色集合，[1]为导航角色，[2]为探测角色，[3]为识别角色；第三列表示熟人 AUV 的能力域，为简单起见，只列出了识别 AUV 的能力域分布情况；第四列表示熟人 AUV 的状态信息，这里仅列出了熟人的水平位置信息。

以 10 号 AUV 为例，给出其初始时的自身模型如表 5.5 所示。

表 5.5　10 号 AUV 的初始自身模型

SId	SRO	SRole	SAR	SLoad	SState
10	[3]	3	[160,320)	0	(240, −80)

下面将针对 5.3.2 节提出的分布式任务分配问题的指标，分别从任务响应时间、任务执行时间、任务负载均衡情况和任务分配可靠性等方面将传统熟人网方法和动态熟人网方法的性能进行对比分析。其中传统熟人网方法的熟人模型不存在能力域一项，仅有熟人的能力信息。为了与动态熟人网的初始状态统一，将 3 号和 4 号探测 AUV 的熟人识别 AUV 定为 9 号，5 号和 6 号探测 AUV 的熟人识别 AUV 定为 10 号，7 号和 8 号探测 AUV 的熟人识别 AUV 定为 11 号，并且始终维持固定不变的熟人关系。

2. 仿真结果

实验一：下面选取任务分布较均匀的探测环境进行研究。假设待识别目标的坐标值如表 5.6 所示。图 5.5 为探测 AUV 和识别 AUV 的期望轨迹，其中第 5 个探测 AUV D_5 在坐标(360,600)处发生故障，导致群体其他成员随即进行了队形重规划，其中一些 AUV 调整了航行轨迹。

表 5.6　待识别目标的坐标值

坐标值	1	2	3	4	5	6	7	8	9	10
x	50	155	30	110	210	310	220	380	340	450
y	320	1000	1450	1850	210	900	1550	450	1250	1700

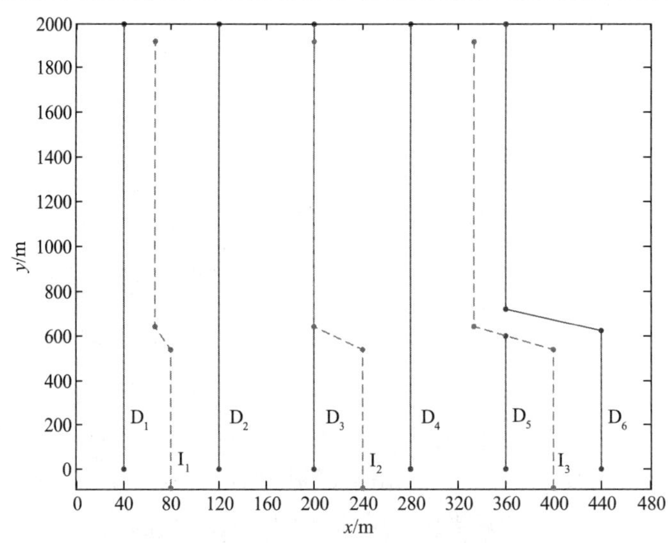

图 5.5　探测 AUV 和识别 AUV 的期望轨迹

图 5.6 和图 5.7 分别为传统熟人网和动态熟人网的任务分配结果，由于探测区域较长，为了便于显示，加大了纵坐标的比例尺。由图 5.6 和图 5.7 可以看出，任务 2 和任务 6 在传统熟人网中分别分配给了 I_1 和 I_2，而在动态熟人网中分别分配

给了 I_2 和 I_3。这是由于探测 AUV D_5 发生故障后，动态熟人网中各探测 AUV 通过自主规划更新了 3 个识别 AUV 的能力域，新的能力域分别为[0,133)、[133,267)、[267,400]，并按照新的能力域将任务进行了分配。

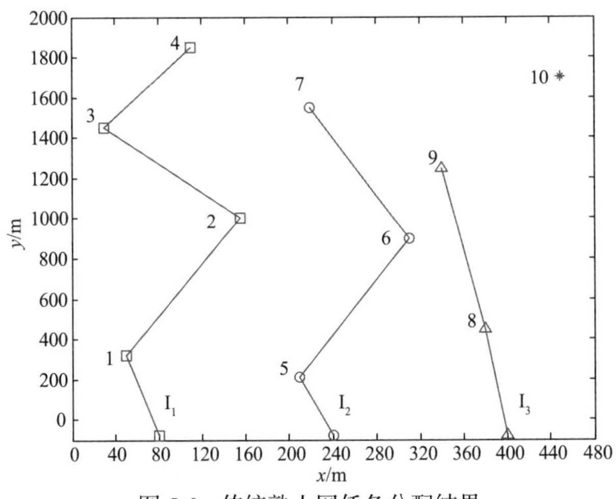

图 5.6　传统熟人网任务分配结果

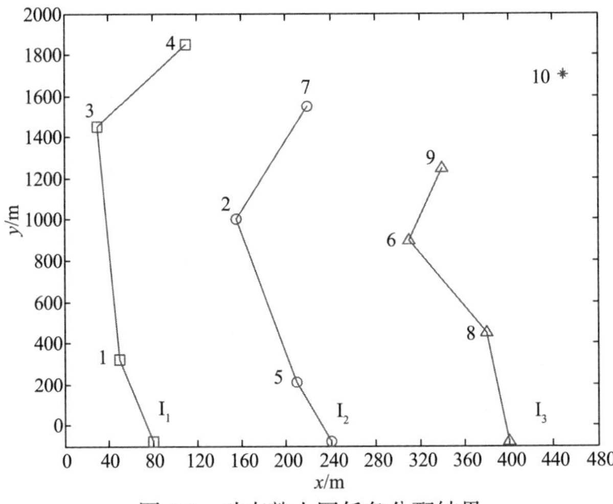

图 5.7　动态熟人网任务分配结果

为了确保搜索带的完整，探测 AUV D_6 负责搜索 D_5 余下的探测区域，导致任务 10 被漏扫，探测 AUV 共生成 9 项任务。3 个识别 AUV 在传统熟人网中分别接受了 4 项、3 项、2 项任务，而在动态熟人网中各接受了 3 项任务，可见动态熟人网任务分配更加平均合理。两种方法各项性能指标对比如表 5.7 所示。其中最高负载量是指 3 个识别 AUV 各自最高负载量的最大值，最高负载量均方差是指 3 个识别 AUV 各自最高负载量的均方差。

表 5.7　传统熟人网和动态熟人网性能对比

指标	传统熟人网方法	动态熟人网方法
任务执行时间/s	1072	1014
最长任务响应时间/s	5	5
平均任务响应时间/s	5	5
最高负载量/s	92	88
最高负载量均方差	7.39	8.47

由表 5.7 可以看出，动态熟人网的任务执行时间明显少于传统熟人网方法，这是因为能力域的动态调整，使得任务分配更加合理和优化，能够适应群体的动态变化，从而提高了整体任务的执行效率。而两种方法任务响应时间和负载量的指标相差不大，这是由于环境中的任务分布较为均匀，能够保证负载量在阈值范围之内，所有任务都能直接分配而无须进行任务委托。

实验二：选取任务分布不均的探测环境进行研究。假设待识别目标的坐标值如表 5.8 所示。该任务分布环境将导致 D_5 和 D_6 探测区域内无疑似目标，即无任务可分配。图 5.8 和图 5.9 分别为传统熟人网和动态熟人网的任务分配结果。

表 5.8　待识别目标的坐标值

坐标值	1	2	3	4	5	6	7	8	9	10
x	50	30	100	130	210	290	310	260	220	270
y	320	380	1530	1580	210	260	310	1500	1550	1600

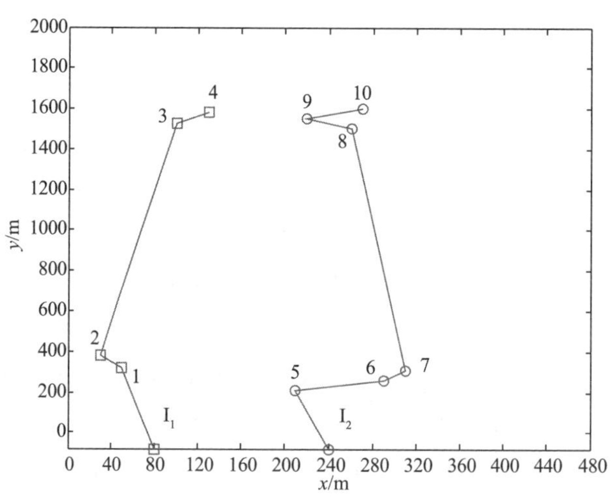

图 5.8　传统熟人网任务分配结果

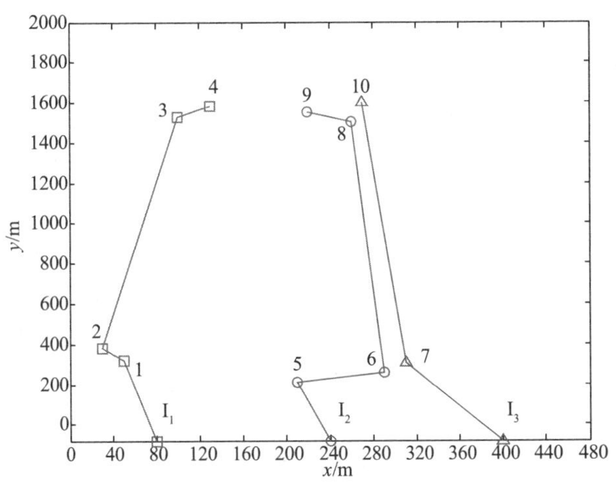

图 5.9　动态熟人网任务分配结果

由图 5.8 和图 5.9 可以看出，任务 7 和任务 10 在传统熟人网中均分配给了 I_2，而在动态熟人网中则分配给了 I_3。这是由于应用动态熟人网时，当 I_2 在执行任务 5 的同时，又依次接收到了任务 6 和任务 7，使其负载量超过了阈值范围，于是将最后接收到的任务 7 委托给能力域最接近的识别 AUV I_3，正好 I_3 处于空闲状态，所以 I_3 接受了任务 7。同理，I_3 也接受了任务 10。

3 个识别 AUV 在传统熟人网中分别接受了 4 项、6 项、0 项任务，而在动态熟人网中分别接受了 4 项、4 项、2 项任务，可见动态熟人网的任务分配较为均衡合理。两种方法各项性能指标对比如表 5.9 所示。

表 5.9　传统熟人网和动态熟人网性能对比

指标	传统熟人网方法	动态熟人网方法
任务执行时间/s	973	905
最长任务响应时间/s	5	10
平均任务响应时间/s	5	6
最高负载量/s	210	168
最高负载量均方差	88.76	26.17

由表 5.9 可以看出，动态熟人网在最高负载量和最高负载量均方差这两项指标上明显优于传统熟人网方法。这是因为仿真选取的环境中任务分布不均匀，传统熟人网很容易导致某些机器人工作负荷过大，而动态熟人网中负载量的引入，能够起到平衡各个机器人负载的作用，使得任务分配更加合理和优化。此外，动态熟人网的任务执行时间少于传统熟人网方法，这是由于任务执行时间取决于工

作时间最长的机器人所花费的时间，而避免单个机器人工作时间过长自然可以降低整体任务的执行时间。机器人超负载而进行了任务委托，导致动态熟人网方法的任务响应时间比传统熟人网略长，但仍然在可以接受的范围之内。

此外，若识别 AUV 发生故障而退出系统，传统熟人网方法固定的熟人模型将在任务分配可靠性方面存在问题，即将有部分任务得不到分配。而动态熟人网方法可以对剩余识别 AUV 的能力域进行调整，仍能保证任务的合理可靠分配。从以上仿真中还可以看出，AUV 之间的通信量较少，仅在负载量超出阈值范围时有少量的任务委托信息，而熟人模型中能力域的调整是通过共享系统现有的协调信息(队形重规划信息)并结合自身规划推理实现的，没有额外增加通信量。

综上所述，动态熟人网方法不但在分布式任务分配的各项性能指标上具有优势，还可以保证较少的通信量，避免通信中的瓶颈效应，适应水下弱通信环境。

3. 动态熟人网任务分配性能分析

综合上述仿真结果，动态熟人网任务分配方法的性能可以总结为如下几点。

(1)任务响应时间。直接分配时，任务的响应时间可以得到保证，即使二次分配成功或失败返回，任务的响应时间也被限制在三次通信传输时间范围内。

(2)任务分配可靠性。动态的熟人模型能够适应环境和群体状态的变化，对于出现故障而退出使命的机器人将被从熟人模型中删除，并在任务分配时不予考虑，能够保证任务的可靠分配。

(3)任务执行时间。能力域的引入使得机器人能更胜任分配的任务，能力域的更新使得任务分配随着使命的执行过程和群体的动态变化而不断调整，从而使任务分配更加优化合理，缩短完成全部任务的时间。

(4)负载均衡情况。负载量的引入在一定程度上可以缓解任务负载不均的情况，但为了兼顾任务响应时间指标和降低通信量要求，限制了间接分配的次数，不能保证整体的绝对负载均衡。

由上述分析可见，动态熟人网任务分配方法具有较好的性能，可以满足水下弱通信环境中的分布式任务分配问题，同时也适用于其他对通信较敏感，对任务分配实时性要求较高的场合。

5.4 本章小结

本章针对异步搜索中目标识别任务分配问题展开研究，将问题抽象成具有多个目标和约束的 MTSP，提出了一种适用于多目标优化问题的 MACS 算法，该算法对现有 ACS 算法进行了扩展，利用多个蚁群分别优化多个目标，并通过蚁群间的信息交互构建 Pareto 解集，通过引入理想解和偏离度等概念，最终输出一个与理想解偏离度最小的满意解。将 MACS 算法应用于多目标优化任务分配问题，并对蚂蚁构建解的步骤进行了改进，仿真结果显示 MACS 算法相比 ACS 加权法具有更好的性能，适用于多个目标具有不可公度性的问题求解，能够满足水下工程应用的需要。

针对多 AUV 系统分布式任务分配方法，采用对通信不太敏感的熟人网方法更具优势。然而传统熟人网方法缺乏动态性，本章提出了一种动态熟人网方法。该方法对传统熟人网进行了扩充和改进，克服了传统熟人网中熟人模型不能动态调整带来的缺陷，并通过引入全新的能力域和负载量等概念，从而满足弱通信条件下任务分配的响应时间、执行时间、可靠性和负载均衡等性能要求。将动态熟人网方法应用于同步搜索模式中的目标识别任务分配问题，仿真实验结果表明：由于能力域的引入，动态熟人网的任务分配更加合理优化，具有较短的任务执行时间；由于负载量的引入，动态熟人网能够在保证较少通信量的情况下，在一定程度上缓解任务负载不均的情况；由于限制了间接分配的次数，动态熟人网的任务响应时间得到了保证；由于熟人模型的动态调整，动态熟人网的可靠性也得到了保证。因此，动态熟人网方法能够满足弱通信条件下的分布式任务分配问题的性能要求，同时也适用于其他对通信量加以限制、对实时性要求较高的分布式任务分配问题。

参考文献

[1] Smith R G. The contract net protocol: high-level communication and control in a distributed problem solver[J]. IEEE Transactions on Computers, 1980(12): 1104-1113.

[2] Aknine S, Pinson S, Shakun M F. An extended multi-agent negotiation protocol[J]. Autonomous Agents and Multi-Agent Systems, 2004, 8(1): 5-45.

[3] Roda C, Jennings N R, Mamdani E H. The impact of heterogeneity on cooperating agents[C]. AAAI Workshop on Cooperation Among Heterogeneous Intelligent Systems, 1991:1-10.

[4] Lashkari Y, Metral M, Maes P. Collaborative interface agents[M]//Huhns M N, Singh M P. Readings in Agents. 1997: 111-116.

[5] Bonabeau E, Dorigo M, Theraulaz G. Inspiration for optimization from social insect behaviour[J]. Nature, 2000, 406(6791): 39-42.

[6] Bonabeau E, Dorigo M, Marco D R D F, et al. Swarm Intelligence: From Natural to Artificial Systems[M].Oxford: Oxford University Press, 1999.

[7] 章琦, 庞小红, 吴智铭. 约束法蚁群算法在多目标 VRP 中的研究[J]. 计算机仿真, 2007, 24(3):262-265.

[8] Yagmahan B, Yenisey M M. Ant colony optimization for multi-objective flow shop scheduling problem[J]. Computers & Industrial Engineering, 2008, 54(3): 411-420.

[9] Bui L T, Whitacre J M, Abbass H A. Performance analysis of elitism in multi-objective ant colony optimization algorithms[C]. IEEE Congress on Evolutionary Computation, 2008: 1633-1640.

[10] Dorigo M, Maniezzo V, Colorni A. Positive feedback as a search strategy[R]. Politecnico di Milano, 1991.

[11] Gambardella L M, Taillard É D, Dorigo M. Ant colonies for the quadratic assignment problem[J]. Journal of the Operational Research Society, 1999, 50(2): 167-176.

[12] Colorni A, Dorigo M, Maniezzo V, et al. Ant system for job-shop scheduling[J]. Belgian Journal of Operations Research,Statistics and Computer Science, 1994, 34(1): 39-53.

[13] Dorigo M, Maniezzo V, Colorni A. Ant system: optimization by a colony of cooperating agents[J]. IEEE Transactions on Systems, Man, and Cybernetics, Part B: Cybernetics, 1996, 26(1): 29-41.

[14] Bullnheimer B, Hartl R F, Strauss C. A new rank-based version of the Ant System:a computational study[J]. Central European Journal for Operations Research and Economics, 1997, 7(1): 25-38.

[15] Stützle T, Hoos H H. MAX-MIN ant system[J]. Future Generation Computer Systems, 2000, 16(8): 889-914.

[16] Dorigo M, Gambardella L M. Ant colony system: a cooperative learning approach to the traveling salesman problem[J]. IEEE Transactions on Evolutionary Computation, 1997, 1(1): 53-66.

[17] White T, Pagurek B, Oppacher F. ASGA: improving the ant system by integration with genetic algorithms[C]. Genetic Programming Conference, 1998: 610-617.

[18] Dorigo M, Bonabeau E, Theraulaz G. Ant algorithms and stigmergy[J]. Future Generation Computer Systems, 2000, 16(8): 851-871.

[19] 马良, 蒋馥. 多目标旅行售货员问题的蚂蚁算法求解[J]. 系统工程理论方法应用, 1999, 8(4):23-27.

[20] 唐泳, 马永开. 用改进蚁群算法求解多目标优化问题[J]. 电子科技大学学报, 2005, 34(2):281-284.

[21] Alam S, Abbass H, Barlow M. Multi-objective ant colony optimization for weather avoidance in a free flight environment[R]. The Artificial Life and Adaptive Robotics Laboratory, University of New South Wales, 2006.

[22] Dorigo M, Stutzle T. 蚁群优化[M]. 张军, 胡晓敏, 罗旭耀, 等, 译. 北京: 清华大学出版社, 2007:68-90.

[23] Bektas T. The multiple traveling salesman problem: an overview of formulations and solution procedures[J]. Omega, 2006, 34(3): 209-219.

[24] Kara I, Bektas T. Integer linear programming formulations of multiple salesman problems and its variations[J]. European Journal of Operational Research, 2006, 174(3): 1449-1458.

[25] Pan J, Wang D. An ant colony optimization algorithm for multiple travelling salesman problem[C]. International Conference on Innovative Computing, Information and Control, 2006: 210-213.

[26] Stack J R, Smith C M, Hyland J C. Efficient reacquisition path planning for multiple autonomous underwater vehicles[C]. Oceans, 2004, 1564-1569.

[27] Liu Z, Cai Y. Sweep based multiple ant colonies algorithm for capacitated vehicle routing problem[C]. IEEE International Conference on e-Business Engineering, 2005: 387-394.

[28] Song C H, Lee K, Lee W D. Extended simulated annealing for augmented TSP and multi-salesmen TSP[C]. International Joint Conference on Neural Networks, 2003: 2340-2343.

[29] Ryan J L, Bailey T G, Moore J T, et al. Reactive tabu search in unmanned aerial reconnaissance simulations[C]. Winter Simulation Conference, 1998: 873-879.

[30] Tang L, Liu J, Rong A, et al. A multiple traveling salesman problem model for hot rolling scheduling in Shanghai Baoshan Iron & Steel Complex[J]. European Journal of Operational Research, 2000, 124(2): 267-282.

6
多 AUV 系统避碰问题

6.1 AUV 避碰方法概述

所谓避碰，也称为回避障碍。对自主水下机器人而言，避碰是指其航行在复杂的海洋环境中，在没有环境先验知识的情况下，能够自主避开前方的未知障碍，实现安全航行。AUV 的避碰也是其自主行为能力的一种体现。

水下机器人的避碰问题是一个较复杂的控制问题，通常我们在研究水下避碰控制问题时会借鉴陆地或空中机器人的避碰和规划方法。

本节主要介绍单机器人避碰控制方法。常用的机器人避碰控制方法包括模型预测控制、神经网络、强化学习和模糊逻辑控制等。

模型预测控制(model predictive control，MPC)简称预测控制，是 20 世纪 80 年代初发展起来的一种计算机控制算法。该算法直接产生于工业过程控制的实际应用，并在与工业应用的紧密结合中不断完善和成熟。模型预测控制算法采用了多步预测、滚动优化和反馈校正的控制策略，在预测模型和反馈机制方面保留了自校正控制的优点，它依靠多步预测及滚动优化获取良好的动态性能，利用在线辨识与校正增强控制系统的鲁棒性，以反馈环节有力地抑制了干扰[1]，因而具有控制效果好、鲁棒性强、对模型精确性要求不高的优点。

神经网络用于控制系统设计主要是针对系统的非线性和不确定性进行的。由于神经网络具有自适应能力、并行处理能力和高度鲁棒性，采用神经网络方法设计的控制系统将具有更快的速度、更强的适应能力和更强的鲁棒性。

神经网络的主要特征是学习，即建立学习规则来修正若干神经元之间的连接权值(或称加权系数)，从而适应周围环境的变化。学习规则是修正神经元之间的连接强度或加权系数的算法，使获得的知识结构适应周围环境的变化。神经网络支持在线或离线训练，然后利用训练结果进行控制系统设计。

强化学习是从动物学习、自适应控制理论发展而来的一门学科。其基本原理[2]

为：如果 Agent 的某个行为策略导致环境正的奖励，那么 Agent 产生这个行为策略的趋势将会增强；如果 Agent 的某个行为策略导致环境负的奖励，那么 Agent 产生这个行为策略的趋势将会减弱，最终消亡。强化学习的模型图如图 6.1 所示。由于强化学习没有教师信号，它仅有一个强化信号来判断动作的好坏，因此学习过程需要花费一定的时间。

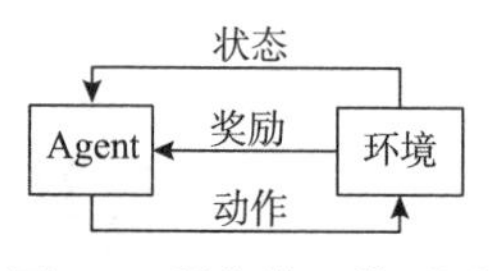

图 6.1　强化学习模型图

强化学习的方法有三种：瞬时差分(temporal difference，TD)法、自适应启发评价算法(adaptive heuristic critic algorithm，AHC)、Q 学习(Q learning)法。

TD 利用相继时间预测值的差值作为系统的误差修改参数，当两次预测的值为同一结果时，产生这个结果的可能性将加强；否则产生这个结果的可能将减弱。

AHC 主要由输入模块、随机动作选择模块、搜索联想网络(associative search network，ASN)模块以及自适应评价网络(adaptive critic network，ACN)模块组成，如图 6.2 所示。

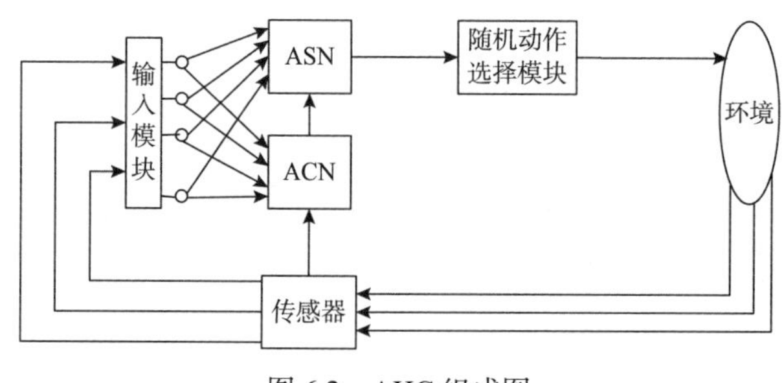

图 6.2　AHC 组成图

AHC 的主要思想是：ASN 利用输入模块从环境中获得状态信息，输出动作指标值，通过随机动作选择模块选择出相应的动作。这里不是把传感器返回的强化信号直接作用于 ASN 模块，而是由 ACN 从环境中接收原始的强化信号后通过学习转化为质量比较高的二次强化信号。然后再把此强化信号作用于 ASN 单元，经过多次学习之后，使得动作单元学习产生一个相应的作用函数，为随机动作选择模块产生每个动作的指标值。

Q 学习法是无需环境模型强化学习的一种形式，是一种动态规划方法。它提供 Agent 在马尔可夫环境中利用经历的动作序列执行最优动作的一种学习能力，并且不需要建立环境模型。Q 学习法实际是马尔可夫决策过程(Markov decision process，MDP)的一种变化形式。

模糊逻辑控制(模糊控制)[3,4]是建立在人工经验基础上的智能控制方法，它不需要被控对象精确的数学模型，操作者可凭借经验来控制一个复杂的过程。若把操作者的经验加以总结和描述，就是一种定性的、不精确的控制规则，再用模糊数学将其定量化就转化为模糊控制算法，从而形成模糊控制理论，如图 6.3 所示。模糊控制理论需要解决的技术问题包括：知识的表示；知识推理的法则；系统稳定性判据；系统的学习、分析、设计方法。

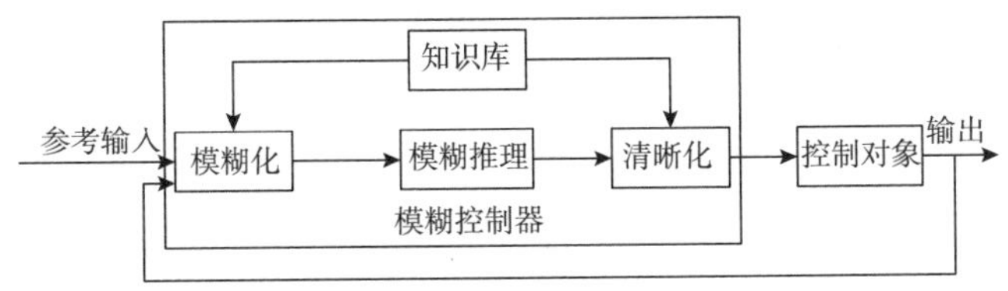

图 6.3　模糊控制系统的组成

上述控制方法都有其各自的特点，模型预测控制具有控制效果好、鲁棒性强、对模型精确性要求不高的优点；神经网络可以进行在线或离线训练，然后利用训练结果进行控制系统设计；强化学习通过奖励惩罚措施决定对象的行为；模糊控制建立在人工经验的基础上，只要具有丰富的实践经验，采取适当的对策就可以巧妙地控制一个复杂的过程，而无须很了解对象的模型。

由于海洋环境的未知性，水下机器人空间运动学模型十分复杂，根据避碰声呐的少量信息很难准确判断障碍物的形状、大小和位置，很难建立起机器人与周围环境交互的环境模型，这些因素使得依赖于数学模型或者学习时间较长的控制方法在 AUV 避碰控制中无法应用。我们可采用一种不依赖于数学模型的非线性控制方法，诸如模糊控制来解决避碰问题。

6.2　多 AUV 避碰方法概述

多机器人避碰方法与单机器人避碰方法有类似之处，也有区别。单机器人避碰方法是解决多机器人避碰问题的基础，多机器人协调避碰策略是将单机器人避碰方法扩展到多机器人避碰的手段。

对于同构多机器人系统，由于每个机器人都配备避碰传感器，其避碰方法是在单机器人避碰的基础上加入协调策略，以避免相互碰撞。

在异构多机器人系统中，通常只有一个或几个领航机器人具有避碰能力，其他机器人按照领航机器人规划的路径航行，领航机器人的避碰问题与单机器人的避碰问题相同。

此外，多机器人系统的避碰方法与其采用的队形控制方法有着密切的关系。编队行进的机器人在遇到障碍物时，队形保持和避碰往往是矛盾的：若机器人继续保持队形前进，则它有碰到障碍物的危险；若机器人启动避碰行为，则它可能会远离编队中的期望位置，无法保持队形。因此，研究多机器人避碰方法就是要研究与队形控制方法相结合的避碰方法。

水下机器人队形控制方法有多种，通常与避碰方法相结合的队形控制方法有跟随领航者法[5-8]、基于行为法[9-12]和人工势场法[13-15]。这些方法各有特点，以下分别介绍。

1. 跟随领航者法与避碰

跟随领航者(leader-follower)法是队形控制中常用的方法之一。该方法需要指定队形中的某一机器人作为领航者(leader)，其他机器人作为跟随者(followers)，队形控制问题可转化为跟随者跟踪领航者的位置和方向的问题。可采用常规的控制理论分析并设计控制律消除位置误差。

跟随领航者法有多种形式，如：队形中可有多个领航者；或者形成一个跟踪链，即第 i 个机器人跟踪第 $i-1$ 个机器人；或者领航者与跟随者构成树状结构等。传统的跟随领航者法只考虑机器人的队形保持和生成，而没有考虑机器人系统的避碰问题，所以将该方法应用于有障碍环境时，需要单独制定避碰算法来达到避碰的目的，即在机器人系统遇到障碍物时，进行控制律的切换。

2. 基于行为法与避碰

基于行为的控制结构通过设计多个行为模块和对应的行为选择机制来控制机器人。每个行为有自己的目标或任务，其输入可以是机器人的传感器信息，也可以是系统中其他行为的输出；其输出或者用于控制机器人的运动，或者作为其他行为的输入，从而构成了交互的行为网络。此外，每个行为允许有自己的内部状态。设计基于行为的系统即是设计各种基本行为以及有效的行为协调机制(即行为选择问题)。在基于行为法的编队控制中，通常都会设计避碰行为，所以机器人的避碰行为可以通过行为选择机制激活。

躲避机器人行为和躲避障碍物行为不同，它还考虑了机器人间行进路线的夹角、机器人与其他机器人到达碰撞点的时间差、和机器人之间的距离，单从这一行为的作用来讲，它是把其他机器人当作运动的障碍物，各个机器人平等的躲避其他机器人，而机器人之间的协作是通过队形保持行为的加入来实现的，使机器人在避碰的过程中有保持原有相对位置的趋势。这种方法的缺点是难以对机器人的行为进行分析和预测，对机器人的队形控制和避碰控制都缺少数学描述。

假设每一个 AUV 都可以向其他 AUV 广播消息，而且这些消息之间不会相互影响。AUV 在每一步动作之前，向所有的其他 AUV 广播一次消息，消息内容是 AUV 自身的 ID 号和当前位置以及当前的方向。而其他 AUV 收到该消息后，根据其内容更新自身存储的其他 AUV 的运动信息。这样，每个 AUV 在控制决策时，都可以获得其他 AUV 上一步的运动信息。

陆地或空中多机器人避碰算法基于机器人之间的良好通信，就 AUV 当前的水下通信能力来看，通信带宽、稳定性和作用距离还无法完全保证，因此分析协作 AUV 系统的通信机制，建立通信的标准框架，小范围内保证一定带宽的通信能力是当前和以后需要解决的重点问题。

3. 基于势场法的无碰撞队形控制

人工势场法引入的是人工势能的概念：环境中的障碍物对机器人产生排斥力，目标点对机器人产生吸引力，在合力的作用下机器人沿最小化势能的方向运动。基于人工势场法的队形控制通过设计人工势场和势函数来表示环境以及队形中各机器人之间的约束关系，并以此为基础进行分析和控制。在遇到障碍物时，障碍物产生的斥力势场和机器人的队形控制势场叠加形成总势场，从而进行编队避碰。

文献[13]对障碍物周围的区域进行了划分，随着机器人逐渐接近障碍物，机器人可能会依次进入安全区、避碰区和危险区，在不同的区域中，机器人采用不同的队形控制算法和避碰算法。编队中没有领航者，队形是由各机器人之间的期望距离确定的。定义机器人之间的势函数，当机器人之间的距离为期望距离时，势函数取最小值。此外，还定义了机器人与目标点之间的引力势函数，以及机器人与障碍物之间的势函数。

在安全区中，机器人总的势函数等于机器人之间的势函数和机器人与目标点之间的势函数之和；在避碰区中，机器人总的势函数要再加入机器人与障碍物的势函数；在危险区中，机器人不考虑队形控制，而是以较合适的远离障碍物的方向和速度行驶，以迅速离开障碍物，防止碰撞的发生。编队中不存在领航者，所以在避碰时，机器人在队形保持控制的作用下可以互相避让，比如左侧的机器人遇到障碍物，向右躲避，则右侧的机器人也会向右移动，远离左侧的机器人。文献[13]对三个机器人组成的三角形编队进行了仿真验证，结果证实可以避开障碍物并保持队形。

4. 多机器人避碰规划

上述三种与队形控制方法相结合的避碰策略，按照避碰过程中的队形保持程度，可分为如下情况：避碰的过程中不考虑队形保持；避碰过程中进行队形局部调整；遇到障碍物时进行队形变换；保持队形，整个编队绕开障碍物。

多机器人在避碰时队形保持的程度既与所选取的队形控制方法有关，也和多机器人系统的任务类型、感知能力和通信能力等有关，需单独考虑。

6.3 避碰传感器

1. 避碰声呐

避碰声呐也叫测距声呐，是一种声学传感器，是水下机器人最常用的避碰传感器。其工作原理是通过声波反射测距：发射装置发出一束声波，如果波束碰到障碍物就会被反射回来，接收装置收到回波，根据声波来回传输的时间可以计算出 AUV 与障碍物之间的距离。每个避碰声呐发出的声波都有一定的开角，在开角的范围内，若有障碍物，避碰声呐系统就可以探测到。

我们通过在 AUV 上布置避碰声呐来实现 AUV 避碰功能，在实时避碰过程中，AUV 采用避碰声呐作为测量距离的传感器，测量结果为 AUV 和障碍物的相对距离。可以在 AUV 上布置多个避碰声呐，如图 6.4 所示，在 AUV 上布置了 5 个避碰声呐 S_1～S_5，用于测量 AUV 在航行过程中与障碍物的距离，其中 4 个换能器布置在 AUV 艏部，通过采集避碰声呐的信息，可以获得 AUV 水平面前进方向的障碍物信息。

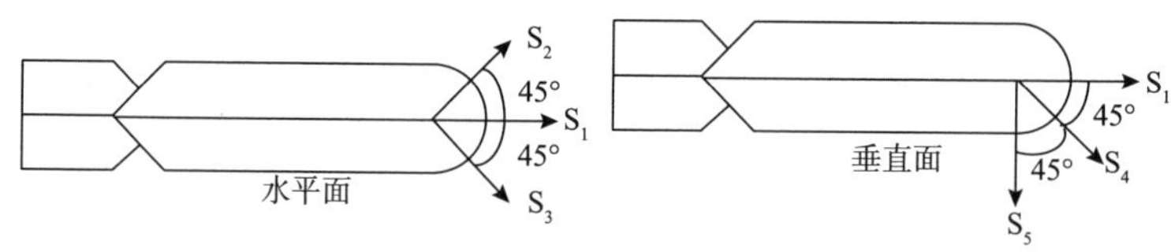

图 6.4　避碰声呐布置示意图

2. 前视声呐

随着技术的发展，声呐的可靠性和精度越来越高，工作频率越来越快，出现了性能更优越的各种前视声呐。

前视声呐是一种成像声呐，可提供一定角度的视角成像。我们通过在 AUV 艏部布置前视声呐来实现 AUV 的避碰功能。前视声呐包括单波束扫描前视声呐、多波束扫描声呐和三维成像声呐。单波束扫描前视声呐可分为机械扫描式和电子扫描式两类。目前较常见的前视声呐是机械扫描式声呐，由机械转动传感器组成，该传感器可以在不同的角度定向发射一系列距离测量声波，形成的图像呈扇面。图 6.5 是一张实际的前视声呐图像，图中高亮的部分是前视声呐探测到的水池边缘。

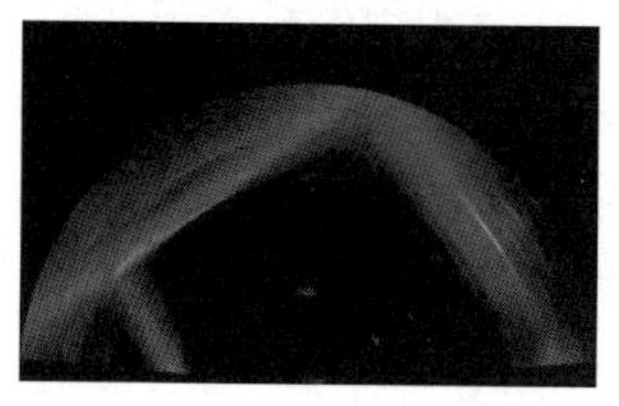

图 6.5　前视声呐图像

6.4 避碰控制器设计及避碰算法

6.4.1 基于模糊逻辑的避碰控制器设计

通常水平面避碰控制的输出是目标航向角和目标航行速度的变化量，输入是正前、前左、前右这三个方向上与障碍碰撞的危险程度。模糊避碰控制器的结构如图 6.6 所示。

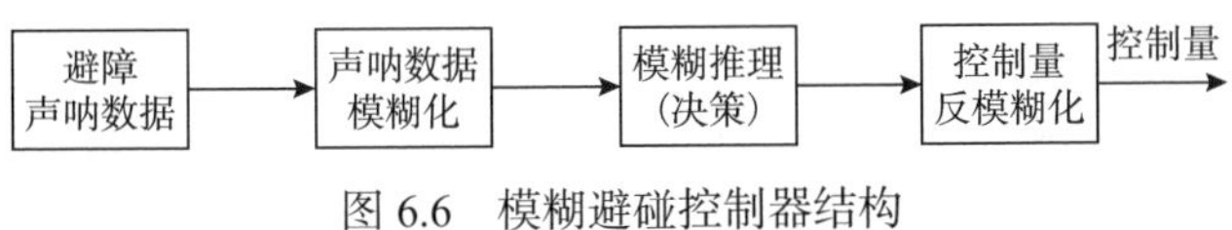

图 6.6　模糊避碰控制器结构

但考虑到前左和前右处于相同级别时决策目标航向角变化量 dH2 的符号问题，增加 t–1 时刻 dH2 的符号 Flag 作为输入量，赋值公式为

$$\mathrm{Flag}(t)=\begin{cases}0.5\text{或}-0.5, & \mathrm{dH2}\times(t-1)=0\\ 0.5, & \mathrm{dH2}\times(t-1)>0\\ -0.5, & \mathrm{dH2}\times(t-1)<0\end{cases} \tag{6.1}$$

根据模糊控制器的特性，若模糊控制器输入量为 m 个，每个输入量包含 I_m 个模糊语言变量，则共需要 $I_1\times I_2\times\cdots\times I_m$ 条模糊控制规则。由此可见，增加输入量或增加输入量的模糊语言变量数目，均使得模糊控制规则数量成倍增加。而模糊控制规则依赖于专家经验的总结和提炼，当控制规则数量较多时，要建立完备一致的模糊控制规则便非常困难，一种解决方案是设计多级模糊控制器[16]。

由此设计的二级水平面避碰控制器由两个串联的多输入多输出避碰控制器组成，如图 6.7 所示。

图 6.7　二级水平面避碰控制器总体框图

设正前 S_1、前左 S_2、前右 S_3 的最大作用距离均为 $S_{\max}^{f}$，声呐的输出分别为 $S_1(t)$、$S_2(t)$、$S_3(t)$，则各方向上与障碍碰撞的危险程度为

$$\mathrm{EL}(t)=S_{\max}^{f}-S_2(t),\ \mathrm{ER}(t)=S_{\max}^{f}-S_3(t),\ \mathrm{CF}(t)=S_{\max}^{f}-S_1(t)$$

上式计算数值越小表示距离障碍越远，越安全；相反，数值越大表示碰撞的危险越大。

模糊避碰控制器的输出是 dH1 和 dH2，它们的物理意义是避碰航向与当前航向的夹角，绝对值越大，要转过的角度也越大，夹角为正表示顺时针转向，为负表示逆时针转向。

采用三角形的隶属度函数，模糊化方法的确立主要根据每个输入量的作用和对控制器的影响，具体方法如下。

EL、ER、CF 的论域均为{0,2,4,6}，模糊子集均为{ZE,PS,PM,PB}；dH1 和 dH2 的论域均为{−6, −4, −2,0,2,4,6}，模糊子集均为{NB,NM,NS,ZE,PS,PM,PB}；Flag 的论域为{−0.5,0.5}，模糊子集为{NN,PP}。它们的隶属度函数图分别如图 6.8 所示。

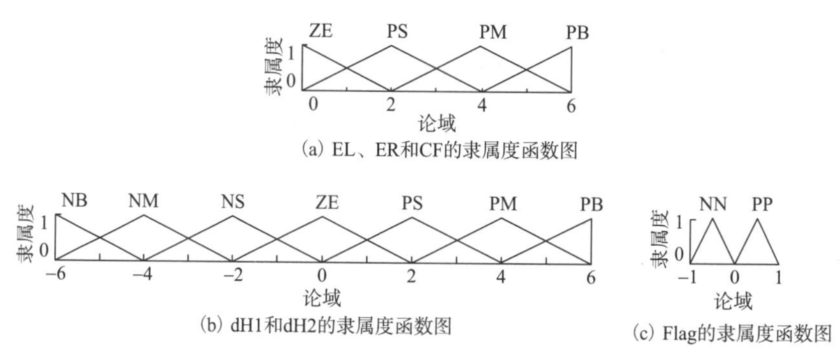

(a) EL、ER和CF的隶属度函数图

(b) dH1和dH2的隶属度函数图

(c) Flag的隶属度函数图

图 6.8　水平面避碰控制器各变量的隶属度函数图

如果已知水平面避碰预判器的输入 EL、ER 和输出控制量 dH1，就可以求出它们的模糊关系 R；反之，如果已知模糊关系 R，就可以根据输入的 EL 和 ER 求出输出控制量 dH1。同理，如果已知水平面避碰决策器的输入 dH1、CF、Flag 和输出控制量 dH2，就可以求出它们的模糊关系 R'；反之，如果已知模糊关系 R'，就可以根据输入的 dH1、CF 和 Flag 求出输出控制量 dH2。

模糊控制规则是对理论知识与实践经验的总结，在水平面避碰预判器中共有 16 条规则，在水平面避碰决策器中共有 28 条规则。当出现前左、前右的危险程度相同且无法确定向哪个方向转向时，引入上一时刻水平面避碰控制器的最终输出 dH2 来辅助决策，即选择与上一时刻 dH2 相同的方向计算当前时刻避碰航向；否则，随机选择一个方向。

规则库中的模糊规则形式如下：

If (EL is PB and ER is ZE) then (dHeading_Flag is PB)

If (EL is PM and ER is PB) then (dHeading_Flag is NB)

采用 Mamdani’s (min-max) 决策方法建立模糊控制量表。模糊避碰控制器进行模糊推理时，通过查询模糊控制量表获得模糊控制量。

至于对模糊控制量的反模糊化，采用重心法得到领航 AUV 避碰的水平航向控制量。

6.4.2 基于人工势场和行为规则的避碰算法

1. 基于前视声呐的环境建模

通常避碰算法关注的是障碍物离 AUV 较近的边缘，所以可以对前视声呐测距功能进行仿真，以获得扇形范围内各方向障碍物的距离值，这些距离值可顺序存放在一个 n 维数组中，作为避碰算法的输入量[17]。声呐仿真模型示意图如图 6.9 所示。

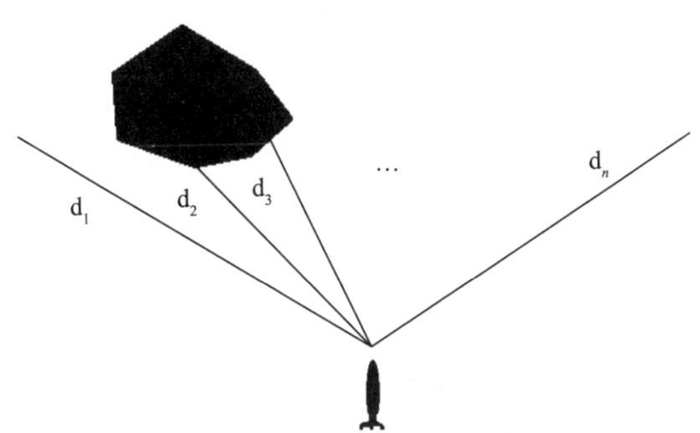

图 6.9 声呐仿真模型示意图

$d_1, d_2, \cdots, d_n$ 表示声呐探测射线

假设前视声呐图像为开角120°、半径 d_L 的扇形图像，声呐视域的正前方，即 120° 开角的平分线方向定义为 0° 方向，视域的左边缘定义为 −60° 方向，右边缘定义为 60° 方向。从声呐的位置向声呐探测到的障碍物区域的边缘引出射线，将视域分成若干扇形部分，其中有障碍物的扇形区域简称为障碍区，用 O 表示，并且对障碍区从左到右编号。每个障碍区以左侧的射线为开始边界，以右侧的射线为结束边界，两种边界以角度值表示并存储在计算机中，例如图 6.10 中第一个障碍区的开始边界为 O_{1h}，结束边界为 O_{1t}。类似地，将 d_L 距离内没有障碍物且开角大于等于一定的角度 $\Delta\alpha$ 的扇形区域称为通路区，用 W 表示，除了开角大小的要求外，其他定义与障碍区类似。所有的障碍区和通路区的边界都可以存储在数据结构中，供算法使用，如图 6.11 所示。

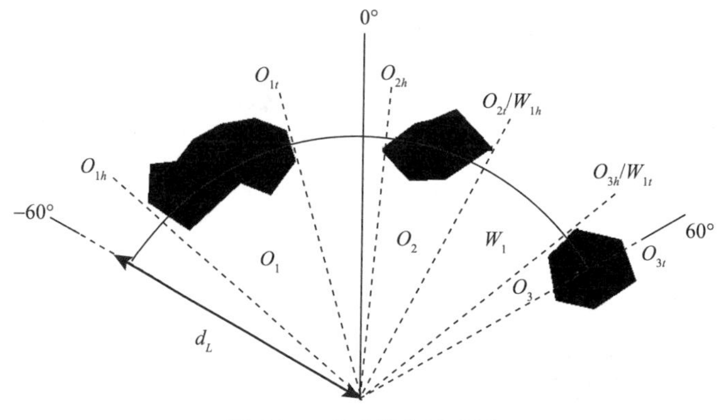

图 6.10　声呐信息示意图

O_{1h}	O_{2h}	…	O_{nh}	…
O_{1t}	O_{2t}	…	O_{nt}	…

(a) 障碍区信息

W_{1h}	W_{2h}	…	W_{nh}	…
W_{1t}	W_{2t}	…	W_{nt}	…

(b) 通路区信息

图 6.11　存储在二维数组中的障碍区、通路区信息

在每个障碍区中，都需要求出一个障碍物到声呐的距离最短的点，并记录这一点到声呐的距离 d_{Oi} 和方向角度 θ_{Oi}，$\theta_{Oi} \in [-60°, 60°]$，如图 6.12 所示。这些数据同样可以存放在一个二维数组中供算法使用。

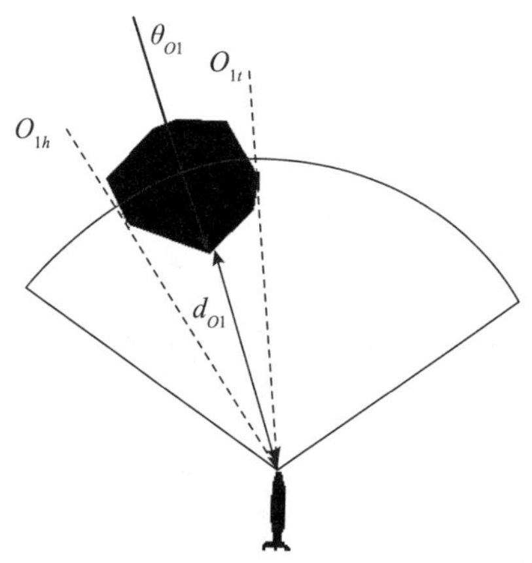

图 6.12　障碍物最近点的距离和方位

2. 基于人工势场和行为规则的避碰算法

当 AUV 使用的避碰传感器为前视声呐时，能观察的角度范围非常有限，若声呐视域中不存在通路区，仅使用人工势场法很难完成避碰规划。

基于人工势场和行为规则的避碰算法由若干子行为构成，通过在适当条件下切换这些子行为来完成避碰。具体方法如下：

(1) 人工势场法避碰行为。当目标方向在前视声呐的视域范围中，且视域中存在通路区的情况下，机器人启动人工势场法避碰子行为模块。

(2) 更新视域行为。如图 6.13 所示，当 AUV 的声呐视域中不存在通路区时，AUV 向更安全的方向旋转 60°。将声呐视域分成左右两部分，比较两部分中各方向上障碍物到 AUV 的距离总和，认为总和较大的一侧较安全。

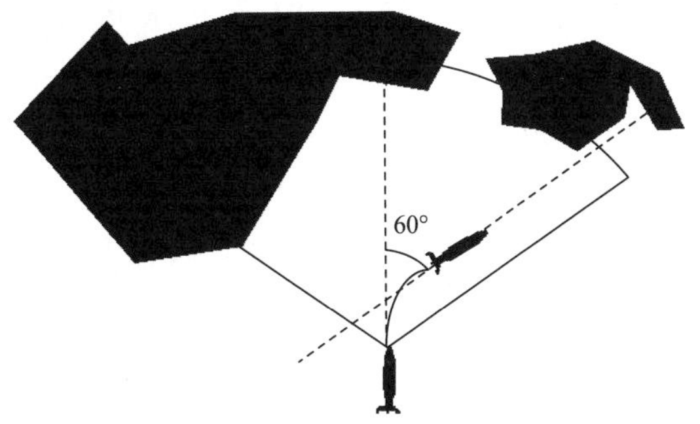

图 6.13　更新视域行为

(3) 侧向搜索行为。人工势场法存在的局部极小点问题往往出现在较宽的障碍物或“凹”形障碍物附近，对这些障碍物的规避可采用沿着障碍物的边缘绕行的方式，如侧向搜索行为。当目标方向不在声呐视域中时，机器人会启动侧向搜索行为，搜索最左侧（或右侧）的通路区，并向通路区方向运动，如果没能搜索到通路区，机器人会启动向右侧（或左侧）更新视域行为。处在侧向搜索行为状态的 AUV 会呈现出沿着障碍物的边界运动的现象，如图 6.14 所示，AUV 从图中的 *A* 点出发运动到 *B* 点。

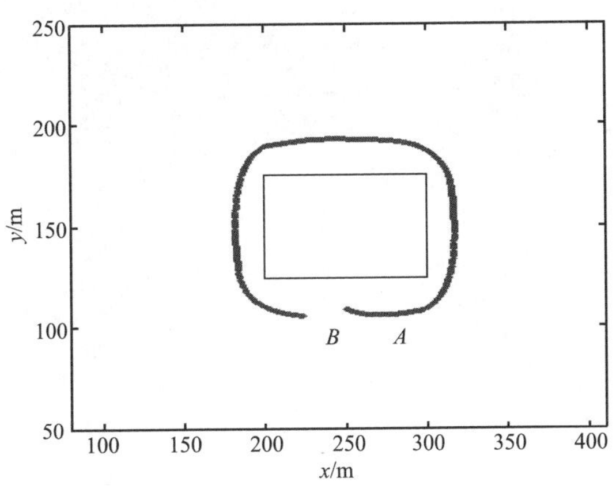

图 6.14　侧向搜索行为示意图

6.5 多 AUV 避碰仿真

本节将基于模糊逻辑的领航 AUV 实时避碰算法在多 AUV 数字仿真平台上进行验证。具体的仿真环境和条件为：AUV 在水深 100m 的海域定高 30m 航行，不考虑海流速度，在检测到障碍物后进行实时避碰。这里多 AUV 系统采用跟随领航者法，多 AUV 的避碰过程可以看作领航 AUV 的避碰方法和队形变换策略两部分，其避碰过程可以认为是领航 AUV 的避碰问题。因此，这里主要介绍领航 AUV 的避碰仿真。

6.5.1 仿真实验一

仿真实验一：多 AUV 绕过障碍物区域。

场景描述：在 AUV 前方有两个山形障碍物，如图 6.15 所示。为了避开前方的两个山形障碍物，领航 AUV 经历了两个阶段的避碰控制，*A* 点至 *B* 点绕过第一个山形障碍物，*B* 点至 *C* 点绕过第二个山形障碍物，然后从 *C* 点至 END 点逐步回到原来的轨迹上。AUV 的实时避碰过程如图 6.16 和图 6.17 所示。

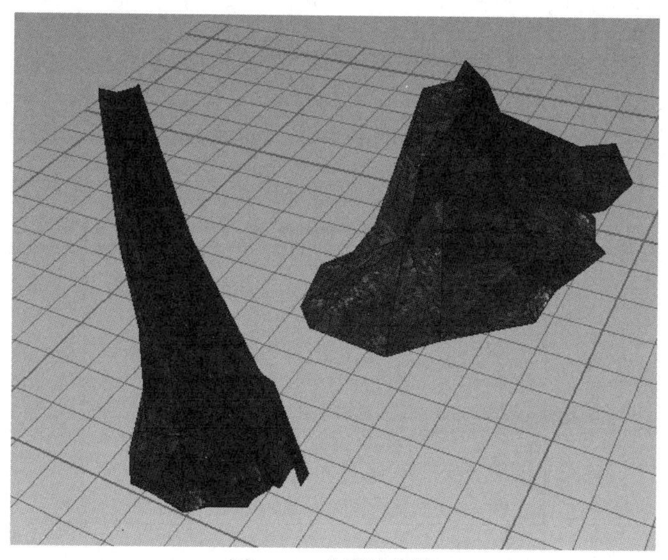

图 6.15　山形障碍物

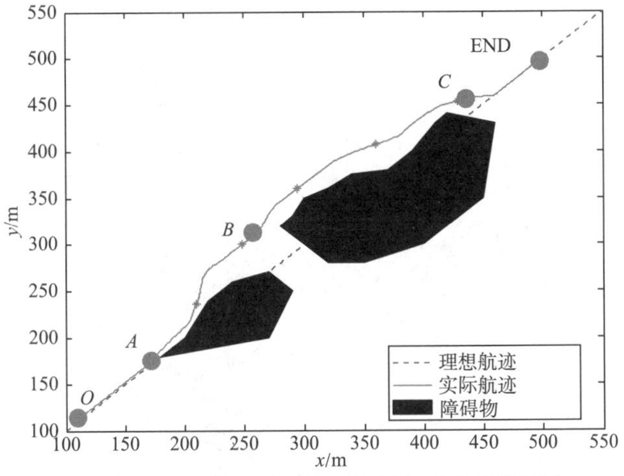

图 6.16 AUV 绕过障碍物区域的实时避碰俯视图

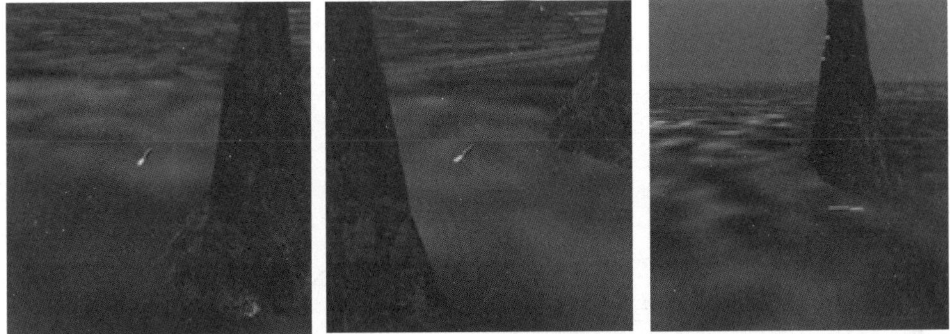

图 6.17 AUV 绕过障碍物区域的实时避碰三维图(见书后彩图)

6.5.2 仿真实验二

仿真实验二：多 AUV 穿越障碍物区域。

场景描述：多山障碍物区域如图 6.18 所示。领航 AUV 的实时避碰过程如图 6.19 和图 6.20 所示。AUV 从 *O* 点到 *A* 点是形成队形的阶段，*A* 点至 *B* 点穿越障碍物，*B* 点至 *C* 点绕过障碍物，*C* 点至 END 点回到原轨迹上，在这四个阶段，AUV 的航向角和线速度如图 6.21 和图 6.22 所示。无障碍时，AUV 的速度为 4kn，避碰时速度减为 3kn。

通过仿真实验，我们可以得出以下结论，基于模糊逻辑的避碰控制算法能够有效地保证领航者顺利地通过障碍物区域，并且重新回到避碰前的轨迹上。

图 6.18　多山障碍物区域

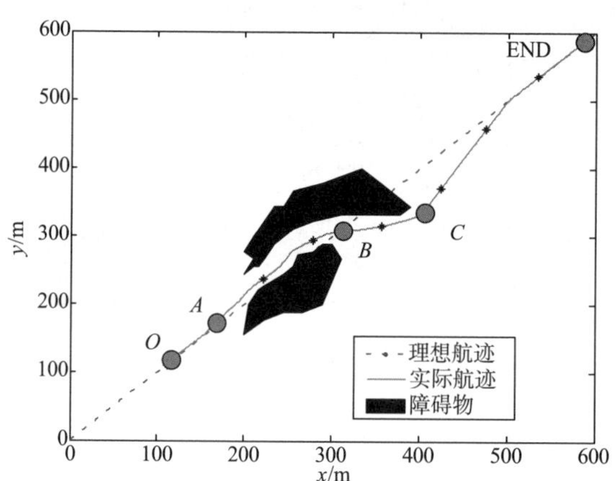

图 6.19　AUV 穿越障碍物区域的实时避碰俯视图

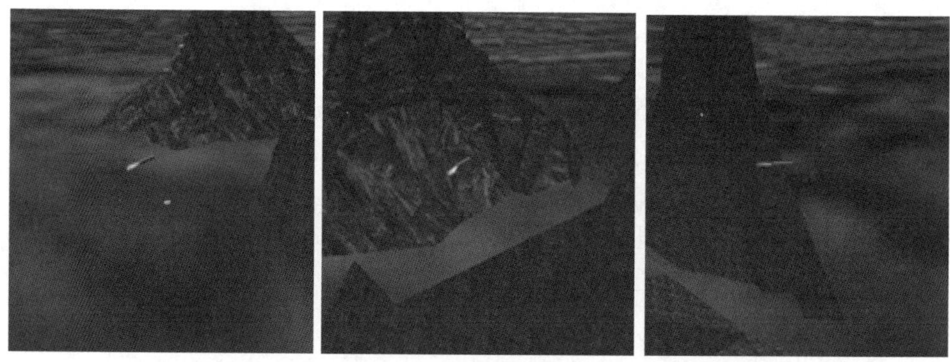

图 6.20　AUV 穿越障碍物区域的实时避碰三维图(见书后彩图)

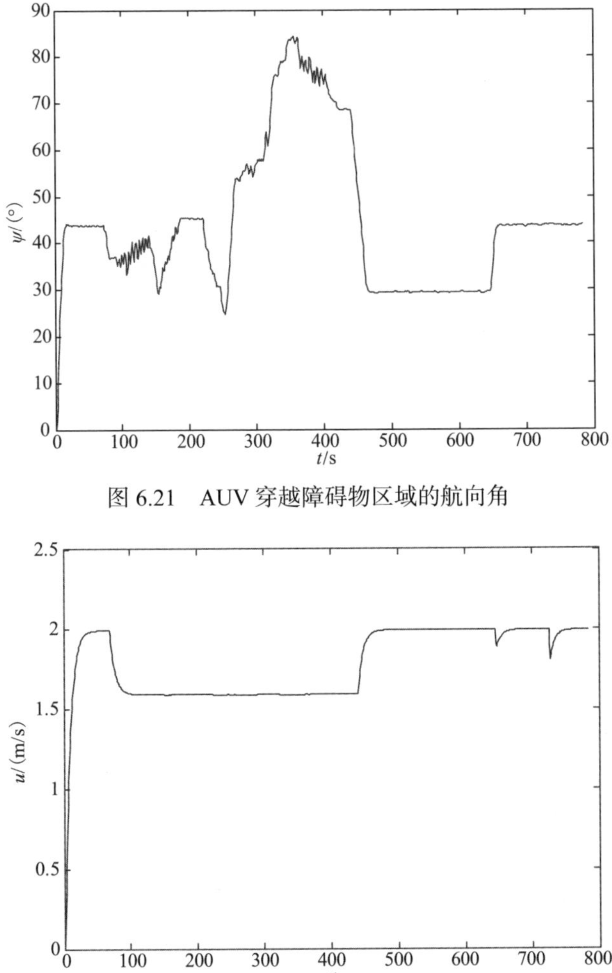

图 6.21　AUV 穿越障碍物区域的航向角

图 6.22　AUV 穿越障碍物区域的线速度

6.6　本章小结

本章介绍了 AUV 避碰方法及主要避碰传感器，重点介绍了基于避碰声呐、前视声呐的 AUV 避碰算法。

针对避碰声呐，本章设计了基于模糊逻辑的避碰控制器。通过仿真实验验证了避碰控制方法的有效性。采用该方法，AUV 能够有效地避开前方较大的障碍物。该方法后续经过了外场试验的验证，具有良好的实际应用价值。

针对前视声呐，本章设计了一种基于人工势场和行为规则的 AUV 避碰算法。通过各种行为间的切换，使得算法可应对较复杂的障碍物环境。

由于 AUV 的避碰声呐对海洋环境的感知能力有限，很难建立起精确、完整和统一的环境模型，而 AUV 避碰是一个实时性很强的动态过程，它不仅要依靠避碰声呐获取外界环境信息，而且还与 AUV 的运动学、动力学特性和操作性有关。实际应用中，多 AUV 在避碰时队形保持的程度既与所选取的队形控制方法有关，也和多机器人系统的任务类型、感知能力和通信能力等有关，需单独考虑。

此外，多 AUV 在执行任务中除了要躲避障碍物，还要避免相互碰撞，在设计多 AUV 的避碰策略时，应充分利用多 AUV 的协调协作能力，通过制定交通规则，调整 AUV 的速度和指定 AUV 的优先级来实现多 AUV 的运动协调。

参考文献

[1] 李国勇. 智能控制及其 MATLAB 实现[M]. 北京:电子工业出版社, 2005:285-300.

[2] 王醒策，张汝波，顾国昌. 基于强化学习的多机器人编队方法研究[J].计算机工程, 2002, 28(6): 15-16, 98.

[3] Wu H, Zhou Z, Xiong S. Fuzzy control method with application for functional neuromuscular stimulation system[J]. Tsinghua Science and Technology, 2001, 6(4): 294-297.

[4] Zadeh L A. Fuzzy algorithm[J]. Information Control, 1968 (86):94-102.

[5] 杨丽, 曹志强, 谭民. 不确定环境下多机器人的动态编队控制[J]. 机器人, 2010, 32(2): 283-288.

[6] Edwards D B, Bean T A, Odell D L, et al. A leader-follower algorithm for multiple AUV formations[C]. IEEE/OES Autonomous Underwater Vehicles, 2004: 40-46.

[7] 张晓琴, 黄玉清, 刘刚. 基于改进的领导-跟随者编队算法研究[J]. 计算机工程与设计, 2010, 31(11): 2547-2549.

[8] 吴小平, 冯正平, 朱继懋. 多 AUV 队形控制的新方法[J]. 舰船科学技术, 2008, 30(2): 128-134.

[9] 雷艳敏, 朱齐丹, 冯志彬. 基于混合式控制结构的多机器人编队控制研究[J]. 计算机工程与应用, 2010, 46(11): 49-52.

[10] 严浙平, 王爱兵, 施小成. 基于 Avoid-auv 行为的多 AUV 系统避碰仿真[J]. 中国造船, 2008, 49(3): 55-61.

[11] 曹志强, 张斌, 谭民. 基于行为的多移动机器人实时队形保持[J]. 高技术通讯, 2001(10): 74-77.

[12] 崔荣鑫, 徐德民, 沈猛, 等. 基于行为的机器人编队控制研究[J]. 计算机仿真, 2006, 23(2): 137-139,226.

[13] Jia Q, Li G. Formation control and obstacle avoidance algorithm of multiple autonomous underwater vehicles (AUVs) based on potential function and behavior rules[C]. IEEE International Conference on Automation and Logistics, 2007: 569-573.

[14] Ogren P, Fiorelli E, Leonard N E. Cooperative control of mobile sensor networks: adaptive gradient climbing in a distributed environment[J]. IEEE Transactions on Automatic Control, 2004, 49(8): 1292-1302.

[15] Kwak J H, Kang H D, Kim C H. The formation-keeping of multiple mobile robots using chained-poles[C]. ICROS-SICE International Joint Conference, 2009: 5695-5698.

[16] 徐红丽, 封锡盛. 基于事件反馈监控的 AUV 模糊避障方法研究[J]. 仪器仪表学报, 2007, 28(8): 698-702.

[17] 秦宇翔. 多水下机器人避碰规划研究[D]. 沈阳: 中国科学院沈阳自动化研究所, 2012.

7

多 AUV 协作导航方法

7.1　多 AUV 协作导航方法概述

多AUV导航的目标是实现多AUV群体自主完成水下调查、目标搜索等使命。多AUV群体自主导航方法研究已成为国际上水下机器人研究的热点。

研究协作导航方法是多AUV系统导航技术的发展方向之一，现有的多AUV协作导航方法相关研究较少，多数处于理论方法的研究阶段，至今尚未建立一套完整的多AUV协作导航系统框架，无法验证导航方法的有效性及实用性。

多AUV导航是指通过外在或机载水下导航设备以及AUV之间的交互信息对多AUV系统中的每个成员进行导航，从而确保整个AUV群体能够安全准确地按照规划的路线航行。多AUV系统导航能力是多AUV群体完成作业任务的基础和保障。与单体AUV导航不同的是，多AUV系统中的每个AUV不仅要知道自身的位置信息，有时还必须知道其他AUV的位置及自身在群体中所处的位置。现阶段各种多AUV导航方法的优缺点对比如表7.1所示。

表 7.1　多 AUV 导航方法对比

多 AUV 导航方法	优点	缺点
声学导航(长基线[1]、短基线、超短基线[2]、水面声学信标[3])	导航精度较高	基线布置烦琐，作业范围受到基线覆盖范围的限制
航位推算	简单廉价	累积误差大，导航精度低
惯性导航[4](包括基于惯性测量单元的组合导航)	导航精度较高	价格昂贵，当AUV数目较多时，系统成本过高
地球物理学导航[5]	无须依赖导航传感器	需要事先提供海洋探测学地图，不适合未知区域
视觉导航[6]	精度较高，没有累积误差	需要事先布放水下标志，且只对近距离有效
协作导航[7-9](少量AUV配备高精度导航传感器为其他AUV提供精确导航信息)	成本适中，可操作性强	较多地依赖水声通信，而水声通信带宽窄、延迟大、误码率高

由表 7.1 可以看出，依赖外部设备的非自主导航方法(如声学导航、视觉导航)具有很多难以克服的缺陷，限制了多 AUV 群体的作业能力、作业范围和机动性。传统的导航方法中，通常使用高精度导航传感器以获得较高的导航精度。但由于高精度导航传感器价格高昂，限制了其在多 AUV 群体中的应用，而能够利用 AUV 自身导航设备并通过相互通信实现的协作导航方法具有一定的优势，只需利用少量携带高精度导航传感器的 AUV，即可提高多数仅配备低精度导航传感器(如涡轮计程仪、磁罗盘等)的 AUV 的导航精度，从而实现在复杂环境条件下具有自主导航能力的多 AUV 系统。研究协作导航方法是多 AUV 系统导航技术的发展方向之一，现有的多 AUV 协作导航方法相关研究较少，现介绍如下。

Baccou 等[7]提出的导航方法中为多 AUV 群体设定一个领航 AUV，群体中的其他 AUV 通过范围测量以及领航 AUV 的位移信息来确定自己与领航 AUV 的相对位置，只要得到领航 AUV 的绝对位置，就可以推算出每个从 AUV 的绝对位置。但是该方法需要从 AUV 进行特定的圆形机动航行，一定程度上增加了作业时间，当从 AUV 数量较多时，难以实际应用。

文献[8]提出了同步导航方法，该方法基于一个信标测距，并且时钟预先同步，使得从 AUV 数量不再受到限制。但是该方法需要主 AUV 进行一定的曲线机动航行，不适用于编队行进的主从式多 AUV 系统。

CADRE 项目中提出了移动长基线导航概念[9]，通过两个具有高精度导航能力的 AUV，为其他 AUV 提供精确全局位置信息，其他 AUV 结合范围测量和领航 AUV 的精确位置信息，修正自身的位置，从而提高导航精度[10]。但是该方法只针对直线航迹进行了研究，且没有考虑弱通信条件下水声通信暂时中断等情况，算法的导航精度和稳定性也有待进一步研究。

由文献[11]可知，对于保持匀速直线运动的水下机器人，导航系统的能观性将极大地依赖于初始状态，即若初始状态估计值足够接近真实值，系统在有限时间内是能观的；反之，若初始状态估计值与真实值有一定的偏差，很可能导致系统不能观。因此，现有的协作导航方法均采用了机动航行策略使导航系统满足能观性要求，如文献[7]采用 AUV 做圆形机动的方式，文献[8]和[11]均采用声信标做曲线机动的方式，待滤波器收敛后，再执行作业任务指定的航行路径。然而机动航行策略对多 AUV 系统的正常作业造成了一定程度的影响，无法适应有探测、编队等作业任务的多目标搜索应用。因此，需要研究一种适合主从式 AUV 群体且没有机动要求的协作导航方案。

综上所述，目前多 AUV 协作导航方法的研究仍处于起步阶段，面对复杂多变的海洋环境，仍有很多问题有待研究。本章介绍两种多 AUV 系统协作导航方法，针对多 AUV 系统的功能组成和多目标搜索使命要求，提出一种基于移动双信标的多 AUV 系统协作导航方法，重点研究多 AUV 群体协作导航的鲁棒性、精度等难点问题，最终设计出一种成本较低、简单易行、自主可靠的协作导航方案，并且对 AUV 没有额外的机动航行要求，能够在多目标搜索的同时实现协作导航。

7.2 主从式 AUV 群体导航系统简介

仅依靠自身导航传感器的 AUV 自主导航方法，目前常用的有：基于惯性测量单元的惯性导航(inertial navigation system，INS)方法、基于 DVL 的航位推算导航方法(dead-reckoning，DR)和基于多种导航方法的组合导航方法等。主从式 AUV 群体的导航系统配置如下。

(1)主 AUV 采用基于惯性导航/多普勒计程仪/全球定位系统(INS/DVL/ GPS)的组合导航方法，具有较高的导航精度。每个主 AUV 都有一个在线运行的卡尔曼(Kalman)滤波器，将 INS 和 DVL 数据融合后给出位置估计。位置的初始化在水面上通过差分 GPS 实现，位置的累积误差通过偶尔返回水面接收差分 GPS 来复位，浮出水面更新位置的频率由使命期望的绝对导航精度决定。

(2)从 AUV 采用基于 DVL/TCM2 的低精度导航系统。尽管从 AUV 和主 AUV 相比配备的导航传感器精度低，而且不需要上浮到水面更新位置，但是它们能够通过主 AUV 的精确位置信息和距离信息来控制自身绝对位置误差的范围。因此，除导航设备外，每个 AUV 均安装了水声通信机。

本书研究的主从式 AUV 群体由 1～2 个承担导航角色的主 AUV 和多个承担其他角色的从 AUV 组成，仅利用 1～2 个主 AUV 提高多个(原理上无数量限制)从 AUV 的导航精度，不需要在 AUV 载体以外的其他地方安装或配置辅助导航设备。

图 7.1 为一种主从式 AUV 群体导航示意图，其中有 2 个主 AUV、1 个从 AUV(也可为多个从 AUV)。图 7.2 是另一种主从式 AUV 群体导航示意图，其中有 1 个主 AUV、2 个从 AUV(也可为多个从 AUV)。

主 AUV 也可以看作是一种移动信标，基于 1 个主 AUV 和若干从 AUV 构成的协作导航系统，我们称之为基于移动单信标的协作导航系统；基于 2 个主 AUV 和若干从 AUV 构成的协作导航系统，我们称之为基于移动双信标的协作导航系统。本章分别针对基于移动单信标的协作导航方法和基于移动双信标的协作导航方法展开研究，并进行仿真实验验证。

通过上述主从式 AUV 群体的导航系统配置可以看出，由于主 AUV 携带有较高导航精度的传感器，其单体的导航精度较高，主从式 AUV 群体协作导航的主要问题是从 AUV 的导航问题，包括 AUV 数量多、观测信息单一(仅有距离)、低成本传感器精度低、载体非线性运动、通信延时、通信中断、观测数据与导航传感器数据更新率不一致等，因此对从 AUV 导航问题的研究具有挑战性和实际应用价值。

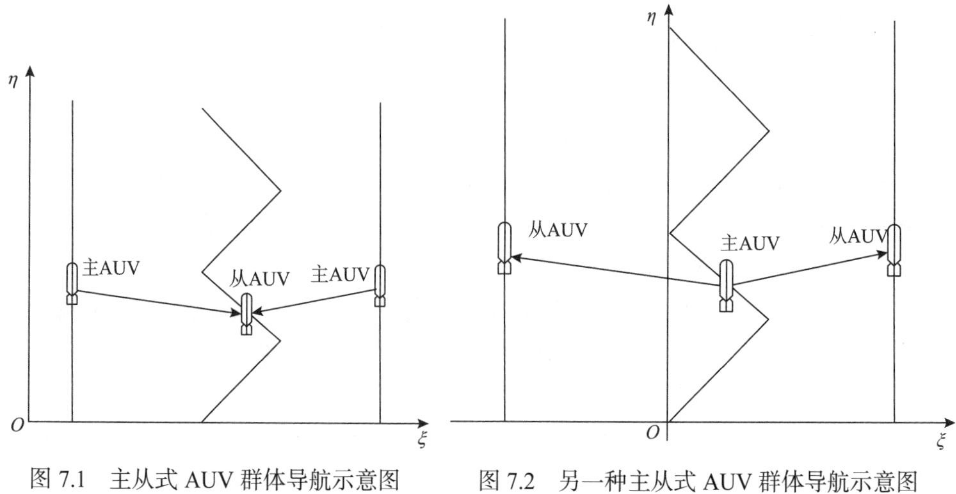

图 7.1　主从式 AUV 群体导航示意图

图 7.2　另一种主从式 AUV 群体导航示意图

7.3　基于移动单信标的协作导航方法

基于移动单信标的协作导航方法研究主要包括：多 AUV 群体导航自主性水平及自主性条件理论分析、主 AUV 导航方法以及从 AUV 的位置估计算法。

7.3.1　多 AUV 群体导航自主性分析

首先建立导航系统模型，分三种情况讨论从 AUV 导航系统模型：①无水流；②确知水流；③未知水流。通过对系统在上述情况下能观性和稳定性的分析，来确定系统能观性条件和机动方案。

1. 导航系统模型

从 AUV 的运动状态如图 7.3 所示。$\eta O\xi$ 为大地坐标系，xGy 为载体坐标系，G 为载体重心。

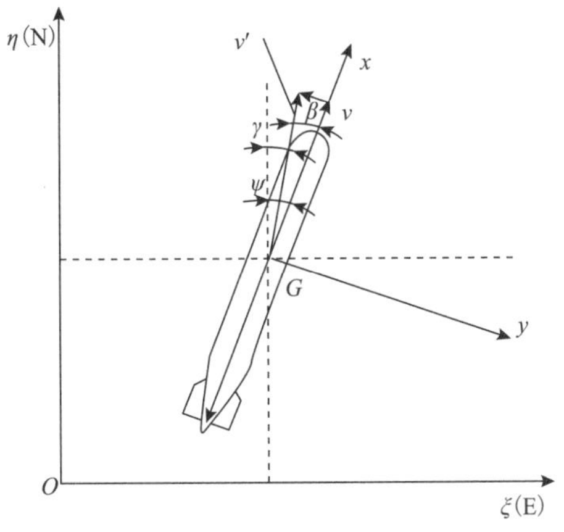

图 7.3 AUV 在水流中的运动

从 AUV 载体携带计程仪及电子罗盘，在水流为(v_E,v_N)的水平面内沿直线运动，忽略横摇扰动。电子罗盘给出载体航向角ψ，计程仪给出载体纵向(载体坐标系下 x 轴方向)速度v'，水流作用在载体上的横向分力使载体带着一定的漂角β航行。水流与载体纵向速度合成载体重心 G 的速度，记为V'。它与北向坐标轴的夹角称为航迹角，记为γ。当载体有纵倾运动时，通过下式可将载体纵向速度在水平面内投影得到载体在水平面内的纵向速度：

$$v = v' \cdot \cos\theta \tag{7.1}$$

式中，v 为载体在水平面内的纵向速度；v' 为计程仪给出的纵向速度；θ 为载体纵倾角。

从 AUV 的动力学模型与许多因素有关，很难建立起一个真实的动力学模型，因而我们建立从 AUV 的运动学模型来分析和解决从 AUV 的位置估计。令(ξ,η)为大地坐标系下的坐标，v_E、v_N分别为东向、北向水流分量，v_ξ、v_η分别为纵向速度 v 的东向、北向分速度。对于携带压力传感器的从 AUV，仅需估计载体的二维坐标。考虑到计程仪测量的是相对于水流的速度，因此导航算法中还需估计水流参数。

1) 无水流情况下的导航模型

当从 AUV 在静水中航行时，由于系统中不含水流变量，定义系统状态变量为$\boldsymbol{s}(t)=[\xi(t)\quad \eta(t)]^{\mathrm{T}}$，其中$\xi(t)$、$\eta(t)$分别为惯性坐标系下东向和北向坐标。

系统状态方程为

$$\dot{\boldsymbol{s}}(t) = \boldsymbol{A}\boldsymbol{s}(t) + \boldsymbol{u} \tag{7.2}$$

式中，$\boldsymbol{A}=\begin{bmatrix}0 & 0\\ 0 & 0\end{bmatrix}$；$\boldsymbol{u}=[v(t)\sin\psi(t) \quad v(t)\cos\psi(t)]^{\mathrm{T}}$，其中，$v(t)$ 为从 AUV 相对于水流的速度，$\psi(t)$ 为从 AUV 的航向角。

系统观测方程为

$$z(t)=h(t) \tag{7.3}$$

式中，$h(t)=\sqrt{[\xi(t)-\xi_b(t)]^2+[\eta(t)-\eta_b(t)]^2}$，其中主 AUV 移动轨迹为 $b_r(t)=(\xi_b(t),\eta_b(t))$。

2）确知水流情况下的导航模型

当水流已知时，定义系统状态变量为 $\boldsymbol{s}(t)=[\xi(t) \quad \eta(t)]^{\mathrm{T}}$，已知水流为 $(v_{\mathrm{E}},v_{\mathrm{N}})$。

系统状态方程为

$$\dot{\boldsymbol{s}}(t)=\boldsymbol{A}\boldsymbol{s}(t)+\boldsymbol{u} \tag{7.4}$$

式中，$\boldsymbol{A}=\begin{bmatrix}0 & 0\\ 0 & 0\end{bmatrix}$；$\boldsymbol{u}=[v(t)\sin\psi(t)+v_{\mathrm{E}} \quad v(t)\cos\psi(t)+v_{\mathrm{N}}]^{\mathrm{T}}$。

系统观测方程同方程（7.3）。

3）未知水流情况下的导航方程

当水流未知时，水流是一个动态变量，于是可以定义系统状态变量为 $\boldsymbol{s}(t)=[\xi(t) \quad \eta(t) \quad v_{\mathrm{E}}(t) \quad v_{\mathrm{N}}(t)]^{\mathrm{T}}$。

系统状态方程为

$$\dot{\boldsymbol{s}}(t)=\boldsymbol{A}\boldsymbol{s}(t)+\boldsymbol{u} \tag{7.5}$$

式中，

$$\boldsymbol{A}=\begin{bmatrix}0 & 0 & 1 & 0\\ 0 & 0 & 0 & 1\\ 0 & 0 & 0 & 0\\ 0 & 0 & 0 & 0\end{bmatrix}$$

$$\boldsymbol{u}=[v(t)\sin\psi(t) \quad v(t)\cos\psi(v) \quad 0 \quad 0]^{\mathrm{T}}$$

系统观测方程同方程（7.3）。

可以看出，移动单信标导航系统状态方程与固定单信标系统状态方程相同，系统观测方程不同。

2. 能观性分析

能观性决定着从 AUV 导航的可实现性，对于指导滤波器设计具有重要作用。

1) 无水流时的能观性

通过对无水流时的系统方程进行分析，得到如下结论。

如果 $v_\xi(t) \neq 0$ ，$\xi_{ab}(t) \neq 0$ ，对于从 AUV 航迹上的任意一点 $\boldsymbol{s}(t) = \left[\xi(t) \quad \eta(t)\right]^{\mathrm{T}}$ 都有

$$\frac{v_\eta(t)}{v_\xi(t)} \neq \frac{\eta(t) - \eta_b(t)}{\xi(t) - \xi_b(t)} \tag{7.6}$$

系统(7.2)是能观的。

不等式(7.6)说明当从 AUV 航迹与主 AUV 航迹不重合时，系统(7.2)是能观的。

2) 确知水流时的能观性

当水流已知且为常数时，可以把水流作为系统的输入量，得到与 1)相似的结论。

3) 未知水流时的能观性

同理可知，如果

$$\frac{v_\eta(t) + v_{\mathrm{N}}(t)}{v_\xi(t) + v_{\mathrm{E}}(t)} \neq \frac{\eta(t) - \eta_b(t)}{\xi(t) - \xi_b(t)}$$

式中的分母不为零成立，未知水流情况下的导航系统也是能观的。上式说明当从 AUV 航迹与主 AUV 轨迹不重合时，导航系统是能观的。

7.3.2 主 AUV 导航方法

由于系统中主 AUV 的导航系统采用基于 INS/DVL/GPS 的组合导航方法，所以主 AUV 导航方法重点研究导航传感器信息融合方法。通过综合利用 DVL、惯性测量单元以及 GPS 的优点，相互弥补导航性能缺陷，提高主 AUV 导航性能。

1. 航迹推算

将航向角、东向速度、北向速度及上一周期的坐标参数值代入坐标公式中，算出当前 AUV 的坐标值。

通过坐标变换计算出，在纬度上单位经度代表的距离表示为

$$d_\lambda = R_N \cdot \cos\theta$$

在经度上单位纬度代表的距离表示为

$$d_L = R_M$$

式中，R_N 表示纬线圆半径；R_M 表示经线圆半径。

建立系统方程如下。

1）状态方程

选取 AUV 的经纬度坐标、东向速度、北向速度为状态变量：

$$\boldsymbol{X} = [\lambda \quad L \quad V_{\mathrm{E}} \quad V_{\mathrm{N}}]^{\mathrm{T}}$$

对经纬度坐标进行线性化，略去二阶以上项，可得

$$\dot{\lambda} = \frac{\hat{V}_{\mathrm{E}}}{R_N} \sec \hat{L} \tan \hat{L} \cdot L + \frac{\sec \hat{L}}{R_N} \cdot V_{\mathrm{E}} - \frac{\hat{V}_{\mathrm{E}}}{R_N} \sec \hat{L} \tan \hat{L} \cdot \hat{L}$$

$$\dot{L} = \frac{1}{R_M} \cdot V_{\mathrm{N}}$$

$$\dot{V}_{\mathrm{E}} = \dot{\hat{V}}_{\mathrm{E}}$$

$$\dot{V}_{\mathrm{N}} = \dot{\hat{V}}_{\mathrm{N}}$$

整理后，获得完整的线性化状态方程：

$$\dot{\boldsymbol{X}}(t) = \boldsymbol{A}(t)\boldsymbol{X}(t) + \boldsymbol{U}(t) + \boldsymbol{W}(t)$$

式中，$\boldsymbol{X}(t)$ 表示状态变量；$\boldsymbol{W}(t)$ 表示过程噪声。

由以上分析可得矩阵 $\boldsymbol{A}(t)$ 非零元素为

$$\boldsymbol{A}(1,2) = \frac{\hat{V}_{\mathrm{E}}}{R_N} \sec \hat{L} \tan \hat{L}$$

$$\boldsymbol{A}(1,3) = \frac{\sec \hat{L}}{R_N}$$

$$\boldsymbol{A}(2,4) = \frac{1}{R_M}$$

状态方程输入量为

$$\boldsymbol{U}(t) = \begin{cases} -\dfrac{\hat{V}_{\mathrm{E}}}{R_N} \sec \hat{L} \tan \hat{L}(t) \cdot \hat{L} \\ 0 \\ \dot{\hat{V}}_{\mathrm{E}} \\ \dot{\hat{V}}_{\mathrm{N}} \end{cases}$$

2）观测方程

多普勒计程仪参考坐标系下的三维速度，将该速度转换为地理坐标系下的水平面速度，以水平面速度 $\boldsymbol{Z}=[V_{dE} \quad V_{dN}]^{\mathrm{T}}$ 作为观测量。

由

$$\begin{bmatrix} V_{\mathrm{E}} \\ V_{\mathrm{N}} \end{bmatrix} = K \cdot \begin{bmatrix} \cos\beta & \sin\beta \\ -\sin\beta & \cos\beta \end{bmatrix} \cdot \begin{bmatrix} \boldsymbol{C}_b^{n'}(1,1) & \boldsymbol{C}_b^{n'}(1,2) & \boldsymbol{C}_b^{n'}(1,3) \\ \boldsymbol{C}_b^{n'}(2,1) & \boldsymbol{C}_b^{n'}(2,2) & \boldsymbol{C}_b^{n'}(2,3) \end{bmatrix} \begin{bmatrix} V_{dx}^{d} \\ V_{dy}^{d} \\ V_{dz}^{d} \end{bmatrix}$$

式中，K 表示测速系数；$\boldsymbol{C}_b^{n'}$ 表示坐标系 b 到坐标系 n' 的坐标矩阵。

可得观测方程为

$$\boldsymbol{Z} = \boldsymbol{H} \cdot \boldsymbol{X} + \boldsymbol{v}$$

式中，$\boldsymbol{H} = \begin{bmatrix} 1 & 0 \\ 0 & 1 \end{bmatrix}$；$\boldsymbol{v} = \begin{bmatrix} v_x \\ v_y \\ v_z \end{bmatrix}$，为 DVL 的测速误差。

3）滤波算法

对上述非线性连续系统进行离散化得到离散系统状态方程，我们采用扩展卡尔曼滤波算法对载体的经纬度坐标进行实时估计。

根据导航系统的工作方式，AUV 需定时接收 GPS 信号以对自主导航系统存在的累积误差进行校正。

2. 相对于水流的导航策略

DVL 对海底作用距离有限。当载体在航行过程中距海底高度超出 DVL 测地速的作用距离时，DVL 将无法提供载体的绝对速度，但能够提供相对于水层的速度。若航行海域水流已知，则与相对速度合成可得到绝对速度，利用航位推算方法计算航位，载体导航误差偏差不会很大。当航行海域水流未知时，只能利用相对水层的速度来推算载体航位，载体导航误差将一直受到水流大小和方向的影响，并且导航误差持续累积。在这种情况下应适当增加 GPS 校准次数，以保证导航精度。

7.3.3 从 AUV 的位置估计

在未知水流情况下，从 AUV 位置估计算法主要研究利用涡轮计程仪提供的机器人对水流的相对速度信息、电子罗盘提供的姿态信息和航向角信息、深度传感器提供准确的深度信息以及低采样频率的距离测量信息，采用扩展卡尔曼滤波（extended Kalman filter，EKF）算法估计水下机器人的位置分量。

在未知水流情况下，由于涡轮计程仪给出的速度测量值是相对速度，因此在EKF状态方程中，增加水流东向、北向分量两个状态量，滤波器可以在线估计水流分量。这里仍然定义载体坐标系原点与机器人重心重合，地理坐标系为惯性坐标系。

建立地理坐标系，设计基于EKF的位置估计算法。未知水流情况下水下机器人的运动学离散系统方程可以写成

$$\begin{gathered}\boldsymbol{s}(k)=\boldsymbol{\Phi}\boldsymbol{s}(k-1)+\boldsymbol{B}\boldsymbol{u}(k)+\boldsymbol{w}(k)\\ \boldsymbol{z}(k)=h(k)+\boldsymbol{v}(k)\end{gathered}$$

式中，$\boldsymbol{s}(k)=\begin{bmatrix}\xi(k) & \eta(k) & v_{\mathrm{E}}(k) & v_{\mathrm{N}}(k)\end{bmatrix}^{\mathrm{T}}$；$\boldsymbol{w}(k)$是过程驱动噪声；$\boldsymbol{v}(k)$是测量噪声；

$$\boldsymbol{\Phi}=\begin{bmatrix}1 & 0 & \Delta T & 0\\ 0 & 1 & 0 & \Delta T\\ 0 & 0 & 1 & 0\\ 0 & 0 & 0 & 1\end{bmatrix};\quad \boldsymbol{B}=\begin{bmatrix}\Delta T & 0\\ 0 & \Delta T\\ 0 & 0\\ 0 & 0\end{bmatrix}$$

$$h(k)=r(k);\quad \boldsymbol{u}(k)=\begin{bmatrix}v(k)\sin\psi(k)\\ v(k)\cos\psi(k)\end{bmatrix}$$

其中，ΔT是采样周期。设$\boldsymbol{Q}(k)$、$\boldsymbol{R}(k)$分别是过程噪声和测量噪声的协方差矩阵。未知水流情况下固定单信标导航算法可以归纳成以下三个步骤：

(1) 初始化。

$$\hat{\boldsymbol{s}}(0\,|\,0)=E[\boldsymbol{s}(0)]$$

$$\boldsymbol{P}(0\,|\,0)=E[[\boldsymbol{s}(0)-E[\boldsymbol{s}(0)]][\boldsymbol{s}(0)-E[\boldsymbol{s}(0)]]^{\mathrm{T}}]$$

$$k=1,2,3,\cdots$$

(2) 预测。

$$\hat{\boldsymbol{s}}(k\,|\,k-1)=\boldsymbol{A}\hat{\boldsymbol{s}}(k-1\,|\,k-1)+\boldsymbol{B}\boldsymbol{u}(k)$$

$$\boldsymbol{P}(k\,|\,k-1)=\boldsymbol{A}\boldsymbol{P}(k-1\,|\,k-1)\boldsymbol{A}^{\mathrm{T}}+\boldsymbol{B}\boldsymbol{Q}(k-1)\boldsymbol{B}^{\mathrm{T}}$$

(3) 修正。

$$\boldsymbol{K}(k)=\boldsymbol{P}(k\,|\,k-1)\boldsymbol{H}^{\mathrm{T}}(k)[\boldsymbol{H}(k)\boldsymbol{P}(k\,|\,k-1)\boldsymbol{H}^{\mathrm{T}}(k)+\boldsymbol{R}(k)]^{-1}$$

$$\hat{\boldsymbol{s}}(k\,|\,k)=\hat{\boldsymbol{s}}(k\,|\,k-1)+\boldsymbol{K}(k)[z(k)-\boldsymbol{H}\hat{\boldsymbol{s}}(k\,|\,k-1)]$$

$$P(k|k)=[I-K(k)H(k)]P(k|k-1)$$

式中，$H=\left.\dfrac{\partial h}{\partial s(k-1)}\right|_{s(k-1)=\hat{s}(k-1|k-1)}$；$I$ 为与 S 维数相同的单位矩阵。

7.3.4 仿真实验

基于上述从 AUV 导航方式和算法，本节通过仿真实验验证从 AUV 导航方法的有效性。根据移动单信标情况下，低成本从 AUV 导航系统的能观性条件制定机动航行方案。

我们把主 AUV 看作一个移动的声信标，为简单起见，仅考虑在水平面内的运动状态，选取某一个从 AUV 的导航系统作为研究对象(仅研究一个从 AUV 的导航系统)，其他 AUV 导航系统与此相同。从 AUV 导航算法利用涡轮计程仪提供的相对速度信息、电子罗盘提供的姿态信息和航向角信息、深度传感器提供准确的深度信息以及低采样频率的距离测量信息，采用 EKF 算法估计从 AUV 的位置分量及水流分量。

设导航传感器测量误差服从零均值高斯分布。实验中，从 AUV 航速为 1m/s，主 AUV 航速为 1.5m/s。从 AUV 以 60° 航向角从初始位置(400,1000)m 做匀速直线运动，主 AUV 做正弦曲线运动。从 AUV 初始位置估计值取(200,1100)m。

为检验算法性能，增大涡轮计程仪、电子罗盘误差分别为 5%和 2°。载体到主 AUV 的距离测量误差为 1m，水流分量为(0.2,0.5)m/s。导航传感器数据采样周期 1s，位置或距离更新率 10s，仿真时间 5000s。

在仿真实验中，通过增大初始位置估计值与实际值的偏差，来考察初始状态估计值对从 AUV 导航系统滤波器的干扰程度，进而验证上述导航算法的稳定性。

1. 跃变水流实验

水流在仿真时间 1500s 处发生跃变，从(0.2,0.5)m/s 跃变到(−0.2,0.3)m/s。图 7.4 给出了从 AUV 的航位估计结果。图 7.5 给出了水流分量估计结果。从图 7.4 和图 7.5 可以看到，在 0～1500s 内，从 AUV 位置估计值逐渐接近实际值，当水流发生跃变时，滤波器重新调整从 AUV 的位置估计值，使位置估计值向实际值逼近，经过一段时间滤波器最终稳定。仿真结束后，位置估计值与实际值相差 4.54m，这是由于滤波器估计时间不够长。水流分量估计值在 0～1500s 内抖动很大，尚未稳定时，水流发生跃变，滤波器调整水流估计值逐渐与真实值接近。仿真结束后，水流估计值与实际值相差 1.31cm/s。跃变水流计算机仿真说明，从 AUV 导航系统能够抵抗水流跃变，具有在复杂水流环境下正常工作的能力。

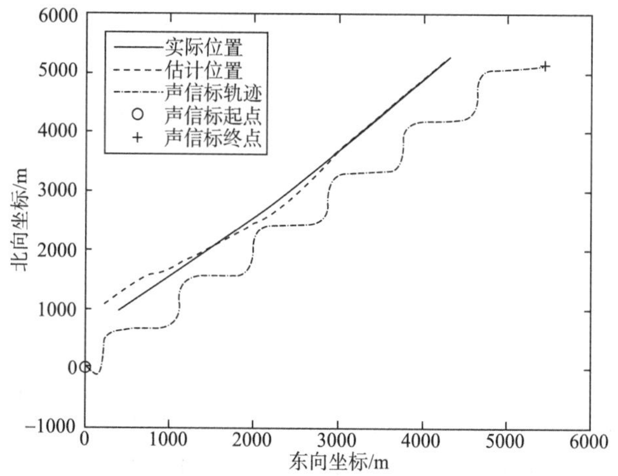

图 7.4　跃变水流情况下的位置估计仿真结果

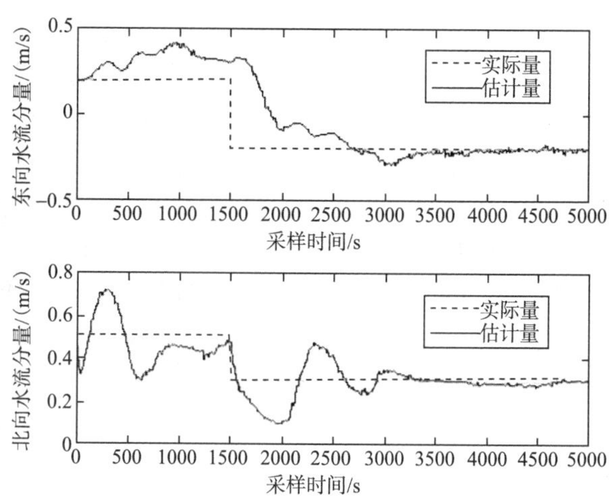

图 7.5　跃变水流情况下的水流估计仿真结果

2. 测距断点实验

仿真实验中，水流分量为(0.2,0.5)m/s，给定两组测距断点，分别发生在时段600～840s 和 1100～1460s，在这两个时段内，从 AUV 不能获得测距信息。图 7.6 给出了从 AUV 的位置估计结果。从图中可以看出，在从 AUV 航行初期，位置估计值抖动幅度较大，当距离测量恢复正常后，位置估计值逐渐逼近实际值，滤波器最终稳定。仿真结束后，位置估计值与实际值相差 3.27m。图 7.7 给出了水流分量估计结果。从图中可以看出，当距离测量恢复正常后，水流分量估计值逐渐向实际值接近。仿真结束后，水流估计值与实际值相差 2.51cm/s。测距断点仿真结果说明，采用移动单信标导航方法的从 AUV 导航系统能够在测距通信失灵情况下保持较高的导航精度和稳定性，具有很好的鲁棒性。

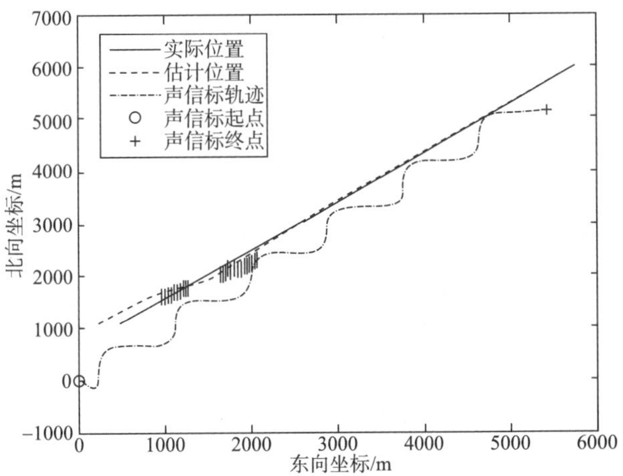

图 7.6　存在测距断点时的位置估计仿真结果

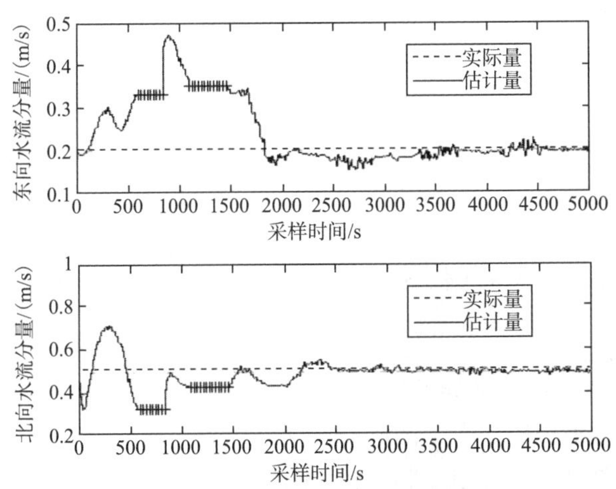

图 7.7　存在测距断点时的水流估计仿真结果

综合上述研究和仿真可以得出以下结论：通过主 AUV 的机动运动，采用本节设计的基于 EKF 的导航算法能够使从 AUV 在一个主 AUV 辅助下进行长时间远程航行，具有较好的稳定性，随着时间推移，滤波器逐渐收敛。

本节提出的从 AUV 导航算法受滤波器初始估计值偏差影响较小，具有很好的导航精度和稳定性，能够正确估计出水流，解决主从式 AUV 群体中从 AUV 位置估计困难的问题，特别适用于低成本主从式 AUV 群体中从 AUV 的导航与跟踪。

7.4 基于移动双信标的协作导航方法

基于移动双信标的协作导航方法把主 AUV 当作移动声信标，从 AUV 在主 AUV 引导下航行，具体执行过程为：首先设定两个声信标广播导航信息的周期和时序，协作导航过程中，两个声信标分别在预定的时间间隔向其他 AUV 广播导航信息，其中包括发送信息的时间和主 AUV 的位置，从 AUV 一旦收到来自主 AUV 的导航信息，便可以根据主 AUV 到从 AUV 的声传播时间计算它们相对于主 AUV 的距离，同时结合自身导航传感器信息和主 AUV 的位置信息，利用 EKF 进行位置估计，执行过程如图 7.8 所示。

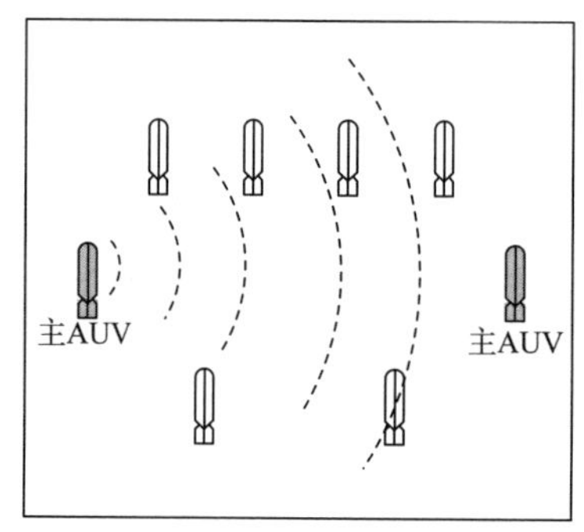

(a) 第一个主AUV广播导航信息

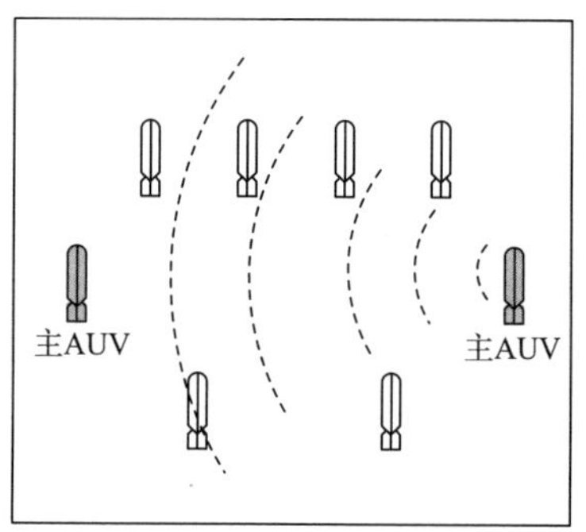

(b) 第二个主AUV广播导航信息

图 7.8 AUV 协作导航执行过程

基于移动双信标的协作导航方法，其关键步骤是主 AUV 利用水声通信机向从 AUV 发送其精确位置信息，因此需要保证以下前提条件：

(1) 每个 AUV 的水声通信机是全向型的。考虑到从 AUV 位置的不确定性，需要采用全向型水声通信机。

(2) AUV 之间的距离尽可能保持在水声通信范围内。为了最大限度发挥协作导航的作用，应该在作业规划阶段尽可能考虑 AUV 群体成员之间的距离保持在水声通信范围内，按照前面介绍的编队航行策略可以保证群体以紧凑间距航行，只要设计编队宽度小于通信距离即可。

(3) 几何分布上两个主 AUV 分别位于群体其他成员的两侧。主 AUV 分列两侧不会干扰群体其他成员作业所需的航行轨迹，并且来自两侧不同方位的声信标信息有助于提高导航精度。

(4) 所有 AUV 保持时钟同步。各 AUV 的时钟在下潜前都与 GPS 时钟同步，并且在下潜后通过高精度有源晶振精确计时，维持这种精确的同步。由于对声传播时间的测量精度直接决定着声学测距误差，因此采用高精度有源晶振能够使测时误差不大于 1ms。

本节假定以上前提条件均满足，并且假定主 AUV 不存在导航误差，着重研究从 AUV 的位置估计问题。

7.4.1 基于 EKF 的从 AUV 位置估计算法

本节选取其中一个从 AUV 的导航系统作为研究对象，分析从 AUV 位置估计算法的原理、系统模型以及基于 EKF 的位置估计算法，其他从 AUV 的导航系统与此相同。

1. 位置估计算法原理

协作导航的主要目的是提高从 AUV 的导航精度，因此，从 AUV 的位置估计算法最为关键。从 AUV 位置估计算法将融合 DVL、TCM2、水声通信机、深度计四个传感器的信息。其中，TCM2 提供载体的航向角、纵倾角和横摇角信息，DVL 提供载体坐标系下的速度值，经过坐标变换可以获得 AUV 的速度，通过水声通信机传送主 AUV 的位置信息，以及根据传播延迟计算出从 AUV 到主 AUV 的距离信息，结合深度计提供的深度信息，可以解算出从 AUV 到主 AUV 的水平距离信息。从 AUV 将综合上述信息，采用 EKF 算法估计自身的位置分量。从 AUV 位置估计算法原理图如图 7.9 所示。

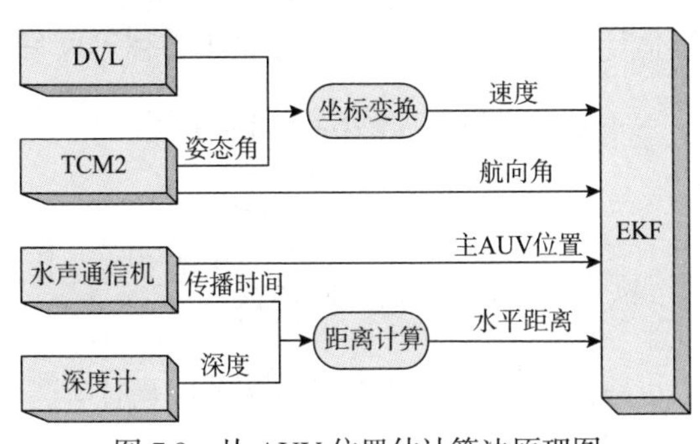

图 7.9 从 AUV 位置估计算法原理图

2. 系统模型

为简单起见，仅考虑 AUV 在水平面内的匀速运动，定义载体坐标系原点与机器人重心重合，地理坐标系为惯性坐标系。系统状态变量为 $\boldsymbol{s}(t)=[\xi(t) \quad \eta(t)]^{\mathrm{T}}$，其中 $\xi(t)$、$\eta(t)$ 分别为惯性坐标系下东向和北向坐标。系统状态方程为

$$\dot{\boldsymbol{s}}(t)=\boldsymbol{A}\boldsymbol{s}(t)+\boldsymbol{u} \tag{7.7}$$

式中，$\boldsymbol{A}=\begin{bmatrix}1 & 0\\0 & 1\end{bmatrix}$；$\boldsymbol{u}=\begin{bmatrix}v(t)\sin\psi(t) & v(t)\cos\psi(t)\end{bmatrix}^{\mathrm{T}}$，其中，$v(t)$是 AUV 前向合成速度，$\psi(t)$是 AUV 的航向角。

系统观测量为 AUV 到声信标的水平距离，系统观测方程为

$$z_1(t)=h_1(t) \tag{7.8}$$

$$z_2(t)=h_2(t) \tag{7.9}$$

式中，

$$h_1(t)=\sqrt{[\xi(t)-\xi_b^1(t)]^2+[\eta(t)-\eta_b^1(t)]^2}$$

$$h_2(t)=\sqrt{[\xi(t)-\xi_b^2(t)]^2+[\eta(t)-\eta_b^2(t)]^2}$$

其中，$\xi_b^1(t)$、$\eta_b^1(t)$分别是惯性坐标系下第一个主 AUV 的东向和北向坐标；$\xi_b^2(t)$、$\eta_b^2(t)$分别是惯性坐标系下第二个主 AUV 的东向和北向坐标。从 AUV 将根据收到的导航信息内容判断该信息来自哪一个主 AUV，并采用相应的观测方程。

3. 基于 EKF 的位置估计算法

系统(7.7)是一个非线性系统，传统的卡尔曼滤波器只针对线性系统，是统计意义上的最优状态估计，只能使用 EKF 算法来进行状态估计。这里采用 EKF 算法进行从 AUV 位置估计。AUV 的运动学离散系统方程可以写成

$$\boldsymbol{s}(k)=\boldsymbol{A}\boldsymbol{s}(k-1)+\boldsymbol{B}\boldsymbol{u}(k-1)+\boldsymbol{w}(k-1)$$

$$z_1(k)=h_1(k)+r(k)$$

$$z_2(k)=h_2(k)+r(k)$$

式中，$\boldsymbol{s}(k)=\begin{bmatrix}\xi(k) & \eta(k)\end{bmatrix}^{\mathrm{T}}$；$\boldsymbol{w}(k)$是过程驱动噪声；$r(k)$是测量噪声，假设它们为相互独立的高斯白噪声；

$$\boldsymbol{A}=\begin{bmatrix}1 & 0\\0 & 1\end{bmatrix};\quad \boldsymbol{B}=\begin{bmatrix}\Delta T & 0\\0 & \Delta T\end{bmatrix}$$

$$\boldsymbol{u}(k)=\begin{bmatrix}v(k)\sin\psi(k)\\v(k)\cos\psi(k)\end{bmatrix}$$

$$h_1(k)=d_1(k);\quad h_2(k)=d_2(k)$$

其中，ΔT 是采样周期；$v(k)$ 是 AUV 前向合成速度；$\psi(k)$ 是 AUV 的航向角；$d_1(k)$ 和 $d_2(k)$ 分别是来自两个主 AUV 的距离观测量。设 $\boldsymbol{Q}(k)$ 、$\boldsymbol{R}(k)$ 分别是过程噪声和测量噪声的协方差矩阵。基于 EKF 的从 AUV 位置估计算法可以归纳成以下三个步骤：

(1) 初始化。

$$\hat{\boldsymbol{s}}(0\,|\,0)=E[\boldsymbol{s}(0)]$$

$$\boldsymbol{P}(0\,|\,0)=E[[\boldsymbol{s}(0)-E[\boldsymbol{s}(0)]][\boldsymbol{s}(0)-E[\boldsymbol{s}(0)]]^{\mathrm{T}}]$$

(2) 预测。

$$\hat{\boldsymbol{s}}(k\,|\,k-1)=\boldsymbol{A}\hat{\boldsymbol{s}}(k-1\,|\,k-1)+\boldsymbol{B}\boldsymbol{u}(k-1)$$

$$\boldsymbol{P}(k\,|\,k-1)=\boldsymbol{A}\boldsymbol{P}(k-1\,|\,k-1)\boldsymbol{A}^{\mathrm{T}}+\boldsymbol{B}\boldsymbol{Q}(k-1)\boldsymbol{B}^{\mathrm{T}}$$

(3) 修正。

若用来自第一个主 AUV 的观测值修正，则

$$\boldsymbol{H}_1(k)=\left.\frac{\partial h_1}{\partial \boldsymbol{s}(k-1)}\right|_{\boldsymbol{s}(k-1)=\hat{\boldsymbol{s}}(k-1|k-1)}$$

卡尔曼增益为

$$\boldsymbol{K}_1(k)=\boldsymbol{P}(k\,|\,k-1)\boldsymbol{H}_1(k)^{\mathrm{T}}[\boldsymbol{H}_1(k)\boldsymbol{P}(k\,|\,k-1)\boldsymbol{H}_1(k)^{\mathrm{T}}+\boldsymbol{R}(k)]^{-1}$$

状态更新为

$$\hat{\boldsymbol{s}}(k\,|\,k)=\hat{\boldsymbol{s}}(k\,|\,k-1)+\boldsymbol{K}_1(k)[z_1(k)-h_1(\hat{\boldsymbol{s}}(k\,|\,k-1))]$$

$$\boldsymbol{P}(k\,|\,k)=[\boldsymbol{I}-\boldsymbol{K}_1(k)\boldsymbol{H}_1(k)]\boldsymbol{P}(k\,|\,k-1)$$

同理，若用来自第二个主 AUV 的观测值修正，则

$$\boldsymbol{H}_2(k)=\left.\frac{\partial h_2}{\partial \boldsymbol{s}(k-1)}\right|_{\boldsymbol{s}(k-1)=\hat{\boldsymbol{s}}(k-1|k-1)}$$

卡尔曼增益为

$$\boldsymbol{K}_2(k)=\boldsymbol{P}(k\,|\,k-1)\boldsymbol{H}_2(k)^{\mathrm{T}}[\boldsymbol{H}_2(k)\boldsymbol{P}(k\,|\,k-1)\boldsymbol{H}_2(k)^{\mathrm{T}}+\boldsymbol{R}(k)]^{-1}$$

状态更新为

$$\hat{\boldsymbol{s}}(k\,|\,k)=\hat{\boldsymbol{s}}(k\,|\,k-1)+\boldsymbol{K}_2(k)[z_2(k)-h_2(\hat{\boldsymbol{s}}(k\,|\,k-1))]$$

$$\boldsymbol{P}(k|k)=[\boldsymbol{I}-\boldsymbol{K}_2(k)\boldsymbol{H}_2(k)]\boldsymbol{P}(k|k-1)$$

7.4.2 仿真实验

本节对基于移动双信标的协作导航方法进行 MATLAB 仿真实验，对协作导航方法的性能进行分析。

1. 仿真参数设定

假定从 AUV 导航传感器测量误差服从零均值高斯分布，其中，TCM2 电子罗盘测量误差为2°，DVL 航速测量误差为 5%，且导航传感器数据采样周期为 1s。协作导航过程中从 AUV 的测距误差为 1m，测距周期为 30s，交替利用第一个主 AUV 和第二个主 AUV 的位置信息进行运算。

2. 仿真结果

实验一：从 AUV 采用直线航迹的仿真。仿真中，两个主 AUV 的初始位置设置为(0,0)和(400,0)，以 0° 航向角航行，从 AUV 也以 0° 航向角从初始位置(250,50)做匀速直线运动，初始位置估计值取(200,100)，所有 AUV 的航速为 2m/s，仿真时间为 3000s。图 7.10(a)给出了从 AUV 的位置估计仿真结果。从图中可以看出，刚开始由于初始位置估计值与实际值有一定差距，滤波器的位置估计值抖动较大，后来逐渐逼近实际值，最后滤波器达到稳定，位置估计值与实际值相差小于 1m。图 7.10(b)给出了东向和北向位移的估计结果。从图中可以看出，经过初始阶段的调整，大约 500s 之后，位移分量估计值开始逼近实际值。仿真结果表明，采用基

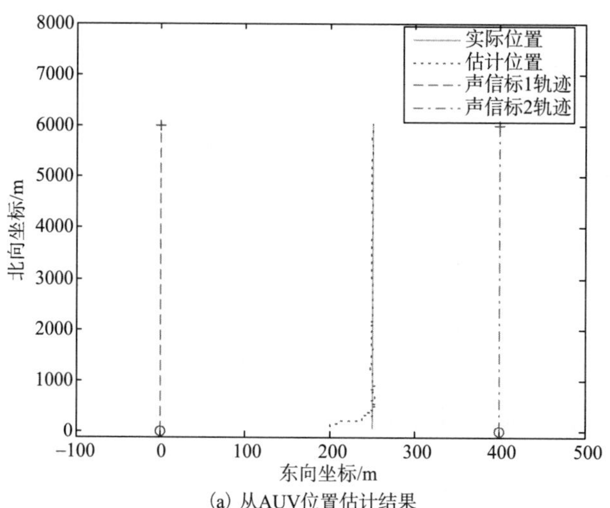

(a) 从AUV位置估计结果

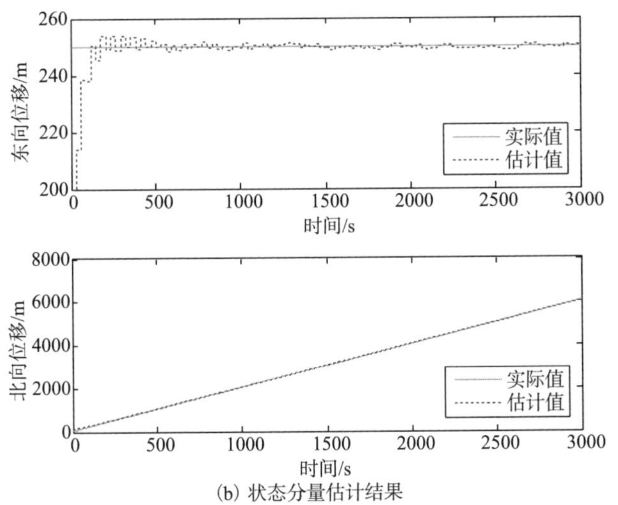

(b) 状态分量估计结果

图 7.10 从 AUV 采用直线航迹的仿真结果

于移动双信标的协作导航方法能够提高从 AUV 的位置估计精度，对从 AUV 采用直线航迹具有较好的适用性，能够满足长距离导航的需要。

实验二：从 AUV 采用折线航迹的仿真。仿真中，两个主 AUV 的初始位置设置为(0,0)和(400,0)，以 0° 航向角航行，从 AUV 实际初始位置为(350,100)，并以 ±30° 的航向角做折线运动，初始位置估计值取(450,130)，所有 AUV 的航速为 1m/s，仿真时间为 2000s。

图 7.11(a)给出了从 AUV 的位置估计仿真结果。从图中可以看出，初始阶段滤波器的位置估计值呈现较大抖动，但总体趋势是向实际值逼近的，当滤波器达到稳定后，位置估计值与实际值相差小于 1m。尽管滤波器稳定后从 AUV 进行了

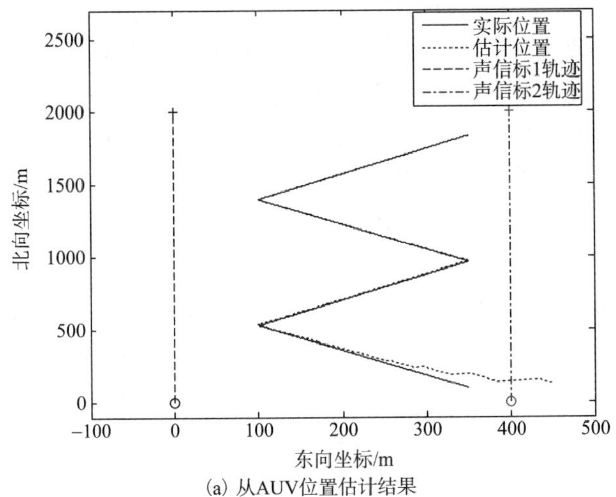

(a) 从AUV位置估计结果

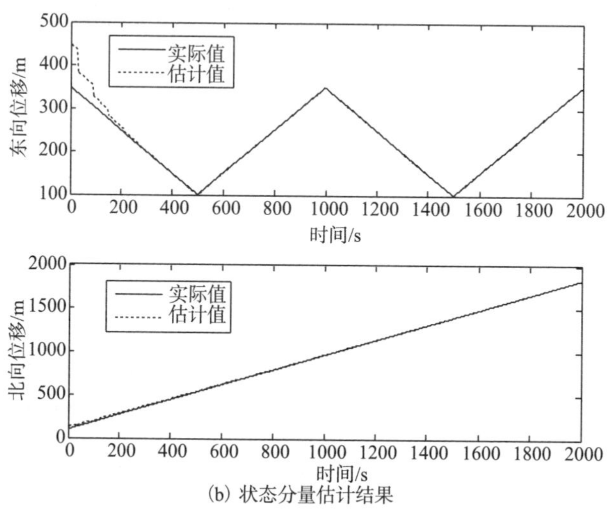

(b) 状态分量估计结果

图 7.11　从 AUV 采用折线航迹的仿真结果

多次转向，但对滤波器的位置估计并没有影响。图 7.11(b)给出了东向和北向位移的估计结果。从图中可以看出，位移分量估计值能够较快地逼近实际值。因此，基于移动双信标的协作导航方法对从 AUV 采用折线航迹也具有较好的适用性，能够保证较高的导航精度和稳定性。

仿真中有意增大了初始位置估计值与实际值的偏差，目的是考察初始状态估计值对从 AUV 导航系统滤波器的干扰程度，进而验证算法的稳定性。仿真结果表明，采用基于移动双信标的协作导航方法能够允许从 AUV 位置估计算法存在较大的初始状态估计偏差。事实上，从 AUV 如果携带 GPS 定位设备，可以直接给出准确的初始位置，从 AUV 导航系统将会更加稳定，导航精度更高。

实验三：从 AUV 采用梳形搜索航迹的仿真。结合多目标搜索应用背景，以及第 4 章提出的编队搜索策略，对从 AUV 进行梳形搜索时的协作导航过程进行仿真。以两个从 AUV 为例，分别记为 SV1 和 SV2，初始实际位置分别为(50,50)和(150,50)，初始位置估计值分别为(20,100)和(180,35)。两个主 AUV 分别记为 LV1 和 LV2，初始位置设置为(0,0)和(200,0)，以 0° 航向角航行，所有 AUV 的航速为 2m/s，仿真时间为 1125s。图 7.12 给出了两个从 AUV 的位置估计仿真结果。从图中可以看出，两个从 AUV 的位置估计值经过初始阶段的抖动后均能够逐渐逼近实际值，滤波器稳定后，两个从 AUV 的位置估计值与实际值相差均在 2m 以内，而且，即使 AUV 进行梳形搜索改变航向也不会出现抖动，具有较好的稳定性。仿真结果表明，本章提出的协作导航方法能够保证从 AUV 具有较高的位置估计精度，能够满足编队搜索时的导航需要。

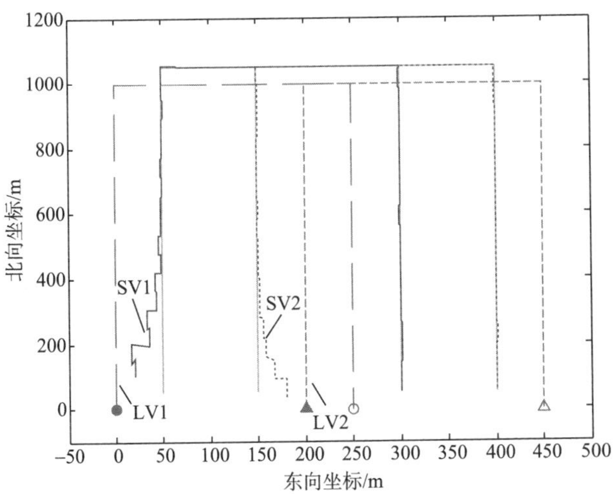

图 7.12　从 AUV 采用梳形搜索航迹的仿真结果

实验四：通信暂时中断情况下的仿真。为了考察滤波器在通信暂时中断情况下的位置估计性能，给定两组通信断点，分别发生在时段 100～300s 和 1100～1250s，在这两个时段内，从 AUV 不能获得准确的距离信息，其他条件与实验二的仿真相同。图 7.13(a)给出了从 AUV 的位置估计结果。从图中可以看出，在从 AUV 航行初期，通信断点引起位置估计值偏离实际值，当通信恢复正常后，位置估计值迅速逼近实际值，滤波器最终稳定，位置估计值与实际值相差在 1m 以内。图 7.13(b)给出了位置坐标分量的估计结果。图中两组通信断点都给滤波器估计结果带来一定的扰动，但扰动不大。当通信恢复正常，从 AUV 计算出准确的距离信息后，滤波器状态量估计值向实际值迅速逼近，最后达到稳定。仿真结果表明，

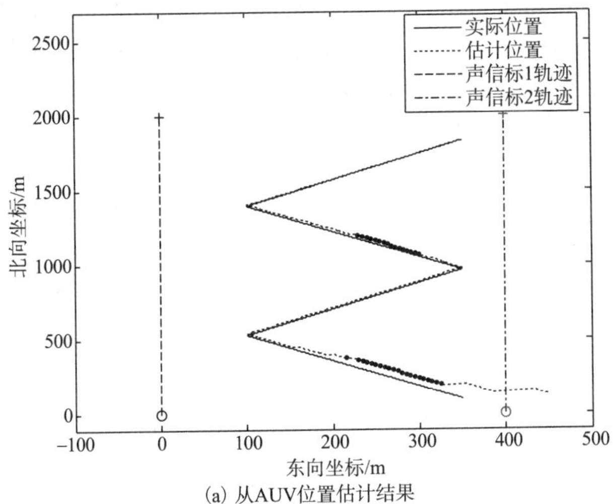

(a) 从AUV位置估计结果

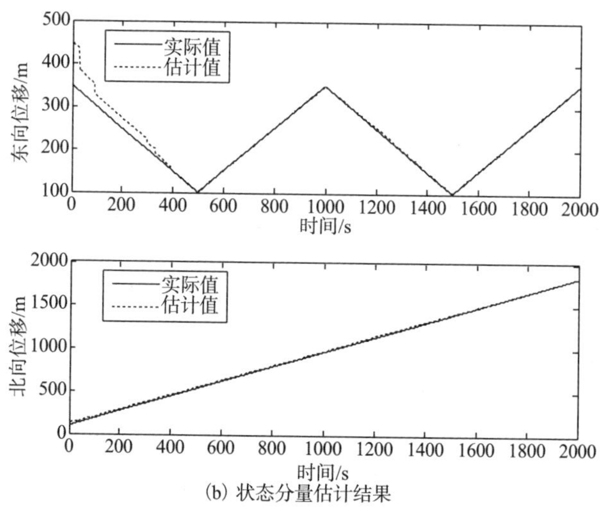

(b) 状态分量估计结果

图 7.13 存在通信中断的仿真结果

采用基于移动双信标的协作导航方法，从 AUV 导航系统能够在通信暂时中断情况下保持较高的导航精度和稳定性，具有很好的鲁棒性。从另一个角度可以看出，通过限制协作导航中主 AUV 发送精确位置信息的时段，能够在保证一定导航精度的同时，降低 AUV 之间的数据通信量。

7.4.3 基于移动双信标的协作导航方法优势分析

基于移动双信标的协作导航方法的优势可以总结如下：

(1) 基于移动双信标的协作导航方法可以有效提高从 AUV 的导航精度，能够使多个从 AUV 在两个声信标的辅助下进行长时间远程航行，受滤波器初始估计值偏差影响较小，能够较快地逼近真实值，具有很好的导航精度和稳定性，对从 AUV 采用直线航迹、折线航迹和梳形搜索航迹均具有较好的适用性，有利于提高 AUV 群体作业水平，扩大作业范围。

(2) 大量低精度导航能力的从 AUV 不必浮出水面进行 GPS 校正，而是在水下实现位置校正，能够有效降低能源消耗，同时也保证了作业的隐蔽性。仅需要两个携带高精度导航传感器的主 AUV 作为移动声信标，有效降低了多 AUV 系统的成本，也提高了主 AUV 损坏的容错性，为多 AUV 系统的实际应用创造了条件。

(3) 针对水下弱通信条件，在通信暂时中断的情况下，协作导航方法仍能保证从 AUV 具有较高的导航精度和稳定性。换个角度来说，减少协作导航的时间段，既可以保证从 AUV 导航精度在可以接受的范围内，又可以有效降低通信量。

(4) 系统采用时钟同步，因此主 AUV 采用广播方式发送导航信息，每个从 AUV 通过监听就可以确定它们相对于主 AUV 的距离，使得从 AUV 的数量不受限制，与每个从 AUV 均通过向主 AUV 发送测距信号并计算水声往返时间来测量距离的方法相比，该方法更适合群体作业。

(5) 无须声信标或从 AUV 的机动运动，只需要两个声信标分别位于 AUV 群体的两侧，并设计好两个声信标发布导航信息的周期和时序，便能使从 AUV 在两个移动声信标辅助下进行位置估计，不会干扰各 AUV 完成探测、识别、编队等复杂的作业需求，在多目标搜索的同时实现协作导航。

综上所述，基于移动双信标的协作导航方法是一种适用于主从式 AUV 群体的低成本自主导航方案，可以解决从 AUV 导航精度较低的问题，能够满足水下多目标搜索等实际工程应用的需要。

7.5 本章小结

本章首先分析了主从式 AUV 群体的导航系统，介绍了协作导航方法的执行过程和前提条件，详细分析了从 AUV 位置估计算法的原理、系统模型和 EKF 位置估计算法。在此基础上，本章提出了一种基于移动双信标的协作导航方法，利用两个携带高精度导航传感器的主 AUV 作为移动的两个信标，为数量不限的携带低精度导航传感器的从 AUV 提供精确导航信息。最后，通过仿真实验分析了协作导航方法的性能，包括对直线航迹、折线航迹以及梳形搜索航迹的适用性，并分析了通信中断对从 AUV 位置估计的影响，验证了协作导航方法的正确性和有效性，并总结了本章协作导航方法的优势。本章研究工作为 AUV 群体实现低成本自主导航提供了理论依据，为解决多 AUV 多目标搜索中导航定位技术难题提供了可行方案。

参考文献

[1] Cruz N, Matos A, de Sousa J B, et al. Operations with multiple autonomous underwater vehicles operations: the PISCIS project[C]. Annual Symposium on Autonomous Intelligent Networks and Systems, 2003.

[2] Singh H, Catipovic J, Eastwood R, et al. An integrated approach to multiple AUV communications, navigation and docking[C]. Oceans, 1996: 59-64.

[3] Cruz N, Madureira L, Matos A, et al. A versatile acoustic beacon for navigation and remote tracking of multiple underwater vehicles[C]. Oceans, 2001: 1829-1834.

[4] An P E, Healey A J, Smith S M, et al. New experimental results on GPS/INS navigation for Ocean Voyager II AUV[C]. Symposium on Autonomous Underwater Vehicle Technology, 1996: 249-255.

[5] Fenwick J W, Newman P M, Leonard J J. Cooperative concurrent mapping and localization[C]. IEEE International Conference on Robotics and Automation, 2002: 1810-1817.

[6] Yu S C, Ura T, Fujii T, et al. Navigation of autonomous underwater vehicles based on artificial underwater landmarks[C]. Oceans, 2001: 409-416.

[7] Baccou P, Jouvencel B, Creuze V, et al. Cooperative positioning and navigation for multiple AUV operations[C]. Oceans, 2001: 1816-1821.

[8] Eustice R M, Whitcomb L L, Singh H, et al. Experimental results in synchronous-clock one-way-travel-time acoustic navigation for autonomous underwater vehicles[C]. IEEE International Conference on Robotics and Automation, 2007: 4257-4264.

[9] Willcox S, Streitlien K, Vaganay J, et al. CADRE: cooperative autonomy for distributed reconnaissance and exploration[Z]. Cambridge, MA: Bluefin Robotics Corporation, 2002.

[10] Vaganay J, Leonard J J, Curcio J A, et al. Experimental validation of the moving long base-line navigation concept[C]. IEEE/OES Autonomous Underwater Vehicles, 2004: 59-65.

[11] 冀大雄. 基于测距声信标的深水机器人导航定位技术研究[D]. 沈阳: 中国科学院沈阳自动化研究所, 2008.

8 多 AUV 协同控制仿真及试验

8.1 多 AUV 数字仿真平台

多 AUV 数字仿真平台是为了开展多 AUV 协同控制关键技术研究而研制的仿真平台，是一个并行、分布式视景仿真系统。在仿真平台上加载有 AUV 动力学模型、传感器模型、海洋环境模型、水声信道模型等，可实时模拟 AUV 的动态过程。仿真平台具备数据记录、三维视景显示等功能，主要用于验证多 AUV 协同控制方法，可同时对多种类、多 AUV 进行仿真。

多 AUV 数字仿真平台由两台高性能的工作站和若干台计算机组成，它们之间通过网络连接，由此构成基于局域网的异构多 AUV 系统。该仿真系统包括三类节点：视景显示节点、虚拟环境节点、自动驾驶节点。视景显示节点(工作站)用于显示海洋环境和 AUV 的二维/三维实时动态；虚拟环境节点用于模拟海洋环境和 AUV 传感器的输出；由多台计算机组成的自动驾驶节点安装有 AUV 自动驾驶舱软件，每台计算机可模拟多个同类 AUV 的控制程序。

多 AUV 数字仿真平台[1]由虚拟环境节点、视景显示节点和若干台自动驾驶节点组成，其总体结构如图 8.1 所示，软件结构如图 8.2 所示。虚拟环境节点根据每

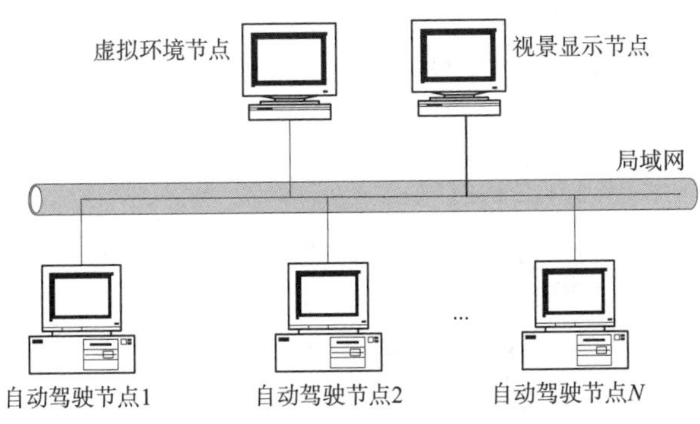

图 8.1 多 AUV 数字仿真平台总体结构

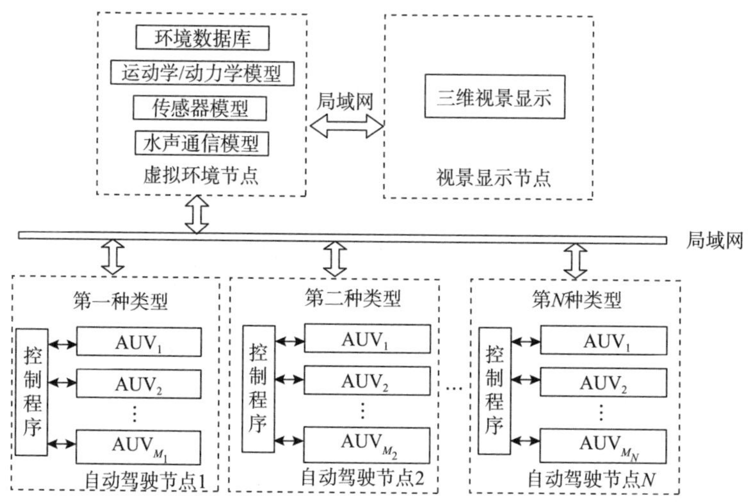

图 8.2　多 AUV 数字仿真平台软件结构

台 AUV 的运动控制量进行动力学和运动学解算，并转化成虚拟传感器值输出给自动驾驶节点和视景显示节点；视景显示节点通过接收虚拟环境节点的环境数据和 AUV 载体状态信息，实现各 AUV 位置姿态、目标物、障碍物等的二维和三维图形显示；自动驾驶节点用于实现 AUV 控制系统软件，包括协作层、任务层和行为层的实现，并且每个自动驾驶节点可同时模拟多个相同角色 AUV 的控制系统。

前面几章介绍了多 AUV 协同控制的方法，这些方法均在多 AUV 仿真平台上进行了验证。由于该仿真平台加载的 AUV 模型均为实际 AUV 水动力模型，使得整个仿真过程更具有真实性和实际应用价值。本章将围绕典型场景进行仿真，同时介绍实际湖上试验过程。

8.2　典型场景设计及仿真

8.2.1　多 AUV 队形控制及避碰

本节在多 AUV 数字仿真平台上对“多 AUV 队形控制及避碰”进行仿真，重点演示多 AUV 队形控制方法和避碰策略。

仿真场景同 6.5 节：多 AUV 系统协同通过多山障碍物区域。

多 AUV 系统由 1 个领航者和 5 个跟随者构成，这里我们采用跟随领航者法[2]。领航 AUV 具有避碰能力，在编队行进过程中，领航 AUV 依据探测信息向跟随 AUV 发送队形变换指令，使跟随者能顺利通过障碍物区域。其编队航行及避碰过程如图 8.3 所示。

从图 8.3 中可以看出，多 AUV 系统的航行过程分为四个阶段：

(1)初始队形形成阶段(从 O 点到 A 点)，多 AUV 形成三角形队形；

(2)进入障碍物区域阶段(从 A 点至 B 点)，多 AUV 由三角形队形变换为矩形队形，目的是保证所有的 AUV 能顺利进入障碍物区域；

(3)绕过障碍物区域阶段(从 B 点至 C 点)，多 AUV 由矩形队形变为宽度更窄的纵队行进，目的是保证所有的 AUV 能顺利绕过障碍物区域；

(4)通过障碍物阶段(从 C 点至 END 点)，多 AUV 恢复初始三角形队形，并回到原轨迹。

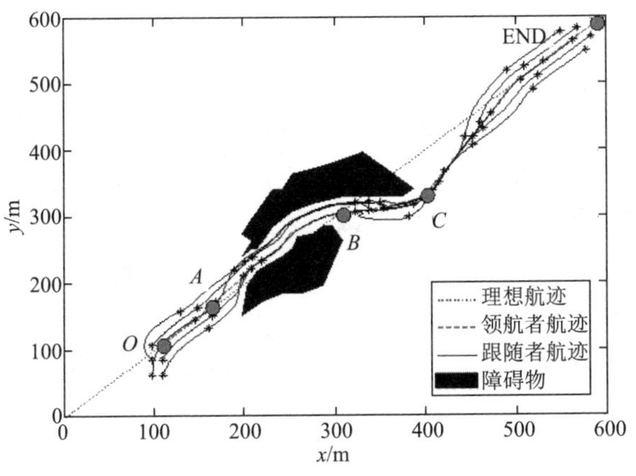

图 8.3　多 AUV 避碰过程

多 AUV 群体在通过多山障碍物区域时经过了四次队形变换。图 8.4～图 8.7 为该视景仿真过程中四次队形变换的截图。

图 8.4 显示从 O 点到 A 点，多 AUV 系统形成初始队形——三角形；图 8.5 为多 AUV 穿过障碍物区域(A 点至 B 点)，队形由三角形变换为矩形，以适应狭窄的区域；图 8.6 为多 AUV 绕过障碍物区域(B 点至 C 点)，队形由矩形转换为纵队；图 8.7 为多 AUV 安全通过海山区(C 点至 END 点)，回到原轨迹上，其队形由纵队转换为之前的三角形。

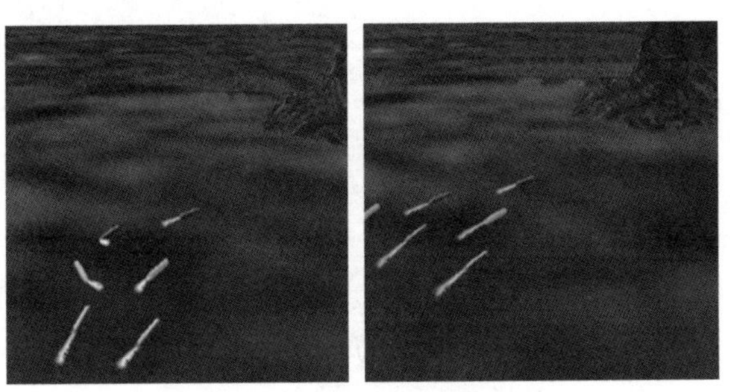

图 8.4　形成初始队形

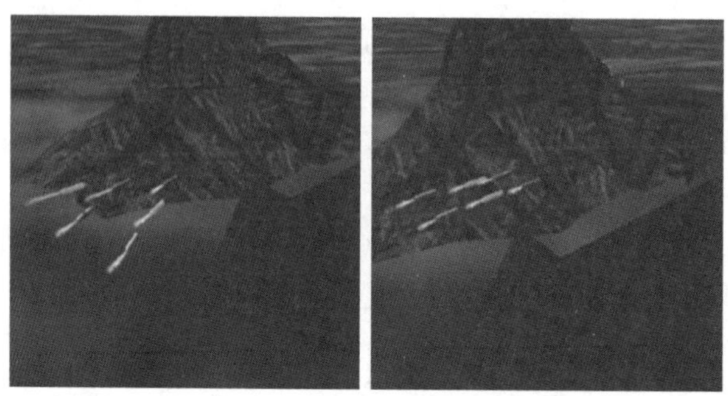

图 8.5　三角形变换为矩形

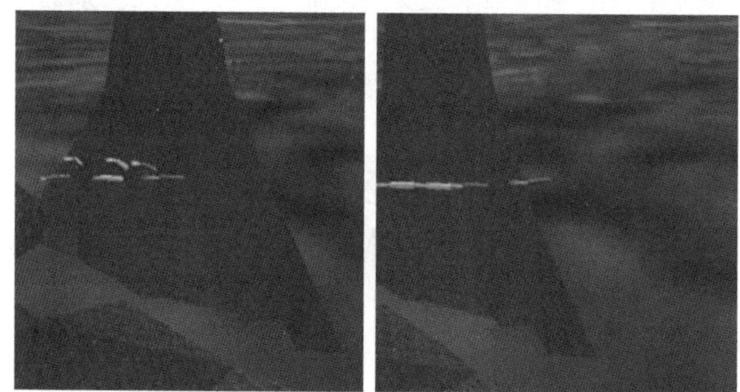

图 8.6　矩形变换为纵队

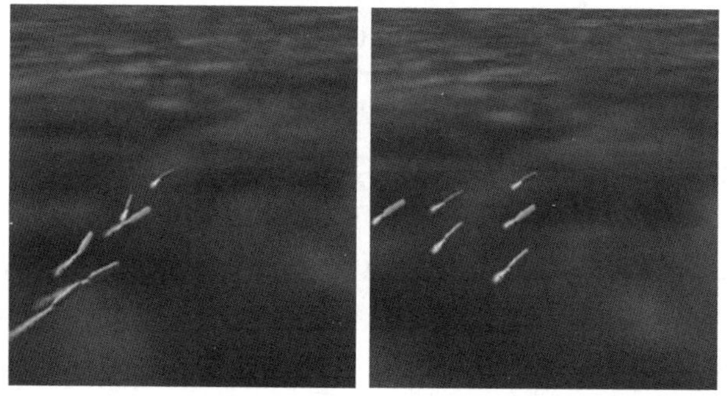

图 8.7　纵队变换为三角形

通过仿真结果可以看出，多 AUV 系统在领航 AUV 的带领下，通过避碰检测及队形控制，顺利通过海山区。

8.2.2　多 AUV 协同搜索仿真

在多 AUV 数字仿真平台上对“多 AUV 协同搜索”进行仿真。重点演示搜索过程中多 AUV 的协作控制方法，包括队形控制策略、搜索过程中的任务分配方法等。

1. 仿真场景描述

假设作业区域为矩形区域，面积为 2km × 2km。在该区域有 N 个目标，其位置未知。多 AUV 系统由 10 个 AUV 组成，其中，2 个为领航 AUV(分布在编队两侧)、5 个为探测 AUV、3 个为识别 AUV。AUV 搜索路径为梳形搜索路径。

2. 仿真流程

整个使命包括多 AUV 使命规划、AUV 编队搜索、任务分配、AUV 对疑似目标确认等。仿真平台实时动态显示、记录 AUV 群体状态和使命执行过程。整个仿真过程包括：

(1)使命规划，获得 2 个领航 AUV 和 5 个探测 AUV 的路径；

(2)探测 AUV 编队对该区域进行搜索，获得该区域疑似目标信息；

(3)领航 AUV 进行任务分配，识别 AUV 对分配的目标进行“识别”确认。

3. 仿真结果

在多 AUV 数字仿真平台上对该使命进行仿真。

1)使命规划

首先在仿真平台上进行使命规划，确定 7 个 AUV 的航行轨迹。使命规划后 7 个 AUV 的航行轨迹如图 8.8 所示。每个 AUV 的航迹均为梳形，5 个探测 AUV 在 2 个领航 AUV 的引导下按梳形路径航行。

2)编队搜索

这里采用基于领航者的编队控制策略，5 个探测 AUV 在 2 个领航 AUV 的引导下沿梳形路径编队进行搜索，采用的编队控制方法及搜索策略见第 3 章和第 4 章。AUV 实际航行轨迹如图 8.9 所示，同时获得了该区域疑似目标(用圆点表示)信息，N 为 20，即该区域有 20 个疑似目标。

3)探测结果确认

领航 AUV 进行任务分配，由 3 个识别 AUV 对该区域的 20 个疑似目标进行确认。任务分配方法采用的是第 5 章介绍的 MACS 算法。3 个识别 AUV 对 20 个疑似目标的识别路径如图 8.10 所示。

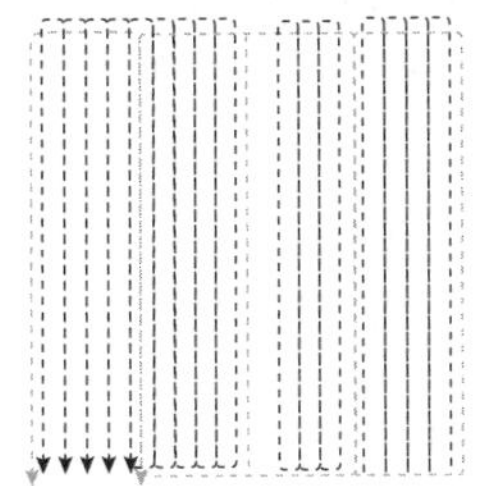

图 8.8 AUV 使命规划

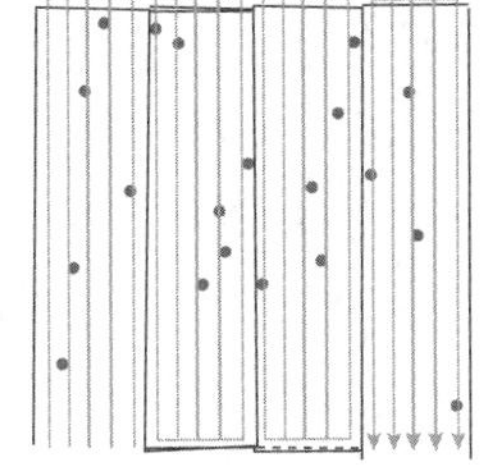

图 8.9 探测 AUV 实际航行轨迹

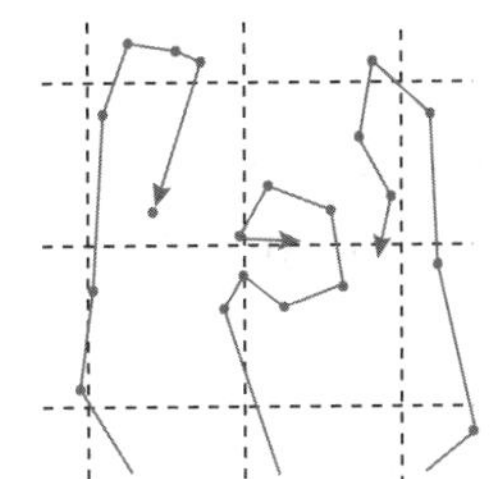

图 8.10 识别 AUV 的识别路径

通过上述仿真可以看出，5 个探测 AUV 在 2 个领航 AUV 的引导下完成了编队梳形搜索使命，并获得了疑似目标的数量及位置信息。领航 AUV 自主对探测结果进行了任务分配，3 个识别 AUV 采用多个蚁群协作优化的方式，对 20 个疑似目标进行确认，每个 AUV 识别 6～7 个疑似目标，任务分配均衡，能够获得与理想解偏离较小的解，更加贴近多 AUV 任务分配问题的实际应用需求。

8.3 多 AUV 编队试验

8.3.1 概述

多 AUV 队形控制是其集群协作的基础，是当前研究的热点。针对多 AUV 队形控制，国内外学者在控制算法与策略上取得了一些研究成果[3-6]，从跟随领航者法到人工势场法、虚拟结构法等，均取得了仿真研究结果。

实际应用中，要实现多 AUV 水下编队面临的主要问题是 AUV 之间的通信问题。水声通信机是当前最常用的水下通信设备，由于水声通信机在水下受通信带宽、速率等方面的限制，将现有的队形控制方法移植到实际多 AUV 系统中都存在着不同程度的适应性问题。针对水下弱通信条件下的队形控制研究主要集中于通信约束下的仿真[7-10]，从理论上解决通信延时较大甚至是通信中断之后的 AUV 控制策略问题。到 2014 年年底，国内尚没有公开发表的基于水声通信的多 AUV 水下编队试验方面的文章，有国外研究人员已经在美国西海岸成功地进行了多水下滑翔机的水下队形控制试验，该试验基于长间隔的卫星通信，并没有水下的信息交互。

本书采用基于状态反馈队形控制方法，开展了双 AUV 基于水声通信的编队航行试验，对所采用算法的适应性和有效性进行了实际的湖上试验验证[11]。

8.3.2 队形控制方法

湖上试验采用的队形控制方法，是在 3.3 节基于状态反馈的队形控制方法基础上进行了改进，考虑水声通信的不稳定性，缩减了通信过程中发送的信息量。主 AUV 发送的信息为$\{c_L,Q_L\}$，从 AUV 反馈信息为$\{c_F,Q_F\}$，其中，c_L与c_F表示当前主从 AUV 的使命完成度，Q_L与Q_F表示主从 AUV 航行状态。

AUV 航线由若干个航路点组成，以主 AUV 为例，若共有 N 个航路点，航路点的集合表示为$P=\{P_0,P_1,P_2,P_3,\cdots,P_N\}$，其中$P_0$为起始点，主 AUV 的当前位置为$P_L$，使命完成度通过下式计算：

$$c_L = (i, c_l) = \left(i, 1 - \frac{P_i - P_L}{P_i - P_{i-1}} \right) \tag{8.1}$$

同理可得，$c_F = (j, c_f)$。

与表 3.1 相似的定义如表 8.1 所示。

表 8.1　简化的跟随者状态判别条件

序号	状态判别条件	状态
1	$i = j \,\&\&\, -k \leqslant c_l - c_f \leqslant k$	正常(N)
2	$i = j \,\&\&\, c_l - c_f > k$ 或者 $i > j$	落后(L)
3	$i = j \,\&\&\, c_l - c_f < -k$ 或者 $i < j$	激进(A)

注：参数 $k = D_{\text{th}} / (P_i - P_{i-1})$，$D_{\text{th}}$ 是设定的偏差计算阈值。

表 8.1 通过比较主 AUV 和从 AUV 的使命完成度来确定从 AUV 的航行状态，根据表 3.3，采取对应的应对策略进行控制。

8.3.3　试验条件

2014 年，研究团队在基于无线通信的多 AUV 编队湖上试验的基础上，开展了基于水声通信的 AUV 编队试验[12]。试验采用的 AUV 是中国科学院沈阳自动化研究所研制的便携式 AUV——“探索 100”。“探索 100”AUV 的重量为 47kg，工作水深 100m，最大速度 5kn，续航力 70km，搭载有温盐深仪、侧扫声呐、DVL 等传感器。系统采用模块化设计，可根据用户需要进行功能扩展，搭载多种小型探测传感器实现不同的使命。

试验中，我们在 2 个 AUV 的艏部分别加装了水声通信机模块，用于实现 AUV 之间的水下通信功能。“探索 100”AUV 试验系统如图 8.11 所示。

图 8.11　“探索 100”AUV

试验使用 3 台小型化水声通信机，1 台安装在母船下方，用于水面监控，记为 S。主 AUV 和从 AUV 分别搭载有 1 台水声通信机，记为 B1 与 B2。主 AUV 轮流向水面和从 AUV 发送信息，通信流程如图 8.12 所示。

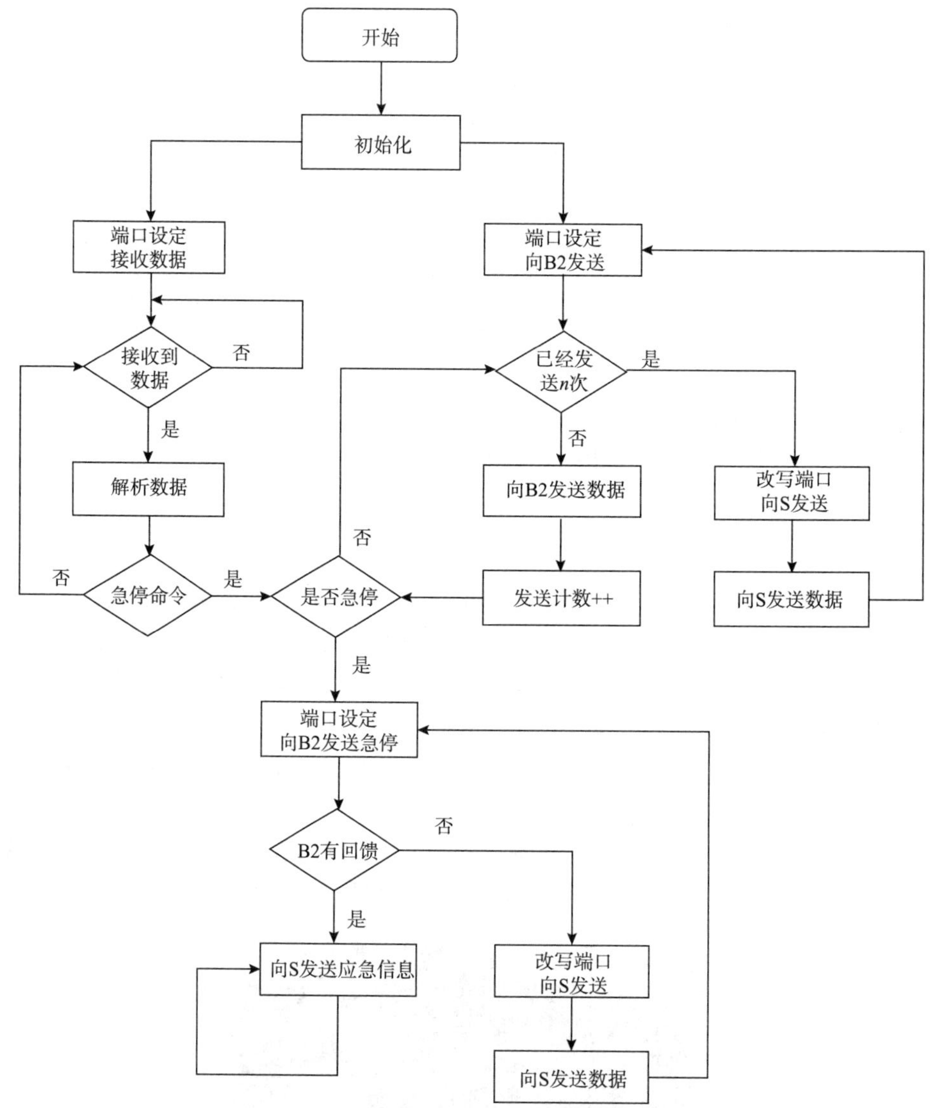

图 8.12　主 AUV(B1)通信流程

主 AUV 在信息发送过程中需要定期改变自身的地址配置，持续频繁地发送会使得通信信道堵塞，从而延长通信时间。为了选取稳定可靠的通信周期，在实验室进行了声通信机的功能测试，得到稳定的通信周期在 8～10s。

8.3.4 湖上试验

1. 使命设计

两个 AUV 按"一"字形编队定深航行，预定航迹为两条平行直线，从 AUV 在主 AUV 的左侧保持同向航行，编队过程中通过水声通信机进行信息交互，实现队形保持。

2. 试验过程及结果

湖上试验共进行了 12 条次有效航行，AUV 间距离分别为 100m、50m 和 30m，其中编队距离间隔为 100m 的试验共进行 5 次。试验场景如图 8.13 所示。试验数据与效果如表 8.2 和图 8.14～图 8.19 所示。

图 8.13　双 AUV 编队（入水）

表 8.2　编队距离 100m 的试验数据

指标	试验序号		
	1#	2#	3#
持续时间/s	315	300	310
通信次数	3	0	4
x 平均误差/m	−1.986	2.867	−0.253
y 平均误差/m	−1.488	9.029	2.334
总平均误差/m	4.774	9.573	4.199
误差均方差	2.028	2.902	2.468

表 8.2 中误差数据计算是从 AUV 在有通信情况下航行偏差的平均值，x 和 y 平均误差指的是在 x 与 y 方向的误差平均值，总平均误差指的是不同时刻的主从 AUV 的水平面距离平均值。试验数据不包括垂直面误差。

图 8.14 和图 8.15 是 1#试验结果，图 8.16 和图 8.17 是 3#试验的结果，图 8.18 和图 8.19 是 2#试验的结果。

从图 8.14 中可见，在航行过程中主 AUV 和从 AUV 均能保持稳定，从 AUV 在初始阶段与预定轨迹的偏离较大，到中后期和预定的航行轨迹偏离较小。如图 8.15 所示，在航行过程中，从 AUV 每次接收到声通信号，都会进行一次状态与速度调整，保证 AUV 之间的航行误差较小。

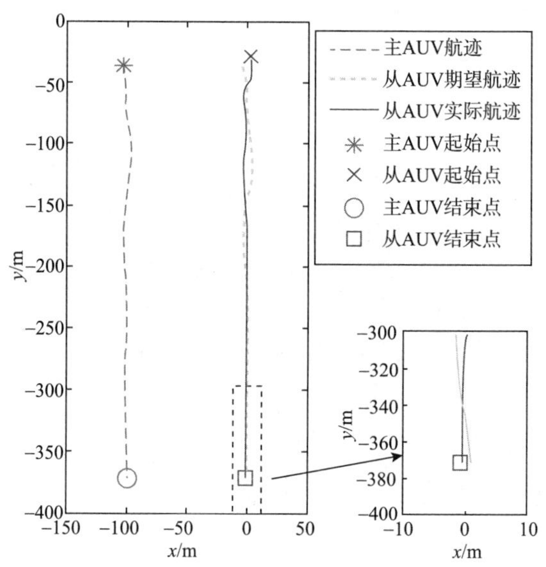

图 8.14　1#试验 AUV 的航行轨迹

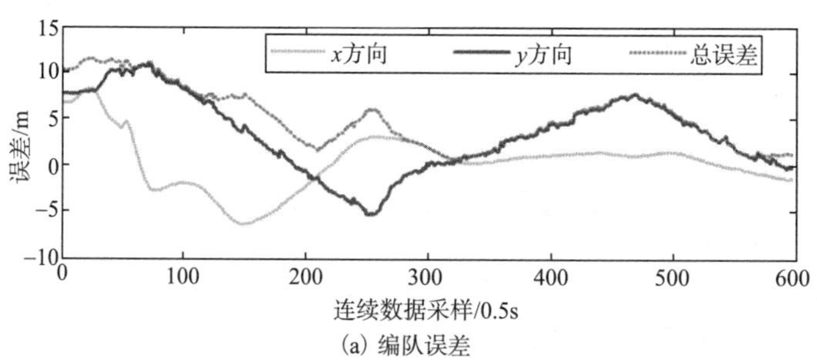

(a) 编队误差

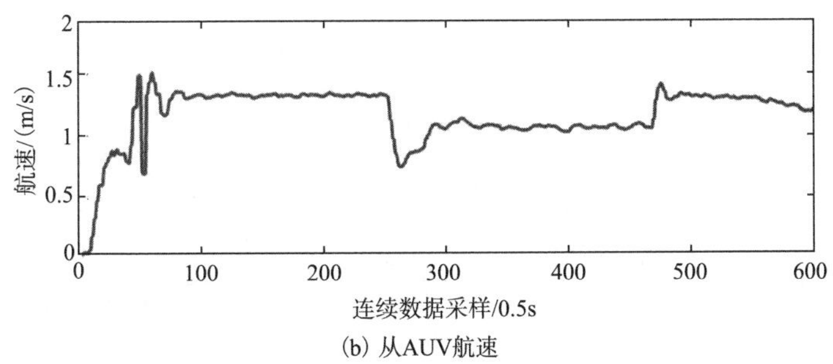

(b) 从AUV航速

图 8.15　1#试验编队误差与从 AUV 航速信息

3#试验(图 8.16 和图 8.17)与 1#试验有相似的航行效果。从图 8.17 可以看出，AUV 航行过程中进行了四次状态调整，最终达到稳定的编队航行状态。

2#试验(图 8.18 和图 8.19)由于在试验过程中始终没有收到水声通信机发送的消息，两个 AUV 完全按照预定的使命航行，在航行期间进行队形控制与校正。由于 AUV 自身航行特性存在差异，AUV 之间的编队误差会随着时间而逐渐累积。图 8.19 显示了 AUV 之间的误差变化趋势，显然无法长时间保持预定队形。

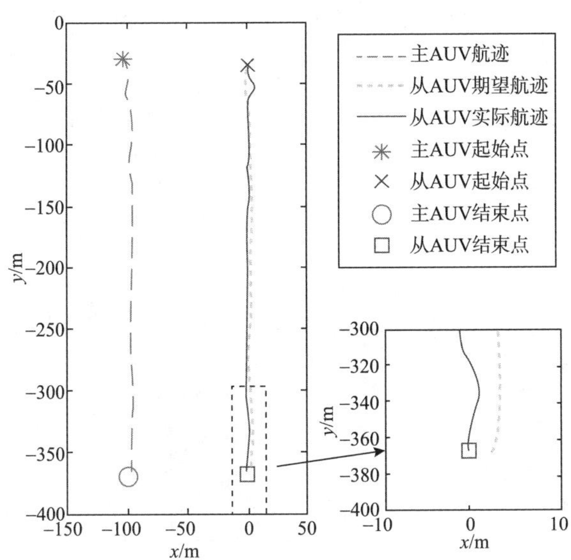

图 8.16　3#试验 AUV 的航行轨迹

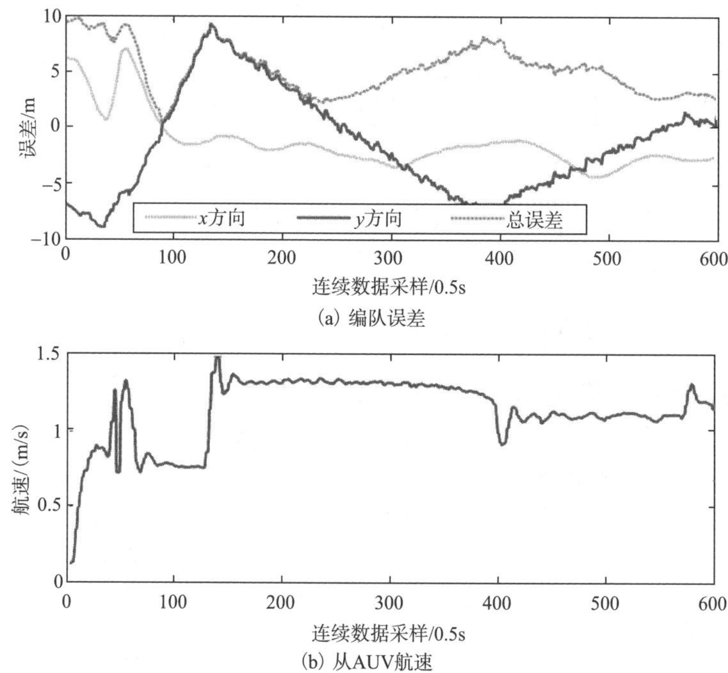

(a) 编队误差

(b) 从AUV航速

图 8.17 3#试验编队误差与从 AUV 航速信息

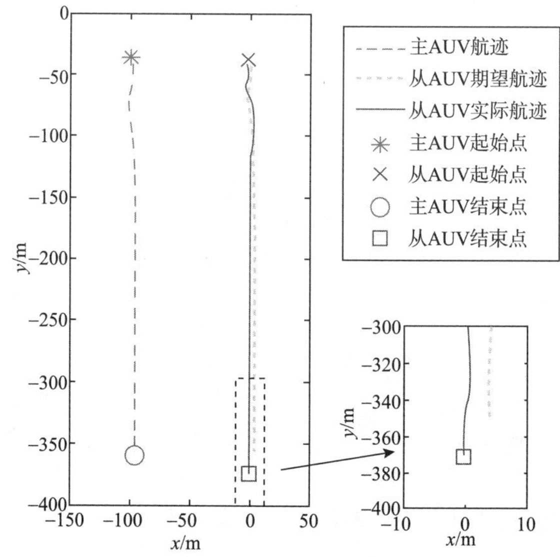

图 8.18 2#试验 AUV 的航行轨迹

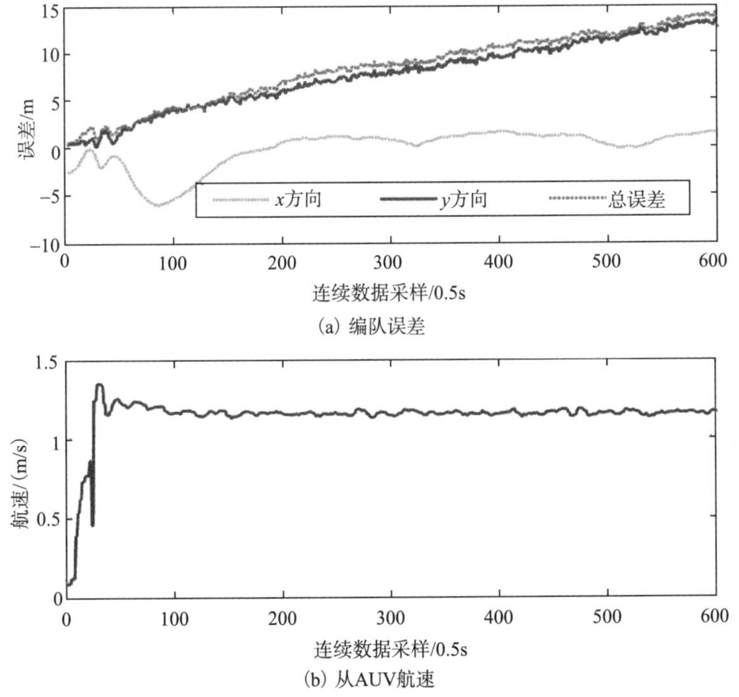

图 8.19　2#试验编队误差与从 AUV 航速信息

3. 试验结果分析

从试验数据中还可以得到如下结论：

基于水声通信的多 AUV 编队航行由于水声通信延迟的不确定性和实际 AUV 性能的限制，编队效果最终的状态是维持在一个动态稳定平衡中，编队误差会限制在一个可控区域内。另外，AUV 的相对运动对通信效果有一定的影响，会使效果变差。如果通信效果足够好，编队误差会更加稳定地维持在较小的范围内。

水声通信机是 AUV 水下编队的重要传感器，水声通信机性能直接影响编队的效果。AUV 之间的通信效果好，编队的稳定性也相应更好。但由于水声信号的复杂性、通信延迟以及通信可靠性等原因，编队通信效果很难保证实际应用需求，需要考虑如何利用水声通信机的延时信息，以及 AUV 控制性能的改进，使之在弱通信或无通信条件下也能保持编队的航行性能。

8.3.5　小结

本章在多 AUV 协同控制理论和方法研究的基础上，开展了仿真实验和湖上试验；针对当前 AUV 搭载的水声通信机的性能进行了测试，使用两个便携式 AUV

在湖上开展了基于水声通信的多 AUV 队形控制试验；通过不同距离的编队试验，验证了队形控制算法的有效性，并对基于水声通信的编队效果及影响因素进行了分析，为后续试验提供了技术依据。

参考文献

[1] 侯瑞丽, 李一平. 基于 VEGA 的多 UUV 视景仿真[J]. 计算机应用研究, 2008, 25(S): 679-680.

[2] 侯瑞丽, 李一平. 基于跟随领航者法的多 UUV 队形控制方法研究[J]. 仪器仪表学报, 2007, 28(8): 636-639.

[3] 侯瑞丽. 多水下机器人的队形控制方法研究[D]. 沈阳: 中国科学院沈阳自动化研究所, 2008.

[4] Edwards D B, Bean T A, Odell D L, et al. A leader-follower algorithm for multiple AUV formations[C].IEEE/OES Autonomous Underwater Vehicles, 2004: 40-46.

[5] 严浙平, 王爱兵, 施小成. 基于 Avoid-auv 行为的多 AUV 系统避碰仿真[J]. 中国造船, 2008, 49(3): 55-61.

[6] 崔荣鑫, 严卫生, 徐德民, 等. 基于虚拟参考点的 AUV 编队控制[J]. 火力与指挥控制, 2008, 33(10): 53-57.

[7] 黄海, 李岳明, 庞永杰. 多水下机器人编队的组网通信方法研究[J]. 电机与控制学报, 2017, 21(5): 97-104.

[8] Millán P, Orihuela L, Jurado I, et al. Formation control of autonomous underwater vehicles subject to communication delays[J]. IEEE Transactions on Control Systems Technology, 2013, 22(2): 770-777.

[9] Schneider T E. Advances in integrating autonomy with acoustic communications for intelligent networks of marine robots[D]. Cambridge: Massachusetts Institute of Technology and Woods Hole Oceanographic Institution, 2013.

[10] Zhang L J, Qi X. Muti-AUV's formation coordinated control in the presence of communication losses[C]. Chinese Control Conference, 2013: 3089-3094.

[11] 李一平, 阎述学. 基于状态反馈的多水下机器人队形控制研究[C]. World Congress on Intelligent Control and Automation, 2014: 5523-5527.

[12] 阎述学, 李一平, 封锡盛. 基于水声通信的多 AUV 队形控制实现[J]. 控制工程, 2017, 24(S1): 118-122.

附录

基于运动学的多 AUV 队形控制器设计（基本队形模型）

1. 基本队形模型

基于跟随领航者法的多 AUV 队形控制问题可简化为若干组两个 AUV 间的协调问题，两个 AUV 组成的基本队形模型如图 A.1 所示。

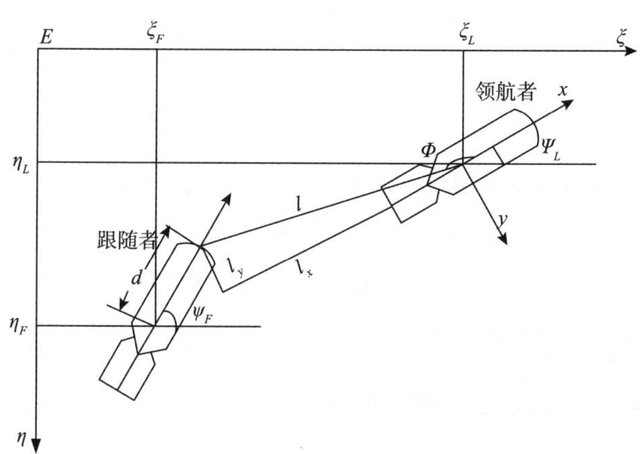

图 A.1　两个 AUV 的跟随领航者法队形结构

图 A.1 中，(ξ_L,η_L) 和 (ξ_F,η_F) 分别是领航者和跟随者在大地坐标系下的坐标，u_L、u_F 和 ψ_L、ψ_F 分别是它们的线速度和航向角，d 是 AUV 的质心与艏部的距离，l 和 Φ 分别是领航者与跟随者之间的相对距离和相对方位角。

要实现 AUV 的队形控制，需要建立 AUV 的运动学模型。

首先将领航者与跟随者之间的相对距离和相对方位角投影到载体坐标系的 x、y 方向上，可得到 l_x 、l_y 如下：

$$\boldsymbol{q}=\boldsymbol{F}(\psi_L)\boldsymbol{D}(\xi,\eta,d,\psi_F) \tag{A.1}$$

式中，$\boldsymbol{q}=[l_x \quad l_y]^{\mathrm{T}}$；$d$ 是 AUV 的质心与艏部（声呐之间）的距离；$\boldsymbol{F}(\Psi_L)$和 $\boldsymbol{D}(\xi,\eta,d,\psi_F)$ 代表的式子分别如下：

$$\boldsymbol{F}(\psi_L)=\begin{bmatrix}-\cos\psi_L & -\sin\psi_L \\ -\sin\psi_L & \cos\psi_L\end{bmatrix}$$

$$\boldsymbol{D}(\xi,\eta,d,\psi_F)=\begin{bmatrix}\xi_L-\xi_F-d\cos\psi_F \\ \eta_L-\eta_F-d\sin\psi_F\end{bmatrix}$$

为了获得和保持期望队形，必须控制 $l_x \to l_x^{\mathrm{d}}$， $l_y \to l_y^{\mathrm{d}}$。

已知领航者与跟随者之间期望相对距离 l^{d} 和期望相对方位角 Φ^{d}，即可以获得

$$\boldsymbol{q}^{\mathrm{d}}=[l_x^{\mathrm{d}} \quad l_y^{\mathrm{d}}]^{\mathrm{T}}=G(l^{\mathrm{d}},\Phi)=l^{\mathrm{d}}[\cos\Phi^{\mathrm{d}} \quad -\sin\Phi^{\mathrm{d}}]^{\mathrm{T}} \tag{A.2}$$

将式(A.2)求导之后可得

$$\boldsymbol{q}^{\mathrm{d}}=[l_x^{\mathrm{d}} \quad l_y^{\mathrm{d}}]^{\mathrm{T}}=\begin{bmatrix}\dot{l}^{\mathrm{d}}\cos\Phi^{\mathrm{d}}-l^{\mathrm{d}}\dot{\Phi}^{\mathrm{d}}\sin\Phi^{\mathrm{d}} \\ -\dot{l}^{\mathrm{d}}\sin\Phi^{\mathrm{d}}-l^{\mathrm{d}}\dot{\Phi}^{\mathrm{d}}\cos\Phi^{\mathrm{d}}\end{bmatrix} \tag{A.3}$$

将式(A.3)中的 l_x求导，可以得到

$$\begin{aligned}\dot{l}_x &= -(\dot{\xi}_L-\dot{\xi}_F+dr_F\sin\psi_F)\cos\psi_L+(\xi_L-\xi_F-d\cos\psi_F)r_L\sin\psi_L \\ &\quad -(\dot{\eta}_L-\dot{\eta}_F-dr_F\cos\psi_F)\sin\psi_L-(\eta_L-\eta_F-d\cos\psi_F)r_L\cos\psi_L \\ &= -l_y\dot{\psi}_L-\dot{\xi}_L\cos\psi_L-\dot{\eta}_L\sin\psi_L+\dot{\xi}_F\cos\psi_L+\dot{\eta}_F\sin\psi_L+dr_F\sin(\psi_L-\psi_F) \\ &= -l_yr_L-u_L+\dot{\xi}_F\cos\psi_L+\dot{\eta}_F\sin\psi_L-dr_F\sin(\psi_F-\psi_L)\end{aligned} \tag{A.4}$$

式中，u_L 和 $r_L=\dot{\psi}_L$ 分别表示领航者的线速度和角速度；$r_F=\dot{\psi}_F$ 代表跟随者的角速度。

定义一个状态变量来表示跟随者与领航者航向角的差值：

$$e_\psi=\psi_F-\psi_L \tag{A.5}$$

则 $\psi_L=\psi_F-e_\psi$，将其代入式(A.4)得

$$\begin{aligned}\dot{l}_x &= -l_yr_L-u_L+\dot{\xi}_F\cos(\psi_F-e_\psi)+\dot{\eta}_F\sin(\psi_F-e_\psi)+dr_F\sin e_\psi \\ &= -l_yr_L-u_L+(\dot{\xi}_F\cos\psi_F+\dot{\eta}_F\sin\psi_F)\cos e_\psi \\ &\quad +(\dot{\eta}_F\cos\psi_F-\dot{\xi}_F\sin\psi_F)\sin e_\psi-dr_F\sin e_\psi\end{aligned} \tag{A.6}$$

由于

$$\dot{\eta}_F \cos\psi_F - \dot{\xi}_F \sin\psi_F = 0$$
$$\dot{\xi}_F \cos\psi_F + \dot{\eta}_F \sin\psi_F = u_F$$

则方程(A.6)可以简化为

$$\dot{l}_x = -l_y r_L - u_L + u_F \cos e_\psi - d r_F \sin e_\psi \tag{A.7}$$

同理可得

$$\dot{l}_y = l_x r_L - u_F \sin e_\psi - d r_F \cos e_\psi \tag{A.8}$$

系统的运动学模型为

$$\begin{cases} \dot{\boldsymbol{q}} = \boldsymbol{L}(r_L) + \boldsymbol{H}(e_\psi)\boldsymbol{v}_F - \boldsymbol{U}_L \\ \dot{e}_\psi = r_F - r_L \end{cases} \tag{A.9}$$

式中，

$$\boldsymbol{v}_F = \begin{bmatrix} u_F \\ r_F \end{bmatrix};\quad \boldsymbol{L}(r_L) = \begin{bmatrix} 0 & -r_L \\ r_L & 0 \end{bmatrix};\quad \boldsymbol{H}(e_\psi) = \begin{bmatrix} \cos e_\psi & -d\sin e_\psi \\ -\sin e_\psi & -d\cos e_\psi \end{bmatrix};\quad \boldsymbol{U}_L = \begin{bmatrix} u_L \\ 0 \end{bmatrix}$$

跟随者的线速度和角速度 $\boldsymbol{v}_{\boldsymbol{F}} = [u_F \quad r_F]^{\mathrm{T}}$ 为系统的输入量，领航者的线速度和角速度 $\boldsymbol{v}_{\boldsymbol{L}} = [u_L \quad r_L]^{\mathrm{T}}$ 为已知量，可以是常量也可以是时变量。为了获得和保持领航者和跟随者之间的期望队形，我们需要设计 $\boldsymbol{v}_F$ 的控制律使得 $\boldsymbol{q}$ 跟踪期望值 $\boldsymbol{q}^{\mathrm{d}}$，并保持 $\boldsymbol{e}_w$ 稳定。

定义误差变量：

$$\boldsymbol{E} = \boldsymbol{q}^{\mathrm{d}} - \boldsymbol{q}$$

式中，$\boldsymbol{E} = [e_x \quad e_y]^{\mathrm{T}}$。那么

$$\begin{aligned} \dot{e}_x &= \dot{l}_x^{\mathrm{d}} - \dot{l}_x \\ &= \dot{l}^{\mathrm{d}} \cos\varPhi^{\mathrm{d}} - l^{\mathrm{d}}\dot{\varPhi}^{\mathrm{d}} \sin\varPhi^{\mathrm{d}} - \left(-l_y r_L - u_L - u_F \cos e_\psi + d r_F \sin e_\psi\right) \\ &= \dot{l}^{\mathrm{d}} \cos\varPhi^{\mathrm{d}} - l^{\mathrm{d}}\dot{\varPhi}^{\mathrm{d}} \sin\varPhi^{\mathrm{d}} + \left(l^{\mathrm{d}} \sin\varPhi^{\mathrm{d}} - e_y\right) r_L + u_L + u_F \cos e_\psi - d r_F \sin e_\psi \end{aligned} \tag{A.10}$$

同理可得

$$\begin{aligned}\dot{e}_y &= \dot{l}_y^{\mathrm{d}} - \dot{l}_y \\ &= -\dot{l}^{\mathrm{d}}\sin\Phi^{\mathrm{d}} - l^{\mathrm{d}}\dot{\Phi}^{\mathrm{d}}\cos\Phi^{\mathrm{d}} - \left(l^{\mathrm{d}}\cos\Phi^{\mathrm{d}} - e_x\right)r_L + u_F \mathrm{sin} e_\psi - dr_F \mathrm{cos} e_\psi\end{aligned} \tag{A.11}$$

则系统的误差动力学模型为

$$\begin{cases}\dot{e}_x = \dot{l}^{\mathrm{d}}\cos\Phi^{\mathrm{d}} - l^{\mathrm{d}}\dot{\Phi}^{\mathrm{d}}\sin\Phi^{\mathrm{d}} + \left(l^{\mathrm{d}}\sin\Phi^{\mathrm{d}} - e_y\right)r_L + u_L + u_F \mathrm{cos} e_\psi - dr_F \mathrm{sin} e_\psi \\ \dot{e}_y = -\dot{l}^{\mathrm{d}}\sin\Phi^{\mathrm{d}} - l^{\mathrm{d}}\dot{\Phi}^{\mathrm{d}}\cos\Phi^{\mathrm{d}} - \left(l^{\mathrm{d}}\cos\Phi^{\mathrm{d}} - e_x\right)r_L + u_F \mathrm{sin} e_\psi - dr_F \mathrm{cos} e_\psi \\ \dot{e}_\psi = r_F - r_L\end{cases} \tag{A.12}$$

2. 队形控制器设计

在一般的队形控制问题中，领航者与跟随者之间的期望相对距离 l^{d} 通常是常量，而期望相对方位角 Φ^{d} 既可以是常量也可以是时变量。

假设 l^{d} 是常量 l_0，则 $\dot{l}^{\mathrm{d}} = 0$，Φ^{d} 为变量，则方程(A.3)简化为

$$\dot{l}_x^{\mathrm{d}} = -l_0\dot{\Phi}^{\mathrm{d}}\sin\Phi^{\mathrm{d}}, \quad \dot{l}_y^{\mathrm{d}} = -l_0\dot{\Phi}^{\mathrm{d}}\cos\Phi^{\mathrm{d}} \tag{A.13}$$

那么误差动力学方程(A.12)变为

$$\begin{cases}\dot{e}_x = -e_y r_L + u_F\cos e_\psi - dr_F\sin e_\psi - l_0\dot{\Phi}^{\mathrm{d}}\sin\Phi^{\mathrm{d}} + l_0 r_L\sin\Phi^{\mathrm{d}} + u_L \\ \dot{e}_y = e_x r_L + u_F\sin e_\psi + dr_F\cos e_\psi - l_0\dot{\Phi}^{\mathrm{d}}\cos\Phi^{\mathrm{d}} - l_0 r_L\cos\Phi^{\mathrm{d}} \\ \dot{e}_\psi = r_F - r_L\end{cases} \tag{A.14}$$

为了简化，我们定义：

$$\begin{cases}f_1 = -l_0\dot{\Phi}^{\mathrm{d}}\sin\Phi^{\mathrm{d}} + l_0 r_L\sin\Phi^{\mathrm{d}} + u_L \\ f_2 = -l_0\dot{\Phi}^{\mathrm{d}}\cos\Phi^{\mathrm{d}} - l_0 r_L\cos\Phi^{\mathrm{d}}\end{cases} \tag{A.15}$$

显而易见，f_1 和 f_2 是一致的、有界的。由于 l_0、Φ^{d}、u_L、r_L 是常量或者时变量，因此二者是连续的。则误差动力学方程可写为

$$\begin{cases}\dot{e}_x = -e_y r_L + u_F\cos e_\psi - dr_F\sin e_\psi + f_1 \\ \dot{e}_y = e_x r_L + u_F\sin e_\psi + dr_F\cos e_\psi + f_2 \\ \dot{e}_\psi = r_F - r_L\end{cases} \tag{A.16}$$

令 $\boldsymbol{z} = [e_x \quad e_y]^{\mathrm{T}}$，则方程(A.16)中的前两个微分方程可以写成如下的矩阵形式：

$$\dot{\boldsymbol{z}} = \boldsymbol{A}\boldsymbol{z} + \boldsymbol{B}\boldsymbol{v}_F + \boldsymbol{f} \tag{A.17}$$

式中，

$$A=\begin{bmatrix}0 & -r_L\\ r_L & 0\end{bmatrix};\ B=\begin{bmatrix}\cos e_\psi & -d\sin e_\psi\\ \sin e_\psi & d\cos e_\psi\end{bmatrix};\ v_F=[u_F \quad r_F]^{\mathrm{T}};\ f=[f_1 \quad f_2]^{\mathrm{T}}$$

由于 $\det(B)=d\neq 0$，对方程(A.17)进行输入输出反馈线性化，即 $v_F=B^{-1}(-kz-Az-f)$，$k=[k_1 \quad k_2]^{\mathrm{T}}>0$，$k_1$、$k_2$ 为可调整的正参数。那么获得系统的队形控制律为

$$\begin{cases}u_F=(-k_1e_x+r_Le_y-f_1)\cos e_\psi+(-k_2e_y-r_Le_x-f_2)\sin e_\psi\\ r_F=\dfrac{1}{d}\left[-(-k_1e_x+r_Le_y-f_1)\sin e_\psi+(-k_2e_y-r_Le_x-f_2)\cos e_\psi\right]\end{cases} \tag{A.18}$$

3. 稳定性证明

从上述的输入输出线性化可以得出结论，该控制律能使 e_x、e_y 渐进稳定，那么在有限的时间内可获得期望队形。若该系统具有零动力学稳定性，那么整个队形控制系统将是稳定的。

由于

$$\dot{e}_\psi=r_F-r_L=\frac{1}{d}\left[-(-k_1e_x+r_Le_y-f_1)\sin e_\psi+(-k_2e_y-r_Le_x-f_2)\cos e_\psi\right]-r_L$$

同时，$\|e_x\|<\infty$，$\|e_y\|<\infty$，且 f_1、f_2 是有界的，那么可以把式(A.16)中的第三个方程写成如下形式：

$$\dot{e}_\psi=-\alpha\sin(e_\psi+\gamma)-r_L \tag{A.19}$$

式中，

$$\alpha=\frac{1}{d}\left[(-k_1e_x+r_Le_y-f_1)^2+(-k_2e_y-r_Le_x-f_2)^2\right]^{\frac{1}{2}}$$

$$\gamma=\arctan\frac{-k_2e_y-r_Le_x-f_2}{-k_1e_x+r_Le_y-f_1}$$

可以认为式(A.19)中的 r_L 为干扰项，由于在实际情况下 r_L 是有界的，很显然式(A.19)是局部稳定的，这就意味着该系统具有零动力学稳定的特性，则整个系统是稳定的。

索　引

X

Y

Z

彩　　图

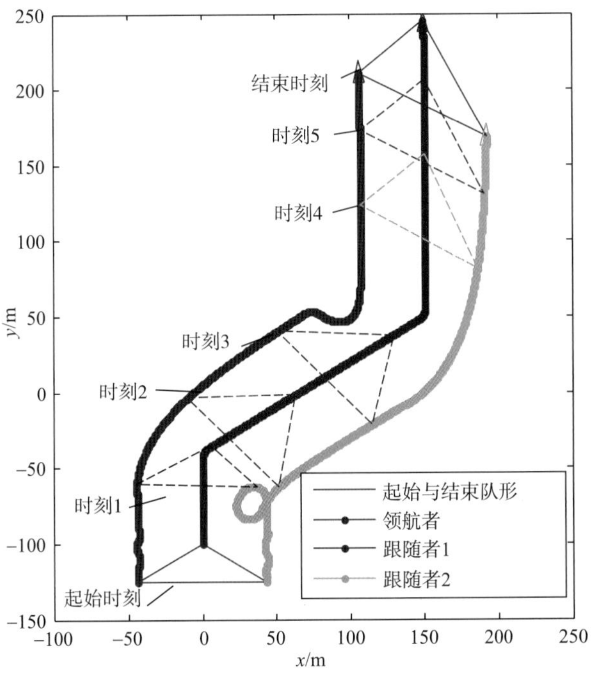

图 3.12　无状态反馈时运动过程(仿真 1)

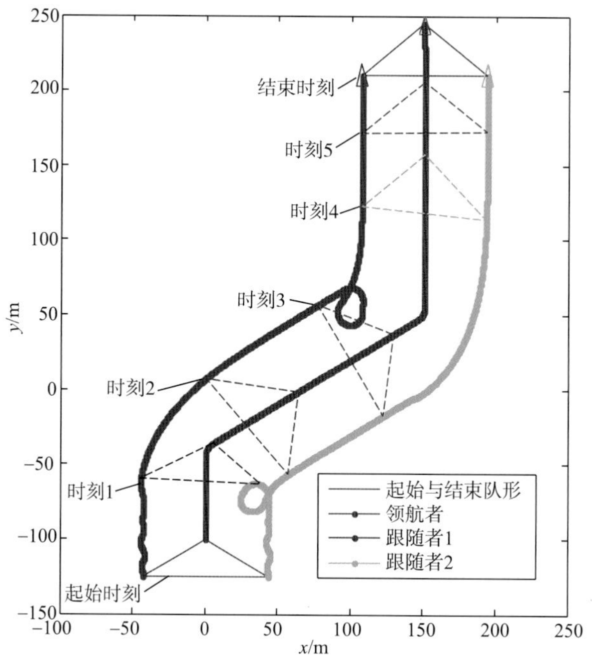

图 3.13　有状态反馈时运动过程(仿真 1)

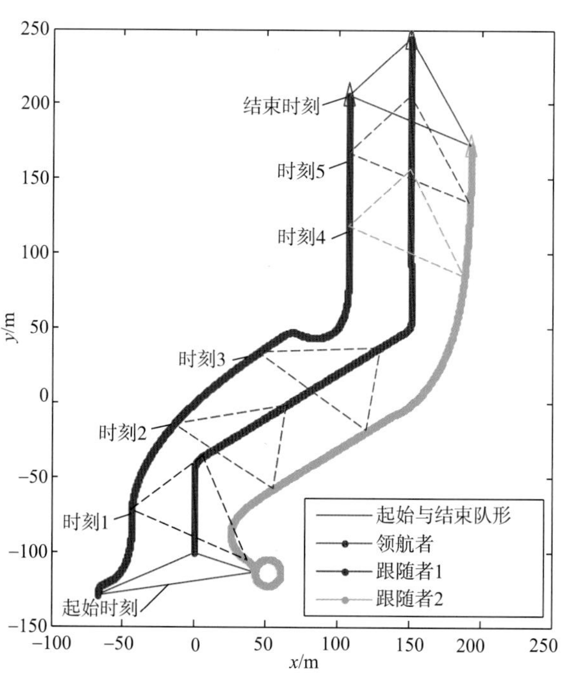

图 3.15　无状态反馈时运动过程(仿真 2)